博物馆与学校的
合作机制研究

Research On Cooperation Mechanism Between
Museums And Schools

宋娴 著

复旦大学 出版社

序 一
PREFACE

从 20 世纪 60 年代以来,在联合国教科文组织等机构的倡导和推动下,终身教育作为一个极其重要的教育概念,已在世界范围内广泛传播。但迄今为止,关于终身教育体系化的构想大多只是停留在成人教育、社区教育等领域,很少涉及基础教育;而在基础教育改革领域,也鲜有人注意到终身教育的问题。最终,终身教育似乎成了游离于学校教育之外的专门领域,既无相互关注,更无协同行动。由于未能真正揭示终身教育的"基础性"和基础教育的"终身性",所以,倡导终身教育的动议便不可能真正解决终身教育体系与基础教育体系相统一的问题,从而削弱了其对具体实践的解释效力。

无论是 1993 年颁布的《中华人民共和国教育法》,还是 2010 年颁布的《国家中长期教育改革和发展规划纲要(2010—2020 年)》,都将"建立和完善终身教育体系"作为我国教育政策的基本目标之一。目前,最重要的是将思想、方针转化为实践,亦即真正建立终身教育体系。这不仅需要我们将"终身教育"视作一面透镜,反思我们对基础教育性质和功能的理解,也需要我们在新的理解之下重建基础教育,打破壁垒,在不同的教育之间搭建桥梁,确立其他各类教育的"基础性"地位,保障学校教育的"终身性";以学校和其他社会机构为核心,构建学习型城区、学习型社区,以社会力量为核心构建学习型组织,由此,最终构建起"全民学习、终身学习的学习型社会"。

毫无疑问,研究如何构建终身教育体系、搭建起不同教育之间的桥梁,是一项艰巨的工作。这不仅是因为很少有前人的足迹可供参照和借鉴,也是因为这一课题自身颇有难度。这种难度首先表现在构建终身教育体系所涉及的领域十分庞杂,如何选取恰当的领域和分析维度,以此重构基础教育,构建新型的教育合作关系,使其既不泛化,又能集中体现终身教育的旨趣,并非易事。其次,研究者不仅要熟悉基础教育,还必须充分了解某一特定社会机构、组织所能发挥的教育职能;在理念向现实转换的过程中,研究者还必须对管理隶属、利益冲突、激励评价等现实问题进行充分的剖析。最后,将这种研究的尝试与当前学校教育领域的具体实践紧密结合,则是更为困难的事情。

然而我十分欣喜地看到,呈现在大家面前的这本《博物馆与学校的合作机制研究》对此进行了弥足珍贵的尝试。该书在终身教育理论的观照下,从科学教育、科学传播领域着手,探究了在全民终身学习型社会中,博物馆与学校如何进行合作以及现有合作的进展。从研究方法来看,本书体现了与终身教育相称的国际视野及现代性。研究充分考虑到了两种不同组织机构合作可能存在的障碍及复杂性,在规范的调研基础上,通过扎根理论(grounded theory)、演化博弈论及其他定性和定量分析技术,将一个宏大的命题转化为一个个具体的研究命题。无论是对基础教育学科还是科学教育学科,这些研究都具有十分重要的意义。

见微知著。可以说,宋娴博士在本书中对博物馆与学校合作的研究,为我们呈现出中国终身教育体系的一个具体形态,这既弥补了基础教育研究领域中的一项空白,也为终身教育从理念到现实的发展作出了贡献。事实上,受制于中国教育决策的惯性思维以及不同社会教育机构隶属的管理部门条块分割的现实,这种能够扩大视野、突破传统的研究,为我们重建中国基础教育提供了宝贵的思路。从这个意义上讲,宋娴博士对博物馆与学校合作的研究,在理论和现实意义上都具有极为重要的价值。

宋娴是我指导的博士生,本书系在其博士论文的基础上撰写而成,是她在华东师范大学学术成长的见证。入校伊始,宋娴便将终身教育、科学场馆与基础教育的交叉领域作为自己的研究方向,进行了大量文献研究工作;同时,她还深入实践,积极参与科学场馆教育活动的研究及设计,在实践中推进博物馆与学校的合作,知行合一。如今呈现在大家面前的这部书稿,正是她这一时期研究成果的结晶。感动于她的勤勉,我很乐意接受她的邀请,为本书作序。我和宋娴博士一样,非常期待读者在分享本书的同时,贡献你们弥足珍贵的意见和建议。

华东师范大学基础教育研究所所长
杨小微

序 二
PREFACE

从20世纪末期开始,"终身教育""学习型社会"等成为世界教育改革的重要议题。在这股教育思潮之下,人们开始意识到,教育不能也不应仅仅定位于学校这个狭窄的范畴之下,应当注意对学校的职能边界进行调整,将人类的教育在社会中还原。本研究所关注的中国博物馆与学校合作(以下简称"馆校合作")机制的构建,正是在此大背景下进行的一项具体的探索。

作为终身教育的开始阶段,学校教育的边界应当被予以重新界定,其基础性应当体现为"为年轻一代终身学习与发展奠基"(杨小微,2009);与此同时,博物馆教育的职能边界,也不应当仅仅局限于传统的"社会教育"范畴,它同样可以和学校教育一道,为人的终身教育以及构建一个全民终身学习型社会奠基。博物馆与学校之间,不应当存在壁垒森严的教育角色划分,两者之间的理想状态是一个共生发展的形态;在终极意义上,博物馆与学校都属于具有教育功能的公共机构,都指向于人的全面发展,都是一个社会发展进步不可或缺的纽带和基础。

从提出《面向21世纪教育振兴行动计划》开始,中国教育便开始了一个缓慢构建终身教育体系的过程。在《中华人民共和国教育法》中,终身教育被界定为一项基本教育方针;在2010年颁布的《国家中长期教育改革和发展规划纲要(2010—2020年)》中,也继续将终身教育作为国民教育体系构建的重要内容。然而,无法忽视的现实是,这些终身教育的论述仍然是在传统的"普通教育""继续教育""职业教育"等框架下进行的;博物馆及其他社会教育资源和教育实践与国民教育体系之间仍存在着隔阂、壁垒。我们认为，这是需要重新加以界定和改善的。本研究在某种意义上，正是在中国当前的教育背景下，打破博物馆与学校教育乃至国民教育体系之间壁垒的一种尝试，也是对于国家教育战略目标以及相关政策导向的一个呼吁。

  此外，一方面，馆校合作的未来需要上层宏观制度的引导和规范；另一方面，馆校合作作为创新型的教育实践活动，同样也应反映时代的特征。在现在这个前所未有的信息时代，博物馆与学校之间的合作不应当仅仅局限于物理层面，数字化的沟通管理方式、信息资源平台的构建，对于馆校之间的共生发展而言，具有极为深刻的意义。

  总而言之，馆校合作体系的构建，为我们勾勒了一个全新的、充满生机与活力的中国教育之未来，而这也正是教育之于人、之于社会的意义。

上海科技馆馆长

王小明

内容提要
ABSTRACT

馆校合作是20世纪兴起的国际教育和博物馆领域的革新运动,体现了现代博物馆的公共属性和教育转型,同时也体现了国际教育改革的潮流以及学校职能边界的调整。从20世纪开始,伴随着改革开放后期一批新型的现代博物馆的建立以及课程改革运动,中国也出现了一些博物馆群体与学校群体合作的尝试。基于此,本研究以中国馆校合作的历史、现状、主体行为、制度构建为主要线索,通过文献研究、访谈调查、质性及量化实证分析、理论建模等多重方法,对中国馆校合作进行了整体研究,以期获得在中国情境下对该问题的新发现和新理解,以及可能的未来建构路径。

本书第一章为绪论。该部分首先对研究的背景、选题缘由及意义进行了简要说明,继而对"馆校合作"等核心概念进行了界定;在此基础上,对目标、框架、方法等进行了介绍。

第二章至第四章对中西方馆校合作的相关研究进行了综述,并对中西方馆校合作的历史脉络、宏观背景、必要性、存在的问题等进行了探讨,认为现代馆校合作是一个历史演进的过程。从宏观角度看,中国馆校合作的必要性包括教育资源的稀缺属性,博物馆与学校的公共属性,学校职能和博物馆职能的有机耦合以及获取外部资源、优化资源配置、降低交易成本等因素。但当前馆校合作的制度存在供给不足和目的错位、行政驱动属性较强、中国博物馆与学校内部的异质性等问题,阻碍了馆校合作的深入开展。

第五、第六章是在实证调查的基础上,利用扎根理论、主成分分析、聚类分析等质性、量化分析技术，对中国馆校合作的现状、类型、影响因素以及不同利益相关者的认知、动机等进行了分析，并认为当前中国馆校合作与国外相比，仍然处于起步状态。虽然各方对博物馆的教育职能较为认可，但馆校合作的主要形式较为初级，临时性和投机性较强，发起对象单一，合作不均衡。不同群体对馆校合作的态度以及馆校合作的效果，是一个相互制约的过程。馆校合作存在"搭便车"等现象，存在安全、距离、人数、教师绩效考核、学生学业评价制度、资金、人力、管理、观念等影响因素。

第七章对包括馆校合作内部管理者与执行者、博物馆与学校组织、馆校合作组织与政府机构在内的三组重要利益相关者，在馆校合作中的互动关系以及行为演化影响因素，进行了量化分析，并认为：不同主体的收益、投入、合作意愿、彼此间的行为选择以及馆校合作的初始状态是影响馆校合作最终演化结果的重要因素。在不同条件下，馆校合作会呈现多种演化结果。

第八章在前文对馆校合作的现状、主体关系、合作行为进行分析的基础上，结合西方馆校合作经验，构建了包括投入、运行、监督、激励在内的一般馆校合作机制，认为馆校合作中利益相关者行为的规范和改进以及具体合作实践的有序稳定发展，必须以相关合作机制作为保障；在构建馆校合作的机制时，必须充分考虑各类具体机制的复杂性。

第九章在前文讨论博物馆与学校合作机制的基础上，进一步研究两者如何合作创建和设计基于博物馆资源的课程材料，以及这些课程材料如何更好地整合博物馆的资源，让它真正意义上区别于学校的课程。

最后，对研究的结论、创新之处和不足之处进行了总结，并对后续研究进行了展望。

目 录
CONTENTS

第一章 绪论 / 1
　　第一节 馆校合作研究的背景 / 1
　　第二节 馆校合作研究的意义 / 7
　　第三节 核心概念的界定 / 8

第二章 中西方馆校合作相关研究述评 / 14
　　第一节 西方博物馆教育及相关理论的研究综述 / 14
　　第二节 西方场馆教育研究的主要趋势 / 21
　　第三节 影响场馆教育的相关因素综述 / 26
　　第四节 国内相关研究 / 32
　　本章小结 / 34

第三章 西方馆校合作的脉络、现状及启示 / 36
　　第一节 西方馆校合作的历史演进 / 36
　　第二节 欧洲馆校合作的案例与分析 / 43
　　第三节 西方馆校合作的经验与启示 / 58
　　本章小结 / 62

第四章 中国馆校合作的脉络及宏观背景 / 63
　　第一节 中国馆校合作的历史演进 / 63

第二节　中国馆校合作的宏观背景 / 68
第三节　中国馆校合作的政策供给及存在的问题 / 73
本章小结 / 75

第五章　中国馆校合作的现状及探究 / 77

第一节　研究的目标、思路与方法 / 77
第二节　数据收集和样本描述 / 81
第三节　中国馆校合作的现状及问题梳理 / 89
第四节　中国馆校合作现状探究 / 98
本章小结 / 112

第六章　中国馆校合作中的利益相关者及关系类型 / 113

第一节　馆校合作中的各类利益相关者的一般分析 / 113
第二节　馆校合作中的基本主体关系类型 / 123
本章小结 / 130

第七章　博物馆与学校合作的行为演化分析 / 131

第一节　合作行为演化的基本假设和模型 / 131
第二节　馆校合作组织内部管理者与执行者的行为演化分析 / 136
第三节　博物馆与学校组织间的行为演化分析 / 141
第四节　馆校合作组织和政府间的行为演化分析 / 150
本章小结 / 157

第八章　中国馆校合作机制的构建 / 160

第一节　馆校合作的投入机制 / 160
第二节　馆校合作组织的运行机制 / 166
第三节　馆校合作的评估监控机制 / 170
第四节　馆校合作的激励机制 / 176
本章小结 / 181

第九章　馆校合作课程的创建与设计 / 183
　　第一节　创建合作框架 / 183
　　第二节　准备具体的合作计划 / 188
　　第三节　馆校合作课程总体框架的组成 / 194
　　第四节　开发馆校合作课程 / 197
　　第五节　馆校合作课程的评估 / 201

结语 / 204

附录 / 205

图录 / 261

表录 / 263

参考文献 / 265

后记 / 286

第一章

绪　　论

"终身教育"自诞生以来,逐渐成为世界教育改革的重要议题,并调整着传统"教育""学校"等概念的边界。在这股教育思潮之下,人们开始意识到,教育不能也不应仅仅定位于学校这个狭窄的范畴之下,应当注意对学校的职能边界进行调整,将人类的教育在社会中还原。终身教育与其说是具体的实体性概念,不如说是新型社会整体教育观念的体现。而在此背景下,游离于传统国民教育体系之外的博物馆等社会机构,开始重新进入人们的视野。

从20世纪开始,国际教育和博物馆领域兴起的馆校合作运动,一方面,将博物馆传统的收藏、陈列职能转向公共服务,尤其是教育服务,促进了博物馆的职能转型;另一方面,对于教育改革而言,馆校合作引入了新的外部资源和可能的合作空间,重新界定了学校的职能边界。与此同时,在中国改革开放后,伴随着一批新型现代博物馆的建立以及20世纪末期开始的学校教育改革,也出现了一些博物馆群体与学校群体合作的尝试。在此基础之上,本研究试图运用规范的研究方法,对中国的博物馆与学校群体的合作行为进行深入的实证分析,以期获得在中国情境下对该问题的新发现和新理解,以及可能的未来建构路径。

第一节　馆校合作研究的背景

一、终身教育理念以及"教育"的重新发现

本研究将终身教育思潮界定为馆校合作最为根本的教育背景。正是在

终身教育理念的观照下,传统学校教育制度得以被问题化,继而引申出如何由学校教育的现实困境出发,通过与传统作为"学校教育外机构"的博物馆的合作,找寻改进学校教育的一个可能途径。尽管在现实学界使用中,终身教育时常和继续教育、成人教育、远程教育、职业教育等普通学校外的"传统社会教育体系"相关联,但笔者认为,终身教育在本质上体现了"教育对生活的回归"(杨小微,2009),其根本在于使教育和生活、社会相互联系,从而促进人的全面发展。而对于传统学校教育而言,其主要作用应体现于如何为学生的终身可持续发展奠定基本的学习能力,并强调学生的"兴趣""能力""态度"等多元教育产出。正是在终身教育理念下,传统学校教育的弊端逐渐显现,例如:以学校为中心的国民教育结构,难以整合社会整体教育资源;学校对于知识的过分强调,教学内容与学生生活实际相去甚远,难以提升学生的学习兴趣,导致学校教育不能为学生的终身学习奠基。中国学校仍然需要在变革中进一步厘清自身在整体社会教育系统中的定位,同时在调动学生学习动机、安排学习内容等方面进行反思和调整。

而事实上,博物馆正是这一职能革新的良好促进者。首先,这源于博物馆独一无二的教育(或者课程)资源。从博物馆将教育职能作为自身的核心职能开始,博物馆的服务范围便不仅仅面向社会普通群体。更为重要的是,学校同样也可以通过利用博物馆的教育资源来促进教育内容的改革和更新。在中国,除了各类历史文化类博物馆外,自然、科技类博物馆,都可以充当这一外部课程资源的有效载体。由于博物馆在物品整理、收集上的优势,这些资源相比于学校资源,具有直观性、稀缺性等特点(Hein, 1998)。而在此基础之上,通过设定相关独立的课程或者学习计划,可以有效地将这些课程资源融合到学校自身的资源内容中。其次,博物馆学习具有传统学校学习无可替代的特点和作用。博物馆学习(museum learning)是重要的非正式学习形式,这种非正式学习是基于真实问题的、在具体情境中展开的,与学习者的经验世界直接相关联,有助于实现知识的迁移(Bitgood et al., 1994)。同时,博物馆学习强调探究过程(Hein, 1999),这种探究式学习和新课程改革的理念不谋而合,有助于培养学生开放的科学态度和知识理念。除此之外,相比于传统学习,博物馆学习在动作技能习得、兴趣培养、知识理解、社会学习方面,具有无可比拟的优势(Lord, 2007)。因而,在中国终身教育体系以及全民学习型社会的大背景下,引入博物馆作为学校教育的合作对象,重新整合学校教育与社会教育的关系,具有极为重要的意义。

二、中国学校面临新的机遇和挑战

除了终身教育思潮所带来的要求外,新的社会现实发展同样也要求中国学校进行回应。伴随着知识经济越来越受到重视,国际化和全球化的浪潮,信息技术的革新,社会职业结构的更新,终身教育思想的发展,包括中国在内的整个世界都处于前所未有的变革之中,面临着前所未有的挑战。教育作为社会的基础要素,既是这一变革的组成部分,也在深刻影响着这场变革。教育改革被视为实现社会变革和发展的有效途径,受到了前所未有的重视。第二次世界大战结束后,面对社会产生的新的变化,许多国家纷纷启动了涉及课程、学校制度、教育行政等在内的全方位改革计划,意在提升教育对外部环境变化的应对能力。例如,美国于20世纪60年代启动了"学科结构运动",又从80年代开始发布了《国家处在危险中:教育改革势在必行》《美国2000年教育战略》《2000年目标:美国教育法》《不让一个孩子掉队》《美国竞争力计划》等法案,从核心课程、绩效评估、学校选择、特许学校等领域,对教育进行了全方位的变革。日本、欧洲国家等也兴起了类似的教育革新计划(周琴,2007;范国睿,2008;周满生,1999)。

日本学者藤田英典(2001)对当今时代的教育变革进行了如下概述:首先,知识基础在当今社会产生了新的变化,信息能力、批判能力等受到了新的重视;学校不再被视为最终的知识获得场所,而是一种促进学生未来学习、终身学习的基础性机构。其次,学校的秩序也从传统的层级制度转为民主化构架。最后,学生的学习动机,从外部、强制性动机转变为内部动机。中国教育从20世纪90年代开始,除了资源投入的持续增加外,还施行了一系列教育改革(靳玉乐等,2004):更新教育内容,加强课程内容与学生生活经验及社会的联系,转变课程管理模式,以学习者的经验和社会问题为中心来进行课程整合,强调学生的问题意识、创新和实践能力,转变学习者的学习方式。所有这些改革在理念和整体设计上,都契合了世界教育变革的整体趋势,为博物馆与学校的合作提供了可能的空间。

与此同时,中国学校教育改革仍然面临着一系列后续问题,其中教育资源的开发、拓展以及教育和社会之间的关联程度,是不可回避的问题。众所周知,学校教育在现代社会并非一个独立的系统,其发展与变革受制于外部条件,同时其具体的改进也应与社会可能的条件相结合。在中国,虽然强调了学校内部课程资源的改革,但教育系统相对于其他社会系统而言,仍然处于较为封闭的状态,教育和社会之间远未达到知识经济时代、信息时代、终身学习时代所要求的契合程度。因而对于教育变革而言,引入适当的外部社会主体,重新调整学校自身在现代教育体系中的地位,具有至关重要的作用。

三、中国馆校合作仍存在较多现实问题

从现实角度看,虽然《国家中长期教育改革和发展规划纲要(2010—2020年)》提出"充分利用社会教育资源,开展各种课外及校外活动"已有多年时间,《基础教育课程改革纲要》颁布亦有近十几年的时间,但一个不争的事实是,中国大多数馆校合作实践仍然存在较多问题。当前中国的馆校合作大多合作规模较小,合作领域狭窄,合作成本较高,同时,运行、评估机制也有待明晰和规范。这些实践是否科学合理,如何进行优化和规范,如何更好地同学校现有课程系统衔接,如何根据各地的具体情况进行不同的引导和反馈,也是极为现实的问题。为此,必须对中国博物馆与学校的合作行为进行系统、规范的分析和理论构建,解决实践行动中缺乏本土化理论研究的问题,从而推动合作行为更好地展开。这对于促进中国博物馆整体功能转型,推进现行教育改革,乃至提升社会整体科学素养和国家创新能力,都具有极为重要的意义。

此外,中国馆校合作还存在如下较为普遍的问题。首先,合作主体的积极性尚待提高。在中国的馆校合作中,很多博物馆与学校没有意识到馆校合作的真实价值,也没有将馆校合作与校外活动等教育范畴区分开,同时,转变自身教育理念也较为缓慢。此外,中国馆校合作还受到学校实力、教育发展意愿、博物馆发展状况、支出结构、资金充裕程度等因素的影响,这些内

外部条件都影响了博物馆与学校在馆校合作中的行为取向。其次,中国馆校合作还面临合作效率及合作成本的障碍。基于种种因素,在馆校合作中,博物馆与学校各自的管理者和执行人员、政府、家长、学生等基本主体之间缺乏合理有效的沟通渠道,彼此之间进行合作的成本较高,影响了馆校合作的效力。同时,现有馆校合作由于缺乏完善的决策及评估机制,往往无法约束或者有效预测各个主体的行为,可能导致"搭便车"或者投机行为的出现。第三,合作的长期性和稳定性不够。在中国的馆校合作中,由于自身条件及外部环境的影响,博物馆与学校的基本行为动机往往是较为短期的利益,同时,由于管理者的更迭、上级领导的偏好等因素,导致馆校合作往往没有形成较为长期和稳定的合作关系,而重建馆校合作关系也需要重新付出大量的前期成本,从而使得馆校合作实践具有投机性。

四、博物馆的兴起与发展为馆校合作提供了契机

从词语起源上看,博物馆一词始于古希腊语"mouseion",其含义是"侍奉缪斯"。缪斯是掌管知识和艺术的女神,早期博物馆亦即"知识和艺术的神庙",主要是收集、保存与文化、科技相关的藏品,同时,也是学者从事科研和艺术创作的地方,这是博物馆最原始的职能的表述。事实上,"贮存和收藏各种自然、科学与文学珍品或趣物或艺术品的场所"一直是传统意义上博物馆的核心职能。博物馆的教育职能转向起源于其公共属性的延伸。从18世纪大英博物馆的建立开始,博物馆开始面向普通公众开放,并开始呈现出公共属性。建立在这一公共属性的基础之上,在20世纪,世界博物馆的核心理念已重新界定为"教育"。在20世纪80年代后的一系列社会因素的作用之下,尤其是伴随着终身教育等社会教育理念的诞生,博物馆被赋予了巨大的"教育"期望和关注。例如,1990年,美国博物馆协会(American Association of Mu-seum,AAM)将"教育"和"社会服务"定义为博物馆的核心职能;1998年,英国教育政策蓝皮书中也将博物馆视为"社会知识增长的核心场所",并重视与参观者建立持续而长久的关系。

而在中国,随着20世纪70年代末改革开放政策的确立,政府在文化、科技领域投入的增加,中国博物馆在数量上呈现增长趋势。截至2011年,

全国博物馆总数已达 2 700 多座(国家统计局,2012)。在此期间,中国自然科学博物馆协会、中国文物保护技术学会以及中国博物馆学会等相关专业组织也开始建立。同时,博物馆在发展上更加多元。例如,兴建了一批科技馆、科学中心、天文馆、艺术博物馆等新型博物馆,这些博物馆在理念、设施、陈列等方面相比传统苏联模式的博物馆都有了较大改进。以科技馆、科学中心为代表的新型科学场馆,实际上应和了世界科技类博物馆从注重展览、展示到以教育为目的的发展转型。尽管新型博物馆的建设仍存在一些问题,但至少在自身资源、设施、布局上具备了更有利于开展教育活动的条件。同时,作为公共机构,博物馆与学校在某种程度上具有相同的公共属性,两者的根本目标都是致力于促进社会的整体进步和知识的增长。这也为中国博物馆与学校的合作作了铺垫。

五、馆校合作研究是中国教育发展、科学传播的现实要求

正如上文所言,中国博物馆与学校的合作行为,不仅仅是博物馆拓展自身服务职能的过程,也是一个教育问题,理应得到广大教育学者的关注。更为重要的是,伴随着现代博物馆的诞生,博物馆的公共属性使其教育责任在近一个世纪以来越发凸显(Hooper-Greenhill,2007)。一方面,博物馆在自身的发展中,已经将自身的职能从原有的收藏、保存、陈列逐渐转向社会公共意义上的教育职能,是整体社会教育不可或缺的组成部分。另一方面,在具体现实条件下,中国博物馆自身教育职能的实现仍面临众多困难和障碍,这其中既包括物质层面和制度层面的障碍,也包括博物馆在自身理念层面难以与普通学校融合,两种系统之间存在文化差异。与此同时,现代教育作为一个综合的系统,决定了学校不可能独自承担起全部的教育职能——其隐含的事实是,学校并非孤立存在,而是受到诸多外部主体、条件的影响。从 20 世纪 90 年代开始,中国教育系统产生了急剧的变革和转型,这使得外部教育资源的引入成为急迫的议题。因而,中国博物馆与学校的合作行为是一种综合而复杂的行为,需要从全面而综合的视角及实证意义上对该问题进行详细的分析解读,这也正是本书的主要意义所在。

第二节 馆校合作研究的意义

在中国九年义务教育已经基本实现普及的前提下,除了公平、结构布局等宏观议题外,在质量层面上,中国教育仍然面临着教育理念滞后、教育方式陈旧、学生学习产出单一等问题。要解决这些问题,除了学校教育自身的改革和课程调整之外,社会教育力量的引入同样是一个重要的途径。在当前背景下,博物馆与学校合作是改进中国学校教育的一个重要方面。中国现有的馆校合作仍然处于萌芽状态,尚存许多亟待厘清和解决的实践议题。基于此,本研究对中国馆校合作进行了调查及实证分析,对于了解中国馆校合作的现状,了解不同利益相关者在馆校合作中的行为、动机,具有极为重要的意义。同时,在此基础上阐述了馆校合作行为的推演及合作机制的构建,为中国馆校合作的规范化提供了可能的理论依据。具体而言,中国馆校合作的主要实践意义包括以下三个方面。

一、促进社会教育资源的有效配置及开发利用

对于馆校合作而言,最为直接的实践意义在于促进社会整体教育资源的整合。由于博物馆在藏品收集、整理上的优势,加上其公共机构的属性,其资源往往蕴藏着巨大的教育价值,这些资源理应被同为公共机构的学校所共享、利用和开发。但在现实条件下,由于主体之间存在的差异以及外部制度供给不足,两者往往处于相互隔绝的状态,合作行为远未达到理想的状态。本研究通过建构馆校双方的合作机制,使博物馆作为社会教育资源得以通过相对较为规范的机制介入国民教育系统,促进其社会效益的扩大。本研究试图呼吁当前中国的教育决策部门及文博管理部门对馆校合作行为给予更多的关注,对可能阻碍现有合作的制度性因素给予更多的关注,使中国博物馆与学校都可以在规范、合理的制度框架中,寻找到合作的最优路径,促进社会教育资源的整合与协调。

二、助推学校教育的有效尝试

对于馆校合作的研究,是助推学校教育的有效尝试,尤其是在为在校学生拓展学习环境及提升资源价值等方面。当前,中国学校教育在学生学习兴趣、教学手段、探究创新等方面仍然存在提升空间。而博物馆作为现实世界的具象和再现,同真实情境、经验世界密切关联。在学校教育中引入博物馆,将其视为具体学校变革的催化剂,在当前课程改革的大背景下具有极为重要的意义。本研究试图通过规范的实证研究过程,对学校教育内部的相关主体进行较为细致的实证分析;在此基础上,找寻现存的障碍及可能的解决途径。

三、凸显外部公共机构的教育功能

本书中所开展的馆校合作研究,其实践意义在于提醒外部公共机构在学校教育乃至全民学习型社会中所能扮演的角色。在当前中国,不仅是文化博物馆、自然博物馆、科技馆、科学中心、天文馆、动物园、植物园、水族馆等广义上的博物馆可以同学校展开合作,而且公共图书馆、研究机构、非政府组织(NGO)等也在扮演重要角色。各类机构同学校进行合作,是其中不可或缺的一环。本研究虽然主要关注的领域为博物馆,但在某种程度上,仍然可以为其他社会机构提供借鉴。

第三节 核心概念的界定

一、博物馆与学校

1. 博物馆

博物馆和人类早期的收藏行为密切相关。早在公元前2000年,古埃及和古巴比伦就出现了收藏奇珍异物的行为。西方古代早期最为典型的博物馆行为,当属亚里士多德对于亚历山大大帝征服过程中收集的奇珍异宝的整理和研究；在亚里士多德之后，托勒密·索托一世除了继承了这些珍奇藏品外，还专门在埃及亚历山大城创建了一所"缪斯神庙"(Mouseion)，用以收藏奇珍异物以供学者进行研究，而这所"缪斯神庙"也被视为古代博物馆形成的标志，同时，"缪斯神庙"也是现代西方"博物馆"(museum)一词的词源（孟庆金，2010）。然而对博物馆的界定，是随着博物馆具体形态的变化以及社会的要求而不断变化的。对于现代博物馆，其特征、价值以及在社会中的地位和作用，早已超越了传统博物馆的收藏职能。

第二次世界大战结束以后，现代意义上的博物馆在世界范围内广泛涌现，无论是数量、外延，还是职能范畴，都上升到了一个全新的水平。从传统博物馆到现代博物馆的定义转换，是一个外延不断拓展、公共性质逐渐增强的过程。对现代博物馆的定义，起始于1946年在巴黎召开的国际博物馆协会（International Council of Museums，ICOM）首届会议。在首届国际博物馆协会章程中，博物馆被界定为"藏品对公众开放的所有艺术、技术、科学、历史机构，其中包括动物园和植物园，不包含一般类型的图书馆，但包括拥有常设性展厅的图书馆"(Baghli et al.，1998)。需要指出的是，该定义并未对博物馆的内部职能及特征进行更加深入的界定。在随后召开的国际博物馆协会的历次会议中，又多次对博物馆的定义进行了修订。1974年，于哥本哈根举行的第11届ICOM会议，对博物馆的公益特征进行了更为明确的界定，将博物馆界定为"一个不追求营利，为社会和社会发展服务的公开的永久机构。它把收集、保存、研究有关人类及其环境见证物作为自己的基本职责，以便展出，提供学习、教育、欣赏的机会"(Dona-hue et al.，2004)。1989年，第16届ICOM会议将博物馆的外延进一步拓展，并明确指出，博物馆的定义不受制于政治体制、地域、定位等因素的影响(Baghli et al.，1998)。除此之外，美国博物馆协会、英国博物馆协会也均确认了和ICOM类似的对现代博物馆的定义。

在中国现代语境的很多情况下，"博物馆"一词并不能完全对应西方语境中的"museum"，例如，在1961年文化部内部印发的《博物馆工作概论》中，将博物馆表述为"是文物和标本的主要收藏机构、宣传教育机构和科学研究机构，是我国社会主义科学文化事业的重要组成部分"（宋向光，2003）。虽然在该种界定下，博物馆同样具有公共属性，但其外延更加侧重于文化类、静态类的专门博物馆,并未包含诸如科技馆、动物园、植物园等机构。虽然博物馆这一概念在中国同样被广泛使用,但相较于西方的"museum"一词,侧重和角度不同;在中国,诸如"场馆""科技馆""科学中心""动物园""植物园"等其他等同或包含于西方"museum"概念下的称谓也被广泛使用。在西方学术界的很多文献中,大多都将"museum"视为一个完整的概念,而在汉语语境下,"博物馆"的外延则相对较为狭窄。

在本研究中,为求学术讨论的便利,笔者使用的"博物馆"一词,其含义更加倾向于英语中的"museum",不仅涵盖传统文史类、自然类博物馆,也包括诸如科技馆、科学中心、天文馆等新型博物馆,同时,还包括动物园、植物园、水族馆等相关公共场所。本研究中,笔者主要以中国城市地区的博物馆作为研究对象;在具体实证分析中,研究对象限定于上海地区。

2. 学校

本研究所指学校,主要是指有计划、有组织地承担教育职责的专门性机构,是一般意义上的正式学校。在具体范围上,笔者主要关注中国基础教育阶段的普通学校,包括普通小学、初中和高中。

之所以将本研究中的学校限定在上述范围,主要有如下原因:

首先,为了与国际馆校合作研究接轨。在国际讨论中,"博物馆与学校合作"(Museum-school Collaboration)中的学校,一般限定在"K—12"教育中。对应中国学制,主要是指实施义务教育的中小学和普通高中。

其次,无论是义务教育范畴下的中小学还是普通高中,都在国民教育体系中具有基础性的地位;这一阶段的教育,在个体发展中具有奠基作用,是个人终身学习、终身发展的基础。因而,无论对于国民素质的提升,还是个人的可持续发展,该阶段的学校都起到十分重要的作用。

此外,笔者的研究兴趣及相关实践经验,也是选择这一阶段的学校作为研究对象的重要原因。

二、馆校合作

1. 馆校合作是一种组织间合作

馆校合作的实质是一种组织间合作(inter-organizational collaboration)。

无论博物馆或学校,还是作为整体而言,馆校合作组织都是一种特定的组织主体(organization)。社会科学意义上的组织,主要是指某类专门人群的集合,组织拥有特定的结构,同时,内部存在分工与合作,此外还具有开放性特征,需要借助外部资源实现共同目标(Robbins,2001)。这意味着,组织一方面具有主体性,可以相对独立地和外部主体产生关联;同时,作为个体集合的组织,其内部也必然存在异质性,不同组织成员之间可能在利益及需求方面存在差异。组织间合作是指存在于两个及两个以上组织之间的一种互动关系,其反映出各个组织之间的依存、作用、连结等状态(Oliver,1990)。Pouloudi等(1997)认为,组织间合作的最大意义,在于提供了一种有效配置异质资源的手段,其可以有效改变以稀缺资源为目的的集体行为,发挥各个组织的特定资源优势。因而,组织间合作实际就是合作双方理解到彼此的特定行为可以促进自身目标的实现,从而调整自身行为策略,以实现双方合作的行为。

博物馆与学校之间的合作,同样具有上述组织间合作的特点和性质。在本质上,馆校合作就是博物馆与学校为了实现各自的目标,主动调整自身的行为策略,促进教育产品供给的行为。区别于其他组织间合作,馆校合作同时也是一种特殊的教育实践活动,既有长久的历史渊源,同时,在特定条件下,也可以成为一种创新教育活动;在不同情境下,馆校合作具有不同的内涵和外延,例如各类学校集体参观、博物馆资源出借、合作课程开发等,都可以在广义上被界定为馆校合作。

2. 馆校合作的外延

(1) 实然和应然

本研究在"馆校合作"这一概念的使用上,存在两种不同的状态。首先是实然状态,在这种状态下,馆校合作被界定为在中国博物馆与学校之间,实际存在的各种合作行为;是现存和已有的合作状态。虽然中国实然状态的馆校合作具有明显的合作性质,但很难被界定为一种标准和规范的合作行为或合作组织,其在合作程度、参与范围等方面,可能还存在一些问题和尚待改进之处。因此,本书同时也在应然状态下使用"馆校合作"这一概念:在应然状态下的馆校合作,是基于教育本身的深度合作,博物馆不仅被视为学校教育活动的补充和辅助,还是实际教育活动的承担者和参加者,在传统上被视为学校独占的领域,诸如教学和课程方面,与学校进行深度的合作。这种应然状态下的馆校合作,应和了第二次世界大战后国际博物馆教育的最新趋势。

(2) 微观、中观和宏观

由于馆校合作涉及主体的复杂性,无论是博物馆、学校,还是馆校合作组织,都可以在不同层面被视为特定的"组织主体",因而对于"馆校合作"这一概念,我们同样可以在不同层面使用。微观层面的馆校合作,主要涉及博物馆与学校内部各个不同的主体,例如管理人员和一线人员;由于这些不同微观主体存在不同的行为取向及利益动机,会对馆校合作产生特定的影响。中观层面的馆校合作,主要是指在考察博物馆与学校关系时,将博物馆与学校视为相对独立的组织主体,继而考察彼此之间的合作关系。在宏观层面,当我们引入诸如政府、家长等其他主体时,包含博物馆与学校在内的馆校合作组织,又可以被视为一个相对独立的组织主体。

(3) 馆校合作和校外教育

馆校合作在中国教育研究中,是一个相对新鲜的概念。但博物馆在中国教育研究中,存在另一个相对较为传统的观察视角——"校外教育"和"校外活动"。事实上,"校外教育"和"馆校合作"概念使用的本身,便隐含着关于博物馆与学校的关系的假设以及考察视角的差异,因而我们必须对两者之间的差异进行解析。

"校外教育"这一概念,源于凯洛夫(Kaiipob)的《教育学》,其将校外教育界定为"除了学校以外,各种机关和团体对于儿童所实施的多种多样的教养、教育工作"(康丽颖,2002)。现行的"校外教育"的定义,几乎等同于"校外活动",大多将校外教育界定为一种在学校正规教学之外、业余时间开展的教育活动。这些定义肯定了校外教育具有区别于课堂教学的形式多样的特点,同时,受特定的历史环境制约,"校外教育"这一概念,往往属于德育或者意识形态教育关注的内容(张印成,1997;中国大百科全书总编辑委员会,1985;张焕庭,1989)。

在这种定义视角下,博物馆作为校外教育场所之一,和诸如少年宫、青少年活动中心等专门化的校外教育机构并列;同时,由于在传统的校外教育概念中,知识教育并不是主要探讨的领域,因而实际上,博物馆对于学生认知发展、技能学习、科学素质提升等方面的功能,并未在"校外教育"这一概念下得到有效反映。最为重要的是,"校外教育"概念的使用,实际承认了不同机构在教育中地位的差异,隐含着正规教育机构和非正规教育机构的基本假设:学校是承担教育功能的主要机构,而博物馆是诸多次要主体之一,起到辅助性作用;校外教育在本质上是一种课堂之外的活动,未必和学校教学产生关联。

正是由于"校外教育"概念中存在的偏向性,使得我们难以从"校外教育"或者"校外活动"这些概念出发,建构双方的合作;在这一概念中,博物馆与学校的合作行为,彼此之间相对封闭,同时,先验假定学校一方在双方合作行为中占据主导地位。事实上,在理想状态下的馆校合作里,博物馆与学校之间的合作,涉及认知、技能、情感、态度、社会等多重领域,是基于教育本身的深度合作,博物馆不仅被视为学校教育活动的补充和辅助,还是实际教育活动的承担者和参加者。同时,由于提升国民科学素养的客观要求及终身教育等新型教育思潮的影响,使得"校外教育"难以适应新环境下博物馆与学校两类机构在国民教育活动中的新型角色。因而在本研究中,笔者将"馆校合作"这一相对较新、较为中性的概念,作为研究的核心概念。

综上所述,本研究将馆校合作的概念界定为:博物馆与学校在国民教育活动中,基于各自的目标,主动调整各自的行为策略,所采取的共建共享的互动行为,这是一种基于教育本身的深度合作,博物馆在这种合作关系中不仅是补充和辅助,还是实际教育活动的承担者和参加者。在具体使用中,本研究根据不同部分研究任务的不同,分别在应然状态、实然状态,以及微观、中观和宏观意义上使用这一概念。同时,笔者在使用"馆校合作"概念时,立场相对较为中性,不像"校外教育"等概念那样,假定了馆方和校方在合作行为中的地位与角色。

第二章
中西方馆校合作相关研究述评

第一节 西方博物馆教育及相关理论的研究综述

一、博物馆教育职能的兴起与发展

博物馆作为独立机构的起源可以追溯到公元前290年,托勒密(Ptolemy)在亚历山大里亚建立了第一个收藏中心(Alexander,1996)。但作为公共机构和教育机构的现代博物馆,则出现较晚。早期公共博物馆主要和世界博览会形式紧密相关,例如英国维多利亚时期的水晶宫世界博览会,再如1878年的巴黎世界博览会,这种形式促进了博物馆作为对外开放机构的形成(Rydell,2006;Malcolm-Davies,2004)。在同时期的美国,作为先驱博物馆构建者的古德(George Goode)从这些形式中得到启发,认为博物馆应该作为向大众传播知识、文化的途径而存在。他建议博物馆应该能够更加贴近一般民众而非象牙塔式的大学,应当犹如公共图书馆和世界博览会一般(Rydell,2006)。基于这些原则,古德将史密森博物馆改造成美国国家博物馆,提供了宽敞的展示空间;从1876年费城世界博览会和世界其他地区搜集了大量展品,向公众自由开放。19世纪初期,很多新的博物馆在美国诞生,并且它们的藏品均向那些前来研究、学习的公众开放(Conn,1998)。

虽然在19世纪后半叶人们已经开始认为人类可以通过观察自然物获得知识,但是这种思想直到20世纪初结合民主主义教育运动才真正得到践

行。例如，古德相信：一个辅以介绍和说明的设计良好的展览，是向公众传播科学知识的最佳途径。同时期美国另一位博物馆先驱吉尔曼（Benjamin Gilman）虽然赞成古德对于博物馆和公众教育的判断，但是他认为单纯静态的文字说明难以发挥效力，于是在波士顿博物馆首次引入解说员（docent）的角色。虽然随着公共博物馆的创建，博物馆的教育功能得到广泛认可，但是20世纪初期博物馆的教育任务仅限于介绍工业革命的成就、城市化以及科技对人类生活的改造（Hein，1998）。1920年，英国博物馆协会（Museums Association）在卡迪夫会议上发布了一份名为"博物馆与教育的联系"的报告。报告通过对134座省立博物馆的调查，认为博物馆馆长及教师应该努力找到发展博物馆藏品的教育性应用的合适方式（Vallance，1994）。

20世纪30年代，伴随着古德作为先驱者的努力，拉姆齐（Grace Ramsey）和科莱曼（Laurence Coleman）开始在全美范围内进行关于博物馆现状的大规模综合调查，二人的调查是这一时期的典型代表研究，所调查的时间范围从19世纪70年代大规模博物馆创建起，直到20世纪30年代，其中就包含了博物馆运用的教育方法及其发展趋势的内容。拉姆齐主要关注的领域是博物馆教育，她认为博物馆的大规模初创阶段已经结束，她建议在未来要加强博物馆与学校以及社区的联系，借此提供另一种方式的大众教育（Ramsey，1938）。值得注意的是，拉姆齐还特别倡导博物馆应同时关注学生和在职教师；同时，还应该关注那些有天赋的学生以及残疾的学生。最后，她认为在博物馆教育中，最重要的是将一些真实的物体以符合学生自身经验及适合学生发展状况的形式呈现（Ramsey，1938）。与之相对，科莱曼的研究主要致力于改进博物馆的一般状况，从财政状况、藏品收藏到提高观赏体验，主题不一而足，博物馆教育只是研究中简略叙述的内容。第二次世界大战以前，博物馆的数量一直以惊人的速度持续增长。为了紧跟时代发展，这一时期的博物馆开始大规模采用互动手段进行展示（Butcher-Younghans，1996）。

"二战"之后，博物馆教育一直延续着之前的路径向前推进。伴随着"二战"后的繁荣，博物馆教育的理念早已深入人心；除了自身开展教育，博物馆还尝试与学校进行更广泛的合作，以期在教育领域发挥更大的作用，这些合作主要是通过博物馆提供人员和课程的形式完成的。到 1969 年,美国已经有超过 90% 的博物馆开设了教育项目。除此之外,该时期另一个值得关注的进展是博物馆教育评估的诞生。从 1965 年开始,美国联邦政府借助于《中小学教育法》的规定,创建了一个教育评估体系,其中就包括博物馆教育评估(Hein,1999)。博物馆教育评估大致可以分为两种:形成性评估和终结性评估(Screven,1976)。在大多数情况下,评估被视为提升博物馆自身展览组织的有效工具,但未必是提升游览者学习体验的途径。因而,对于评估问题的关注,成为该时期博物馆教育研究的一个新领域(Hooper-Greenhill,2000)。

从总体来看,直到 20 世纪 80 年代,虽然在宏观理论范畴存在一些超前的见解,但具体的研究领域(例如专门博物馆)以及宏观理论共识方面仍然存在很大的缺失,同时也反映在博物馆教育具体实践的无序状态。美国博物馆协会(AAM)于 1984 年发布了题为"新世纪的博物馆"的报告,完成了一项系统的、大规模的博物馆教育研究。该报告回溯了 20 世纪 30 年代以来博物馆教育的转变,认为:更多地发掘游览者的经验,而非强调特定展示活动,是一个重要的趋势(McManus,1992)。同时,博物馆学习的相关研究也开始蓬勃开展。这些研究致力于关注博物馆学习活动的整体构架以及刻画和描述游览者的学习体验。同样是 AAM,于 1992 年发布了另一份极具影响力的研究报告——《卓越与公平:教育与博物馆的公共维度》(Hirzy,1992),尝试挑战那种试图将博物馆教育行为紧凑化、专门化的观念,认为博物馆应该将教育活动贯穿于其所有的活动及日常行为中;同时,博物馆内的教育活动也不应单纯地被看作一种公共服务,而是应将社会变革和社会责任感融入其中(Hirzy,1992;Hein,2006)。虽然该报告提供了改进的十点原则,但是其同样承认,要实施该项计划,博物馆依旧面临无数挑战(如资源、时间、共识)。同时,博物馆由于自身的特点,可以有效弥补学校因资金不足而无法充分开展美学教育及科技教育的缺憾。

二、西方博物馆教育理论综述

公共博物馆的观念和其教育理念,在某种程度上是共生的。无论是美国的古德还是中国的维新派以及李济(徐玲,2011),都将教育视为其博物馆理念的重要一环。除此之外,在 20 世纪早期,诸如《博物馆追求的理想目的和方法》(Gilman,1918)、《我所认为的教育》(Kent,1949)、《新博物馆的计划》(Dana,1920)等一大批论著,都阐明了公共博物馆在教育方面的重要性。

之后,诸如 1969 年的《贝尔蒙报告》(American Association of Museums,1969),1984 年 AAM 的《致力于新世纪的博物馆》报告(Bloom,1984),1992年 AAM 的《卓越与公平:教育与博物馆的公共维度》报告(Pitman et al.,1992),以及英国博物馆协会的《博物馆在教育时代》(Anderson,1997)等相关教育报告的公布,更加确定了博物馆专业领域对博物馆教育价值的认可。然而这些著作或者报告在很大程度上只能被视为仅认识到博物馆教育的重要性,还没有从系统的、理论的角度进行专门的教育理论构建。关于博物馆教育理论,一直到 20 世纪六七十年代,都处于一种无序和肆意引申的状态。之后的一段时间,在西方博物馆教育理论中占据主导地位的,很大程度上是成人教育的理论。1980 年开始,很多西方博物馆都采纳了 Knowles 的成人教育理论作为其教育理论的核心概念,其中引介该理论最有影响力的当属题为《博物馆、成人和人文:教育计划指导》的一份 AAM 报告(Collins,1981)。

然而博物馆教育对象的多元性必然决定了这种成人教育模式的不适切性。因而实际上,直到 20 世纪 90 年代以后,才渐渐形成科学场馆自身独特的教育理论模式,构建这种专门理论的代表人物是 Csikszentmihaiyi 和 Hermanson(1995)、Taylor(2002)、Falk(2004,2005)以及 Hein(1998,2005),这些研究构成了科学场馆教育理论理解形态的基本架构。

1. 两个范畴的划分:信息模式和经验模式

Taylor(2002)在其研究中描述了场馆的收藏职能和其展示职能脱节的情况。其研究区分了两种具体的场馆教育模式:信息模式(information model)和经验模式(experience model)。信息模式描述了博物馆首先聚焦于自身的资源和对于资源的介绍。这种模式的困境在于如何才能使得这种介绍以最好的方式表达,以及如何将博物馆的资源最大化。经验模式的场馆显然更加意识到观众的重要性,将焦点转向观众的兴趣、需要及他们自身的经验。经验模式的挑战在于如何充分设计场馆与观众之间的互动,以及如何在场馆自身所要达成的目标与观众的兴趣之间取得平衡。在其研究中(Taylor,2002),Taylor更加倾向于经验模式,认为其代表着博物馆面向非正式教育的一种模式转向;而与之相对,信息模式的博物馆则陷入了机械模仿和复制学校教育的怪圈中。虽然博物馆和现代学校同样面临着提升学业成绩的任务,但是场馆永远不可能达到与学校同样的功效——按照Taylor的观点,场馆需要避免这种与学校同构的比较和描述,需要寻找自身独特的促进智识增长的途径。场馆教育者永远不能执意于想要教会游览者什么东西。只有当场馆从知识和信息的穹隆中脱离出来,提供支持经验的环境,致力于博物馆自身的核心理念——"如何思考"时,场馆才能被视为独立的教育机构(Taylor,2002)。

2. 四个范畴的划分:指导说明、刺激反应、发现学习、建构主义

与之相对,Hein(1998)将场馆教育模式分为四个范畴,分别是指导说明教育(didactic, expository education)、刺激反应教育(stimulus response education)、发现学习(discovery learning)以及建构主义学习(constructivist learning)。相较于Taylor(2002)的分类,这种模式更具有理论操作性。

指导说明教育是一种基于课程模式的场馆教育模式。这种教育模式通常基于严格、正统、权威性的知识假设,同时,在具体"教学"中还具备相当程度的知识目标(Jordanova, 1989)。Hein认为,大多数场馆,尤其是历史类博物馆,通常都采用指导说明模式作为其教育途径。其他一些研究认为,诸如美学博物馆、艺术博物馆通常也采用这种手段作为教育策略(O'Neill, 2002; Vergo, 1989)。其优点在于可以给予观众良好的知识组织以及完整的知识呈现。但Hein认为这种模式的缺陷同样显而易见——仅仅为观众的教育提供了一种单一的、严肃的知识路径,具有霸权和垄断性质,忽视了观众自身的创造力。

刺激反应教育是一种观众自我指导的教育模式。这种场馆教育模式是基于行为主义的,主要侧重于场馆展示的设计,借此来引导学习者达成学习目的。Hein认为刺激反应模式是以观众和学习者为中心的;同时,刺激反应模式还强调特定的展示活动和安排可以导致可观察的行为变化。Hein也指出,刺激反应模式的局限在于外在观察者眼中的学习行为,而非学习者

本身。

3. 两种模式的争议

对于上述两种模式的主要争议领域属于那些非严格真理性知识或者学习反应并不确切的知识；同时，观察者完全可能得出与实际学习者发生的行为相反的结论，因为学习包含的领域十分广阔，并非只涉及目标、预设的知识以及展示(Dufresne-Tasse et al.，1994)；质疑还包括简单或者严格的目标可能被视为对学习者自身创造力的限制(Elias et al.，1980；Banz Jr，2009)。

发现学习的方法致力于学习者自身对于知识的理解，这种方法广泛体现在类似工作坊、实验、肢体动作的互动等方面，其并不试图采取讲解、介绍的方法。Lachapelle 等(2003)认为，发现学习的方法可以适应成年人进入博物馆的现实。通过实验的方法，成年人可以提升自身的能力，同时，不影响自身原先已有的经验。这种方法的优点不言而喻，但是缺陷在于场馆可能难以将这种教育理念转换为实践(需要理念、资源、技术支持)，学习者可能未必注意到研究者预先所设计的内容。

在科学场馆众多获取知识的路径中，Hein 认为建构主义的方法最有效。区别于发现学习，知识是内在于学习者的，而非一个发现的过程。科学场馆状况下建构主义主要存在两个主要特点：首先，学习被视为一种基于个人经验的主动过程；其次，无论在主题上同那些"接受的真理"多么相像，这种学习者自我意义的建构都是有效的。对于 Hein 而言，这种意义建构需要我们从不同视角去关注不同的文化群体，并且意识到无限制地使用"客观知识"这一概念的危险(Hein，1998)。但 Hein 显然没有意识到，任何认知过程——无论是指导说明教育还是刺激反应教育，抑或发现学习，实际都是一个建构的过程。笔者认为，其没有提出一个区别于其他路径的独特的实践策略，而仅仅只是一种理念。除此之外，主观建构的无限使用，也可能导致极端思维的出现，例如法西斯主义者很可能在其设计的博物馆中强化自身的观念。

Hein 将建构主义观念进一步延伸，同进步主义关联，并声称其理论来源为约翰·杜威——杜威认为良好的教育必须建构在理解、批判思考的公民理论中。如果场馆接受了这种前提，意味着他们知晓了自身改变社会行动的能力。Hein 相信我们需要重新评估场馆对于民主社会的促进作用(Hein，1998)。然而无论是 Hein 的建构主义模式还是泰勒的经验模式,其本质都是基于建构主义标准的。

4. 其他相关研究模式

继 Hein 和 Taylor 之后,关于具体教育、学习理论的探讨继续展开。例如 Falk 等(2004)提出了背景性学习模型(contextual model of learning),包括个体背景(学习动机和期待,之前的知识状况,之前的经验,兴趣状况,选择)、社会文化类背景(内部社会交往,内外部的社会交往)、设施背景(先行组织者的设计,物理空间的设计引导,场馆建筑和风格;具体展品和活动的设计;场馆外情境的设计)三个维度,共 12 个因素。Falk 等(2005)利用该背景模型,对每个变量进行了独立性研究,发现这些因素对场馆学习非常重要,但是单独的因素并不能对所有学习结果作出全面的解释,因此,对于非正式科学教育的研究应该全方位考虑各个重要影响因素,相关的内容开发、设计也应该适当考虑这些因素。

又如 Banz Jr(2009)利用质性、诠释的方法,探究了场馆环境下的自我指导学习(self-directed learning，SDL)。其研究对象是随机挑选的 16 名 25 岁以上的场馆游客。研究认为,个人责任原则(personal responsibility orientation，PRO)是解释场馆自我指导学习的首要原则,将 SDL 引入场馆学习中,显然和传统的知识本位的观念具有很大的差异。再如 Craig 在其博士论文中讨论了以家庭为单位的观众同穿着戏服的解说者在生活历史博物馆中的互动,以及观众个人意义形成中的作用。研究通过质性的方式完成。在这种场馆中,家庭代表着一种极度个人化的知识经验,这种知识经验和同样个体化的解说者互动,可以充分发挥各自的想象,构建出独特的个体化知识。虽然这些理论在宏观框架层面未能超出之前介绍的范畴,但毫无疑问,其对于一些具体问题、具体机制的阐释,引人反思;同时,在具体学习、教育领域,参与学习和建构主义是影响最为深刻的场馆学习、教学理论。

上述研究所代表的趋势在于,所有这些研究都开始关注到参与、建构、人文等非传统知识层面的内容,反映出国际学术界在该领域的基本立场是并非仅仅关注传统知识,而是超脱知识,追寻更广的价值。这些新近研究的共同信念是：给场馆观众提供学习的环境和机会，鼓励他们合作、思考、推理、解决问题。博物馆将担负更重要的学习功能，提供更广阔的学习范围；不再以知识学习为主，而是以多元的方式呈现在观众面前；提供给观众主动探寻与建构知识的场所，并更加注重与观众的互动以及观众多元观点、经验的建立。

第二节 西方场馆教育研究的主要趋势

一、强调经验和真实问题

场馆科学教育设计的重要原则是真实问题和具体实践，具体而言，就是以学生现实经验中所遇到的各类问题和事实为组织者（organizer），引导学生在科学场馆中还原具体情境，从而达成教育和学习的目的。这一原则与科学学习的发展趋势不谋而合——现实生活所涉及的科学议题往往是基于具体情境的。

以场馆教育中广泛采用的建构主义思想为例，其认为学生在一般课堂情境中所学习的知识是惰性的，无法顺利迁移至真实的生活情境中。科学场馆的学习可以让观众体验到知识在具体情境中是如何运用的，避免知识的惰性。例如 Falk(1997)对"洛杉矶治理空气污染展览"的观众进行研究后发现，这种基于真实问题的展览，不仅使观众对于空气污染的成因、现状、危害等有了具体的了解和认识，同时还促进了该问题的社会理解，使得观众对于解决策略产生共鸣，并能主动提出改进的策略。再如 Eshach(2007)设计了"动物园和水族馆中的数学知识"（the Mathematics in Zoos and Aquariums，MIZA）项目，其内容是在科学场馆的支持下创建和实施专业发展工作坊，帮助动物园和水族馆的教育者把更多的数学知识整合到他们的展品及项目中。Eshach 认为，对动物的认同感及对动物行为的数学推理，能够支持参观者在对话时的态度。在动物园和水族馆虽然有大量使用数学思维的机会，但是现有状况下，它们并没有得到很好的利用，观众使用数学思维的比例比较低。

二、强调探究过程

西方场馆科学教育研究的另一个重要趋势是强调探究和发现的重要作用,这同样与建构主义的场馆教育思潮存在密切关联。场馆教育区别于普通科学教育的最大特征在于直观性,可以通过探究学习的方式开展教育活动。在探究过程中,学生或其他观众通过自主参与获得知识,掌握研究自然所必需的探究能力,同时形成相关的科学概念,进而产生多元的学习结果。在传统的科学教育中,学生的探究活动受到一些条件的限制,很难充分展开,而各类场馆则提供了绝佳的探究环境。首先,科学场馆的展品是围绕不同的科学内容设置的,观众可以自由选择主题;其次,科学场馆中的展品一般是引导观众通过互动来发现某种现象和规律。

很多西方研究都证明了探究在场馆教育中的重要作用。例如 Crowley 等(2001)通过行为观察和录像分析等方式,研究了儿童和家长在科学场馆参观"旋转图片卷轴"的过程,具体考察了儿童如何从操作中发现,卷轴的旋转速度和旋转方向不同,会产生不同的视觉效果。结果发现通过自己操作展品和成人解释,儿童能够掌握错觉运动的原理,并能认识到这种现象与动画的制作有密切关系。再如 Dickinson 等(2012)在"喂食者观察项目"(Project Feeder Watch)的总结中,同样肯定了探究在场馆科学教育中的作用。"喂食者观察项目"是康奈尔大学鸟类实验室和加拿大鸟类研究所发起的:喂食者必须先从网上下载项目包,它告知了此项目的目的和原理以及操作流程的事项,包括如何确定观察区域,介绍数据搜集的程序,及如何提交项目的实时进展。令人兴奋的是,观察者提交的数据都来自其观察,并与预期相符。通过一段时间的观察,研究者发现观察者能够根据数据回答未参与观察前提出的问题,其中,真实体验发挥着不可取代的功效。

与此同时,现有西方研究还证明,观众的探究能力并非是自然而然形成的,需要一个探究过程,因此要有充分的设计和引导。例如 Allen(1997)研究了参与和设计光影实验的观众,结果发现观众观察现象后对原因的解释普遍比较简单,而且大多数观众对于设计实验来证明自己观点的任务都感到无从下手。这说明观众的科学探究能力有待提高。而科技场馆中的展品设计恰恰能够帮助观众提高探究能力。

三、重视新技术在场馆教育中的应用

科学技术的日新月异,也对场馆教育的方式产生了深刻的影响。由于科学场馆在某种程度上代表着人类科技文明的发展和进步,因而科学技术的具体应用,不仅体现在展览内容中,也体现在场馆的教育方式中。类似于无线网络技术、增强现实技术等新技术,都是西方场馆科学教育的最新发展趋势。

无线技术的应用,可以看作科学场馆新技术革新的典型案例。例如Hsi(2003)利用无线网络技术,设计了一个多元交互系统——观众通过一个手持设备,可以实时了解自身在场馆中的位置,同时,接收来自无线终端的信息,实现真实位置和虚拟环境之间的对接,增强观众在场馆环境中的体验。在后续研究中,Hsi(2004)进一步改进了技术,通过射频识别(Radio Frequency Identification,RFID),使得这种定位更加准确;同时,他还基于互联网,开发了一些后续的应用程序,增强了观众在参观结束后的体验。

此外,增强现实技术也是科学场馆教育中的一个最新趋势。所谓增强现实(Augmented Reality,AR),就是将虚拟的信息元素与真实环境相结合,使用电子技术来增强人类感官体验的工具。例如,Google公司推出的谷歌眼镜(Google Glass)便是增强现实型设备的范例。这款眼镜集智能手机、GPS、相机功能于一身,在用户眼前展现实时信息,实现多种用途。增强现实技术已在西方科学场馆教育的电子参观指南、展览设计中得到广泛应用(Wojciechowski et al.,2004;Woods et al.,2004;Miyashita et al.,2008;Damala et al.,2008;Yoon et al.,2012),具有良好的发展前景。例如,Yoon(2012)探究了如何以数字增强现实技术和知识构建(knowledge building)作为学习辅助策略,促进学生在电路学习中的体验和效果。在其研究中,增强现实技术主要作为一种非正式知识学习辅助策略出现,与探究、互动、小组学习等策略搭配、组合,构成了六种不同的辅助策略;Yoon还对这六种辅助策略的效果进行了对比。

四、强调学习的多元产出

西方科学场馆教育的另一个主要趋势，便是强调科学教育、学习的多元产出——学习结果不仅限于知识的习得和概念的理解，同时也包括对于科学的兴趣和态度的转变、动作技能的掌握，以及社会互动能力的增强。例如，Csikszentmihalyi等(1995)指出，博物馆经验是一种独特的互动体验，它有别于一般意义上的学习行为，主要指向学习的兴趣和动机。Falk等(2000)认为博物馆经验能带来快乐，因为它是一种自由选择的、非正式的、引发强烈动机的、有成效的学习经验。Perry(1993)指出博物馆学习能令人产生掌控环境的自信心、好奇心、挑战性、游乐感及人际互动等情意素质。由此，博物馆能促进情意学习，引发更加生动的知识建构。比如，Anderson(2010)对密苏里的老鹰日(Eagle Day)参观体验进行了研究，发现参观者对话中的情感反应是三种最常见的"学习谈话"中的一种。参观者对吸引他们停下来观看的展品中的57%表达了感想，其中，最普遍的感想是惊讶、好奇(37%)，其次是愉悦(26%)。

现有西方研究还发现，场馆教育可以有效促进学生在学校中的学习。例如，Stroud(2008)对在自然历史博物馆中实习的高中生进行的研究发现，在博物馆中参与讲解等活动，可以有效增强这些高中生未来从事相关科学工作的信心。再如，Hooper-Greenhill(2004)对一项历时三年的国家评估项目的分析显示，绝大多数中学生对场馆经验都表现出积极的态度，认为各类场馆是除学校之外让人兴奋的学习场所，在那里可以使用与学校不同的方式进行学习，博物馆的体验让自己能更好地理解课堂教学内容，并且参观博物馆使课堂学习变得更有趣。

五、强调科学场馆教育及学习结果的测量和评价

由于场馆学习往往具有多元产出的特点，因此很难与学校教育一样，使用标准化测试的形式进行学习测量和评价。同时，场馆学习的效果往往具有滞后性，学习效果有时很难在短时间内得到反映，因而场馆教育的测量和

评价面临着巨大的挑战。但在西方现有研究中,强调科学场馆教育的测量和评价仍然是一个重要的趋势。相较于传统的教育测量,其在方法和手段上也出现很多更新和发展(见表1)。

表1 实证研究中所采用的数据分析方法

研 究 方 法	N = 72
量化分析方法	57%
描述统计	54%
推断统计	21%
质性分析方法	54%
行为分析	4%
编码	36%
概念图	4%
话语分析	6%
写作/图画分析	11%

在现有场馆教育的测量和评价中,以前后测为代表的实验策略仍然是一种较为主流的测评方法(Wright,1980;Gennaro,1981;Miller et al.,2011;Cheng et al.,2011)。这种测量方式主要应用于学生的知识学习及概念的理解。此外,访谈(interview)也是一种广泛采用的方式,可以借此了解观众从展示中学习到的知识、对展品的看法和对展示主题的兴趣等,例如Charitonos等(2012)基于互联网社交和移动技术的博物馆学习的研究。除了传统的访谈外,临床访谈(clinical interview)也是一种被广泛应用于场馆教育的学习测量的方法(Davis et al.,2013;Lee et al.,2013),这种方法对于深入了解访谈对象的思维过程、测定访谈对象对科学知识的理解程度非常有效。

除此之外,一些较为新型的策略和评价也被应用于场馆学习的测量及评价中,例如概念图。通过让学生绘制概念图,研究者或者教育者可以更加直观地了解到学生对于知识、概念的理解及掌握状况(Derbentseva et al.,2007;Gerstner et al.,2010)。

关于学生学习行为的研究,也是现有测量和评价的重要内容。而从Robinson、Melton在20世纪二三十年代所进行的有关博物馆观众研究的先驱性实验开始(Bitgood,2009),研究者设法跟踪参观者,记录他们的行动路线,计算他们每个行为的时间。研究者用量化的方法测量展品设计对参观者的影响。参观行为包括注意力持续时间、观展数量和路线、动作行为几个方面。这些指标能反映出参观者的投入程度(Zorloni,2011)。除了一般动作与行为,对话也是行为研究关注的重要方面。研究者或教育者通过录音的方式,记录参观者在参观过程中非正式的话语片段,然后对这些材料进行编码分析,或者进行频次比较,借以分析、测量学习效果(Leinhardt et al.,2012;Piqueras et al., 2012)。

第三节 影响场馆教育的相关因素综述

本节对影响场馆教育的相关因素进行综述。

早在 20 世纪 90 年代初期,Bitgood 等(1994)在研究了 150 篇有关场馆学习的文献后总结道:场馆对学习者产生的影响包括智力的、情感的和身体上的,包括预设的和偶发的;场馆学习受到社会性要素的影响,比如参观者之间的互动、分享、父母的指导等;场馆学习受到环境因素,特别是展品设计的影响。Falk 等(2004)提出了背景性学习模型(contextual model of learning, CML),包括个人背景(参观动机和期望,先前知识和经验,兴趣,选择和控制)、社会文化背景(群体内的社会交往,群体内与群体外的交往)、设施条件(先行组织者,对物理空间的导引,建筑和大尺度的空间,展品和学习活动的设计,后续的强化和场馆外的经验)三个维度,共 12 个因素。Falk 等(2005)利用该背景模型,对每个变量进行了独立性研究,发现这些因素对场馆学习非常重要,但是单独的因素并不能对所有学习结果作出全面的解释。因此,对于非正式科学教育的研究应该全方位考虑各个重要影响因素,相关的内容开发、设计也应该适当考虑这些因素。本节将基于该模型,结合相关实证研究,对这些因素进行综述。

一、个人因素

在背景学习模型中,个人背景因素主要包括参观动机和期望、先前知识和经验、兴趣、选择和控制。现有研究大多肯定了这些个人因素对于学习产生的影响。例如 Anderson 等（2002）针对 4—7 岁儿童，在四个不同类型的科学场馆进行了一项长达 10 周的实验研究，探究不同任务特征对于儿童动机的影响。结果发现，那些更加贴近儿童经验的形式，例如故事和游戏，可以激发起儿童更高的动机。Wilde 等（2008）在柏林自然历史博物馆对 207 个学生进行的实验研究显示，开放程度高的任务，往往并不能有效激发起学生的学习动机。Anderson 等（2003）对参观前场地导向（"场地导向"是指在学生参观前，有计划地给予学生一些关于展览的指导、讲解和说明，降低学生在参观时的新鲜感，从而使学生在场馆参观活动中更聚焦于展品的内容，增强学习效果）的有效性进行了研究，发现参观前的场地导向和预先的参观经验会在一定程度上降低学生对参观的新鲜感，由此可以提高特定内容的学习效果。该研究建议，在对学生进行有针对性的科学教育前，应组织学生至少进行一次参观，同时，在有计划参观前进行场地导向，可以使参观的学习结果最优化。

在实际研究中，绝大多数研究都是结合其他因素进行考察的，我们将对相对于个人因素的其他因素进行综述。

二、环境因素

环境因素是影响科学场馆教育效果的一个重要因素。现有西方研究充分印证了环境设计在场馆教育中的作用。例如 Knutson 等（2010）开展了两项学习研究：一项是针对 50 位家长以及 20 名场馆工作人员就儿童在场馆里所获得的知识展开的研究；另一项是针对 50 个年龄为 8—11 岁孩子的家庭展开的研究，分析他们对四个展品所展开的对话。研究结果表明，场馆里的媒介（如标语提示）可以帮助家庭参观者获得更好的理解。Anderson 等（2007）也证明了环境设计因素在具体教育效果中的重要性。他们通过对世博会参观者的调查，总结了令人难忘的展览的关键因素，包括参观者的身份背景、心情、共享经历、日程安排、展览的物质环境、友好投入的接待者和陪伴者、事件或片段的复述等，并以此提出了设计令人难忘的展览会的建议。其中，展览的环境因素在观众体验的深刻性中，占据着十分重要的地位。

Falk(1997)比较了观众在观看有说明和无说明的展览后,对展览主题的了解程度。研究发现,无论有无展品说明,观众都能掌握基本的信息;但是在有说明的展览中,观众停留的时间更长,发生真正学习的可能性更大。另外,展览说明能帮助观众更深入地了解展览的深层目的,比较准确而有效地接收展览设计者所传递的信息。例如,参观过"洛杉矶治理空气污染展览"的观众,不仅对洛杉矶空气污染的原因和现状的了解程度有所提高,还能意识到这是一个严重的社会问题,需要各方面的通力协作才能解决;部分观众还能利用参观中得到的信息进行环境保护方案的设计。研究者认为,越是与观众生活经验相关的展品,越有利于观众理解展览主题的内涵及实现知识的迁移,教育价值也越大。Stocklmayer等(2002)将科技场馆中的互动型展品分为两大类:作为现象示例的展品(exhibits as exemples of phenomena)和基于相似的展品(analogy-based exhibits)。现象类展品,包括感官具象和发现工具具象;相似类展品,包括实体相似和关系相似两种类型。Afonso等(2007)的研究发现,如果参观者没有相关的经验或观念,作为现象示例的展品教育意义并不大;如果观众之前有一定的经验和知识,展品的教育意义会得到加强。那些基于相似的展品,也是只有在参观者具有与设计目标相关的知识或能产生类似联想时才能体现此类展品的教育价值。

现有西方研究也显示,不同的科学场馆环境设计具有复杂性。例如Sandifer(2003)研究了场馆中具有不同特征的展品对游客的吸引力。他把科学场馆中的展品分成技术创新性、以使用者为中心、感官刺激、开放式四类,通过录像分析,他发现观众在具备技术创新性和开放式的展品前停留的时间最长。这表明环境因素远比人们想象的复杂。单纯追求感官刺激的展览设计,虽然可能具有暂时的吸引力,但从真实的教育效果来看,往往是其他一些实质性的场馆设计内容具有更加深刻的教育效力。

此外,现有西方研究充分肯定了"观众兴趣"在科学场馆设计中的重要地位,这是西方科学场馆设计的一个重要趋势。例如Allen(2004)对科学场馆的设计提出了自己的看法,认为在科学场馆的学习同观众的兴趣是密切关联的,观众在场馆中学习的结果,很大程度上取决于观众是否对场馆因素产生兴趣。Falk等(2003)研究了水族馆中观众的兴趣和先前知识对于参观效果的影响。其结果认为,观众的兴趣对于场馆学习具有重要的影响,而观众的兴趣同场馆环境的设计存在密切的关联,因而场馆环境设计的一项基本原则便是要激发观众的兴趣。

三、社会互动因素

1. 学校层面的社会互动

学生之间的同伴合作,是场馆教育中极为重要的社会互动类型。同伴之间的互动与合作,能够产生多元的学习结果。现有西方研究大多肯定了这种同伴互动的积极作用。例如,Anderson 等(2003)在研究场馆参观对小学生建构有关电磁概念的作用时,让学生运用同伴合作的方式绘制概念图。结果发现,小组成员在概念图的绘制过程中进行了比较充分的讨论;参观后也能通过相互补充和提示,对展品的工作原理进行更深入的解释。Jarvis 等(2005)对英国国家太空中心的参观活动进行了一次调查,结果发现,儿童更愿意与他人一起参观,与同伴合作良好的儿童显示出更多积极的情绪:他们不仅对天文知识产生了浓厚的兴趣,而且学习天文的焦虑程度也有所降低。Nashon 等(2008)将学生分为 3 人一组,带他们到游乐园体验并学习物理概念。通过分析录音发现,学生在游乐园参与娱乐项目时,能够围绕物理概念进行充分交流和讨论,最后对相关科学概念形成统一的认识。

一般来说,由于年龄相仿,学生对场馆中展品的认识更加接近,在进行与展品有关的讨论时,每个学生都处于平等的地位。这种同伴团体的优势能有效地激发学生的参与热情,不会满足于被告知者的地位;其不利的方面在于学生可能形成错误的观念,并且无法意识到错误。因此,必须重视教师和教育者在博物馆中的作用。Anderson(1999)提出博物馆和教育者应该运用基于博物馆内容的一些课程材料来扩大学生的受教育面,并确保达到学习的目的。这种合作关系使得几乎每一门课程都能与学生的生活更加相关,从而增加学生的兴趣,使得学习更有效率。尤其是当学生先在学校的课程学习中作了充分的准备,然后在博物馆中积极参与各种相关的教育活动,参观结束后教师在课堂上又再次强调在博物馆参观过程中的知识后,效果就更加明显了。在众多研究中,场馆教师与学校教师之间的有效互动对于有效开展馆校合作的重要性已经受到研究者的普遍重视。有研究者提出了学校教师与场馆教师之间的互动模式(Kisiel,2006),认为场馆教师要了解所在地区的课程标准,了解学生的理解与课程要求之间的差距,以使科学场馆成为增进学生理解的桥梁(Tal et al.,2005)。Davidson 等(2010)发现学生、教师、博物馆教育人员在看待校外学习的问题上存在不同观点:有些教师把博物馆看作寻求"有趣的知识""好玩的知识"的地方,他们的学生在参观后更多地表述了浅层次的知识;而有些教师则将博物馆看作一个"学习"的地方,他们会注意组织学生参观前和参观后的活动,学生也表述了更多高级思维的学习结果。

2. 家庭层面的社会互动

前往场馆参观的儿童大多是由家长陪伴,因而研究家庭互动在西方场馆教育研究中占据着十分重要的地位。现有研究大多肯定了家长在儿童场馆学习中的重要作用。例如,Diamond(1986)对富兰克林科学博物馆、新泽西州立水族馆、自然科学博物馆和费城动物园四个机构内的家庭学习进行了对话研究。在家庭对话水平编码和访谈资料的基础上,总结出家庭群体的确在场馆内产生了学习行为,并且这些学习行为和其他一些外显的因素存在密切的关联;家庭可以作为测量学习行为的一个有效单位。Sandifer 的研究也显示,以家庭为单位的观众在个别展品前逗留的时间比非家庭观众更长,参观的总时间也更长。每个家庭在参观中都有独特的行为和交流方式,成员间的知识、经验和价值分享,能够使整个家庭通过参观场馆获得最大收益。Fender 等(2007)研究了在科技场馆参观时家长的解释说明对儿童场馆学习效果的影响,结果发现,有家长陪伴并且提供解释交流的场馆学习效果更好。虽然这样的解释常常是简单的和非连续的,短时期内对孩子的思维塑造影响较小,但是,这种日常的非正式的科学交流有助于孩子科学思维的形成,并且会促进孩子对概念的理解和心理模型的发展。

需要注意的是,家庭中的互动行为同时也具有复杂性。如 Ellenbogen(2002)对家庭和博物馆的关系进行了个案质性研究——通过追踪一个家庭在博物馆中的活动,发现家庭与博物馆之间存在冲突,这种冲突源于对"教育""学习""学习环境"的定义,同时也源于家庭的安排与博物馆的安排之间存在冲突。具体而言,以下几个因素影响了家庭互动。第一是儿童的前概念水平。Palmquist等(2007)根据儿童的前概念水平,将儿童分为新手组和专家组,结果发现:在参观时,专家组儿童的家庭更多由儿童主导谈话,分享其过去的经验,家长起支持和促进的作用;而新手组儿童的家庭则往往由父母主导谈话。第二,儿童的性别差异也导致了明显的家庭互动差异。如Crowley等(2001)进行的一项家庭互动性别差异的研究发现,家长往往倾向于向男孩讲述更多的内容,这一点在男孩与女孩之间存在显著差异。第三,父母在家庭互动中的角色也存在差异。例如Briseño-Garzón等(2007)进行的一项行为研究发现,父亲在场馆参观中多扮演控制者的角色,作为家庭参观学习的权威,指导儿童的参观行为;而母亲则更多扮演照料者角色,为儿童提供参观保障,例如拎包、拿衣服等。第四,父母的受教育水平也影响了这种互动。例如,Tenenbaum等(2002)的研究显示,知识水平较高的父母往往倾向于主宰子女在科学场馆的学习,同时表现出更多的控制行为。

3. 场馆教育设计的相关研究综述

Anderson等(2003)对参观前场地导向的有效性进行了研究,发现参观前的场地导向和预先的参观经验会在一定程度上降低学生对参观的新鲜感,由此可以提高特定内容的学习效果。该研究建议,在对学生进行有针对性的科学教育前,应组织学生至少进行一次参观,同时,在有计划参观前进行场地导向,可以使参观的学习结果最优化。

Bamberger等(2007)将个人的科技场馆学习的开放度分为无选择、强限制性选择、弱限制性选择和自由选择四个等级,并从任务行为、与已有知识和学校课程相联系以及与学生生活经验相联系这三个角度对等级进行分析。该研究认为,对选择加以限制,可以更有利于学生在科技场馆中进行有效的学习。但也有研究表明,受到过分限制的学习体验将产生一些副作用。如Parsons等(1994)比较了需要在参观中填写任务单和没有明确任务的学生在场馆中的表现,发现有任务压力的学生更多地把注意力集中在寻找任务单的答案上,与同伴的交流减少,对参观的满意度也较低。又如Griffin等(1997)认为,如果场馆中的教育者仅采用任务导向(task-oriented)的教学策略,未能很好地利用场馆这个相对自由的学习环境;相比较而言,学生自我导向(learner-oriented)的教学模式可以更好地激发学生自身的学习兴趣,更有利于促进学生对于科学知识的理解和认识。

任务单是极为重要的一种场馆教育形式,可以使儿童的参观更具有目的性,从而让参观更有意义(Mortensen et al., 2007; Kisiel, 2007)。例如,Krombaβ 等(2008)在一项生物多元性学习的研究中肯定了任务单在场馆教育中的积极作用:为自然历史博物馆设计了有关生物多样性的任务单,并让 11—15 岁的学生在团体参观时使用。他们用前后测问卷探查任务单的作用,研究结果显示,任务单对学生获得知识有所帮助,其效果类似于提供前概念。

Banz Jr(2009)利用质性、诠释的方法,探究了场馆环境下的自我指导学习(SDL)。其研究对象是随机选取的 16 名 25 岁以上的场馆游客。研究认为,个人责任原则(PRO)是解释场馆自我指导学习的首要原则,将 SDL 引入场馆学习中,显然和传统的知识本位的观念具有很大的差异。Watson(2010)在其研究中讨论了科学场馆对于中学生学习的作用。传统的观点认为科学场馆应当让学生"学习",该研究则认为科学场馆更大的作用应该是为学生学习作好准备和打下基础,而非直接传授知识。该研究基于"准备未来的学习"(preparing future learning, PFL)框架,设计了 243 个样本的准实验,通过三个变量(是否参与、尝试解释以及听从专家指导),认为场馆通过动机等因素促进了学生未来的学习。

第四节 国内相关研究

在中国,最早专门关注博物馆与学校教育的研究,可以追溯到 1986 年。中国历史博物馆群工部以"谈博物馆与学校教学"为题,对博物馆配合学校教育的意义及相关策略进行了阐述,连同随后一些博物馆研讨会中,其他博物馆系统内部人员进行的类似设想,一同构成了研究的萌芽。1990 年开始,出现了针对中国博物馆与学校关系的相关研究,这些研究延续了意义、设想的基本模式,并开始加入西方馆校合作的相关经验以及针对现实状况的反思。如刘晓斌(1990)认为,学校教育观念、博物馆自身观念及宣传工作是博物馆无法介入学校教育的主要原因。直到如今,此类研究依旧是中国博物馆与学校关系研究的主体,其研究者构成主要是博物馆工作人员;相比于西方同类研究中广泛使用的实验研究等方法,中国的研究中思辨研究占据了主要地位;研究内容主要以应然分析、策略式构想为主;而标题中常出现"刍议""浅谈"等字眼,显现出非严谨性。

需要注意的是,在中国,很少有研究超脱于具体的理论思辨范式和主题思考角度,对博物馆具体的机制、问题等进行实证研究。仅有少数研究致力于实际问题的讨论。例如,史吉祥、郭富纯(2003)在《2002博物馆公众研究——以旅顺日俄监狱旧址博物馆为例》一书中讨论了博物馆观众的人口特征。观众在某种程度上等同于进入博物馆的学习者,因而该书对中国博物馆观众的统计实际是博物馆教育活动的基础。再如郝国胜、黄深(2005)主编的《博物馆社会服务功能研究》,根据样本数为一万多份的问卷调查,对1998—2004年国家博物馆展览活动的内容及参观人员进行了较为细致的实证分析。此外,孟庆金(2004)关于学习单作为博物馆学习工具的研究,彭正文(2008)关于海南生物博物馆的探索,以及孙建农(2008)关于上海博物馆手工活动的介绍,王学敏(1997)关于河南博物馆学生观众状况的调查等,都属于国内这方面的研究。整体而言,采用相对规范的研究范式,对中国博物馆教育进行分析,仍然是一项较为紧迫、有待完成的工作。

饶有趣味的是,中国教育系统工作人员往往不会在研究主题中单独使用"博物馆""场馆"等概念,尽管这并不影响"学校"概念的使用。"校外教育"是其表述博物馆与学校关系时,使用最多的词汇。此类研究从20世纪90年代开始出现,其中,博物馆作为校外教育场所之一出现;校外教育更多关注活动、德育等领域;同时,相比于少年宫、青少年活动中心等机构,博物馆处于次要的地位(沈明德,1989;康丽颖,2002)。"校外教育"概念的使用,实际上是承认不同机构在教育中地位的差异,以及正规教育机构和外部教育机构的基本假设。从博物馆与学校合作的角度,也难以由此为基础建构相关内容。显然,在博物馆与学校之间关系及合作的研究中,教育系统人员处于"不在场"状态,这也显示了中国教育系统工作人员和博物馆工作人员之间各自为政的状况。

在具体馆校合作的相关研究中,李君(2012)在其博士学位论文中,对中国学校如何利用博物馆作为课程教育资源,进行了具体行动研究。Kang等(2010)对中国博物馆、学校之间的互动进行了考察,采用质性研究的方法,对博物馆馆员、学校教师及科学教育研究者三类相关人群,进行了微观层面的分析。其研究认为,不同系统之间的冲突和差异影响了馆校合作的效力;不同主体的专业能力、合作意愿及课程能力等的差异也限制了双方的合作。除此之外,Abasa 等(2007)对中国博物馆的学校教育项目进行了历史性考察,并对现有的相关学校教育项目进行了分类论述,展现了一幅传统、现代及意识形态交汇的中国博物馆教育图景。这些研究在概念使用和研究方法上呈现出现代性,为洞见中国馆校合作的未来提供了较好的基础,但由于研究数量较少以及视角的问题,同时,这些研究缺乏对于馆校合作内部行动主体的具体关注和分析,以及对不同主体之间行为的相互作用的规范实证分析。针对中国馆校合作机制构建的一般研究,仍然有待后人。

正是在此基础上,本书试图在规范的历史研究和文献研究的基础上,以中国学校教育变革和博物馆发展为背景,以中国博物馆与普通学校具体的合作为研究对象,选取上海地区馆校合作的案例,对合作行为中的不同利益主体进行深入调查,通过问卷调查、访谈等方式收集资料,并应用扎根理论以及 Nvivo 等质性分析软件、SPSS 等量化分析软件,对获取的数据进行处理,试图发现问题和描述现状;基于实证资料,通过合作博弈、演化博弈等数学工具,构建中国馆校合作的相关模型,对相关行为主体之间的动态关系和行为规律进行深入的理论探究,从而促进馆校合作的理论认识;基于上述实证分析,并结合相关文献研究、政策分析等,构建一个包含投入、运行、评估、监测等在内的完整的馆校合作机制,继而为后续的馆校合作行为提供具有可操作性的可靠指导。

本 章 小 结

西方科学场馆教育研究所呈现出的强调经验和真实问题、强调探究过程、重视新技术的应用、强调学习的多元产出、强调学习产出的评价和测量等趋势,对于现实条件下中国科学场馆教育的研究和实践,具有极为重要的借鉴意义。

首先,强调观众和学生研究。由于各类观众群体是场馆教育设计、实施的基础,其重要意义不言而喻;同时,相对于学校教育而言,由于观众群体流动性较大,场馆教育更须把握各类观众群体的一般特征,从而更好地实现自身的教育价值。现有西方场馆教育研究中,传统意义上的教育方式研究、学习研究所占比例较小,大多数研究都是结合特定观众群体展开的,而中国场馆教育研究中观众研究几乎处于空白状态,因而具有很大的提升和国际交流的空间。

其次,选择恰当的研究方法。虽然理论研究、制度研究可以帮助我们更好地解释一般规律,但实证研究往往是宏观研究的基础,只有在广泛的实证研究的基础上,才能为理论结论提供更好的支撑。在具体研究方法的选择上,诸如对话分析、概念图、行为观察等研究技术,很少被应用于中国场馆教育研究中。这些具体的研究技术,在中国非正式科学教育研究、场馆教育研究中,具有广阔的应用前景。

最后,关注影响场馆教育效果的关键因素,尤其是中国特定因素。在西方现有研究中,各类影响因素的研究占据了极为重要的地位,但这些影响因素的研究,并不能全部直接应用于中国。诸如学校、博物馆、家庭文化、性别角色、教育结构、社会文化等各种因素的差异,都可能使得这些因素在中国的场馆教育中发生变化。因而,在借鉴西方相对成熟的研究经验的基础上,设计相关实证研究,具体分析、探讨这些因素,也是极为重要的研究方向。

第三章
西方馆校合作的脉络、现状及启示

第一节 西方馆校合作的历史演进

国际化和全球化的浪潮、信息技术的革新、社会职业结构的更新、终身教育思想的发展,使得整个世界都处于前所未有的变革之中,面临着前所未有的挑战。其中,教育作为社会的基础要素,既是这一变革的组成部分,也在深刻影响着这场变革。现代教育作为一个综合的系统,决定了学校不可能独自承担起全部的教育职能——其隐含的事实是,学校并非孤立存在,而是受到诸多外部主体、条件的影响。因而,适当引入外部主体,重新调整学校在现代教育体系中的地位,具有至关重要的作用。从第二次世界大战结束起,面对社会产生的新的变化,世界主要国家纷纷启动了涉及课程、学校制度、教育行政等在内的全方位改革计划,意在提升教育对外部环境变化的应对能力。

伴随着现代博物馆的诞生,其公共属性使其教育责任在近一个世纪以来越发凸显。西方各类场馆通过学生实地考察(field trip)、校外服务(outreach)等,已与学校结成较为固定的合作关系。20世纪末期,通过教师专业发展项目、国家课程体系的融合、区域整体合作及博物馆学校等形式(Hooper-Greenhill,2007;Phillips et al.,2007),馆校合作的范围、深度得以不断加宽和加深。而各类场馆在具体公共教育中所能发挥的价值,如增强或改善学生的知识认知(Stronck,1983)、学习态度和动机(Orion et al.,1991)、情感和社交能力,以及促进教师的专业发展等,也已得到一系列实证研究的支持(Falk,2004)。

一、西方馆校合作的历史演进

1. 萌芽时期(1895—1960s)

有明确记载的馆校合作关系可以追溯至19世纪晚期。1895年,在英国曼彻斯特艺术博物馆委员会的推动下,英国修订了《学校教育法》,将学生参观博物馆纳入制度,并将参观时间计入学时(Hooper-Greenhill, 1994)。英国这些早期的零星成果,集中体现在1931年英国教育委员会发布的指导备忘录报告(*Toward a Partnership: Developing the Museum-school Relationship*)中。该报告对馆校合作在英国的现状、类型进行了综述,并对双方合作的前景进行了细致的分析,同时,还列举了相关案例(Harrison et al., 1985)。

美国馆校合作的历史可以追溯至1900年。这种合作的萌芽在很多博物馆始建之时得到了体现——很多博物馆早期都对学校提供资源外借服务(loan service)。在20世纪初期,Gilman等学者都曾阐明博物馆目的和方法的理想(Gilman, 1918),其中,影响最大的莫过于杜威,其"做中学"的教育理念开始促使学生和教育者进入博物馆。这种路径在很长一段时间内主导了博物馆与公立学校的合作关系(约翰·杜威,2005)。第二次世界大战结束后,学校儿童的教育即已成为很多美国博物馆关注的主题,这些博物馆尝试与地区内的学校进行合作,内容及形式丰富多样(Hein, 1998)。

馆校合作关系的早期萌芽实际上反映了公立博物馆创建的初衷——重视教育功能。正如美国博物馆研究先驱Hein(1994)所认为的,"自18世纪公立博物馆设立至今,教育就是博物馆最重要的功能"。但总的来说,一直到第二次世界大战结束后的一段时间,馆校合作还处于较为初级的状态,形式大多以简单的参观访问、资源外借为主,很少有深入的对话交流。

2. 发展时期(1960s—1980s)

从1960年开始的30年中,博物馆继续平稳地服务于美国教育,并且学校本身也意识到博物馆可以提供辅助性的课程材料。博物馆开始认识到自身在学校教育中所能发挥的重要作用,开始组织更多的实质性教育项目。例如20世纪60年代,在美国有超过90%的博物馆为学校提供服务(Wittlin, 1963);有近半数的美术馆在馆内设立专门的教育部门,且与各级学校建立教育上的合作关系。1974 年,名为"美国博物馆"(*Museums USA*)的报告中列举到,在当前美国的博物馆中,已有约九成的博物馆针对学校设计了专门化的教育互动项目,而七成以上的博物馆将具体的学校指向的教育互动设为一种常规化的行为(NRCA,1974)。在这一时期,馆校合作的形式超越了单纯的实地访问及资源外借,开始呈现出更加多元的态势。例如,很多博物馆提供了交互式学习的模式;同时,不仅教师和学生走进博物馆,博物馆的相关人员也开始进入学校,通过校外拓展的方式,向学校提供专门化的教育服务(Hirzy,1996)。

同时,从 20 世纪 60 年代开始,伴随着博物馆教育专业组织的成立、专业期刊的出版及研讨会的举办等,博物馆教育呈现出专业化及理论化的发展趋势(Hooper-Greenhill,1994)。例如,1974 年诞生了专门的博物馆教育期刊《博物馆教育》(*Journal of Museum Education*),再如 1969 年成立了博物馆教育圆桌组织(Museum Education Roundtable)。这些专业机构除了致力于提升博物馆工作人员的专业素养、能力外,还致力于将"教育"界定为博物馆的核心职能,并主张加强博物馆的学校教育服务功能,促进博物馆与学校的合作。

在该时期,博物馆教育依旧面临着内部和外部的一些障碍。尽管专业层面的呼吁很多,但相较于传统的收藏等职能,博物馆自身的教育功能在实践过程中仍然处于次要地位。同时,大量可能的馆校合作仍然未得以有效利用。显然,要想缩小理想与现实之间的差距,需要博物馆和教育政策制定者共同努力。例如 Deeks(1982)对该时期的一些馆校合作进行了综合性质的分析,发现在全部 20 余项合作中,只有约 10 项合作是双方共同的合作,其余合作大多是博物馆单方面发起的。显然,博物馆内部的专业力量也意识到现有合作的障碍。在 1984 年 AAM 的报告中,便列举了如下可能的合作障碍:首先,相比于其他职能,博物馆的教育职能仍然处于次要地位,经费投入不足;其次,博物馆教育人员往往认为自身处于博物馆与学校之间的教育夹缝中,身份尴尬;最后,学校教师对博物馆的教育理念、价值、设施认识不足(American Association of Museum,1984)。

3. 成熟时期(1990s 至今)

进入 20 世纪 80 年代后期,馆校合作经过长期的发展,在西方已经较为成熟。在馆校合作中,学校教师、博物馆工作人员、专业人员之间的隔膜逐渐消失。其中,国家和第三方机构的介入是成功的关键。例如,英国在1998年推出了基于博物馆的国家课程,通过这种形式,进一步明确了对于馆校合作政策导引以及实践层面的具体策略(Hooper-Greenhill,1994)。

同时,博物馆针对学校的专门教育设计,在这一时期也已比较成熟。例如,博物馆会结合国家课程计划针对不同年级的学生设计不同的教育活动,并及时与学校方面沟通,进行修改和完善。例如,英国维多利亚与艾伯特博物馆(Victoria and Albert Museum)配合"艺术与设计"国家课程,开发出较多基于自身资源的专门教育活动,很好地响应了英国国家课程计划。在美国,各类社会组织发挥了较为重要的作用。例如,美国"博物馆与图书馆服务协会"(the Institute of Museum and Library Services)从1996年开始,出版了相关报告,内容除了不断重申馆校合作的意义与目的外,还提供了一些成功的个案,供博物馆与学校参考;再如,"史密森学会"下属的K—12教育部门,从1982年开始在全美各地举办研讨会,致力于馆方教育者与中小学教师的沟通及互动,促进馆校合作(American Association of Museum,1992)。

馆校合作的具体形式也已较为成熟。例如,博物馆与学校双方都意识到合作行为需要设计完备的计划作为指导,进行合作之前应当进行充分的准备活动;具体的博物馆活动要与学校相关课程结合,并且注意博物馆活动后的追踪、总结、反馈等。虽然西方的馆校合作(见表2)仍然是以基本的博物馆参观作为基础,但是相比于之前,博物馆活动的内容、形式及侧重都有了明显的改变:在具体活动中,双方教育人员会进行合作及沟通;同时,还出现了一些更为激进及革命性的馆校合作行为,例如博物馆学校。

表2 西方不同历史时期馆校合作的主要特征及主要实践形式

	时间范围	主要特征	主要实践形式
萌芽时期	1895—1960s	博物馆作为教育资源	参观访问,资源出借
发展时期	1960s—1980s	博物馆提供专门性教育服务	融合专门设计的参观访问、提供博物馆校外服务、建立专业机构、出版专业期刊
成熟时期	1990s至今	教育成为博物馆的核心职能	国家和第三方组织介入、课程合作、教师专业发展支持

二、西方馆校合作的现状及主要类型

20世纪90年代以来的西方馆校合作内容呈现出多样性,然而普遍的合作形式不外乎实地考察、校外服务、教师专业发展(professional development)、博物馆学校(museum school)和区域层面的馆校合作这五种类型(Hannon et al.,1999)(见表3)。

表3　美国博物馆提供的合作项目统计(Phillips et al.,2007)

项　目　类　型	机构数量	百分比(%)
直接面向学生的项目	307	65
融合教育性设计的博物馆参观访问(馆方为学生访问提供教育人员及专门活动)	259	55
校外拓展项目(在学校场所内的项目、展览及支持)	245	52
面向教师专业发展的项目	279	59
教师工作坊	205	44
职前培训和相关正式教师教育(独立的课程、学徒式指导、职前观察、面向教师的研究机会)	107	23
教师指导和课堂支持	97	21
针对教师专业发展指导者的培训	70	15
教师驻馆实习	61	13
集体和国家性项目	217	46
区域内多种教育机构的合作(如中小学、企业、大学)	212	45
国家科学教育项目(如MESA,JASON P计划)	38	8
硬件设施和课程项目	199	42
硬件支持(帮助教师、学校或者学区选择、购买、制作、出借、组织、管理、修复、补充教育器材)	153	33
课程支持(帮助开展课程设计、研发或提供技术支持)	128	27
至少拥有一个馆校合作项目的机构	345	73

1. 实地考察

实地考察是最传统和最常见的馆校合作形式。其一般形式是由学生群体在教师的组织下,在博物馆内进行教学合作。但是由于不同博物馆的环境、条件、教育职能完善程度的差异,实际的实地考察存在较大差异。例如,最为散漫的形式是让学生自由参观,不加以具体的设计和引导。实际上,在西方馆校合作发展后期,传统的博物馆参观形式的内涵和外延已经出现了极大的改变,例如专门教育设计的引入便是最大的区别。此外,部分博物馆还会在接待学生群体时,主动联系教师,取得有针对性的教学计划,并试图将学校课程同博物馆教育相互融合。相比于其他形式,实地考察可以最大限度地利用博物馆的资源优势,并可以使学生群体更加直观地感受、操作、探索,但显然,良好的前期设计、规划、导引需要博物馆教育者和学校教师双方的共同努力。

2. 校外服务

博物馆的校外服务是从 20 世纪 60 年代后期兴起的馆校合作形式。通常这种合作的主导核心是博物馆的专职教育者。主要包括学校拓展和定点服务两种形式,区别在于服务时间的长短。有别于学生的主动参观,这种合作的地点位于学校内部,将传统的博物馆空间进行了延伸,体现了博物馆教育职能的辐射作用。例如美国部分地区 20 世纪 90 年代兴起的"进行中的博物馆"计划,便是由博物馆人员进驻课堂,协助学生决定学习方向、进行研究、组织信息、测评学习成效等,还建立了与社区分享学习成果的环境等(Koetsy,1994)。但相对而言,校外服务受到博物馆自身经费的限制,往往需要学校的经费支持或者其他特别的经费资助,因而实际上该合作形式较难普及。

3. 教师专业发展

以学校教师为服务对象,使其有机会熟悉博物馆所拥有的资源,并与专业人员建立良好的关系,促进博物馆各项资源的利用,进而有能力为学生解析博物馆内的藏品与展示。同时,在课程合作中,博物馆可以为教师提供专业仪器和专业指导,将侧重于实践、应用的教学方式转换到课堂中。此外,不仅是馆校双方的合作,大学研究机构等也时常介入合作实践中,主动与博物馆合作,提供教师专业发展的空间。例如,加拿大渥太华大学教师教育系与加拿大国家科技馆合作发起相关培训计划,使骨干教师有机会运用博物馆资源开展教学(Leroux,1989)。以教师为核心的馆校合作形式,凸显了教师在双方合作中的轴承作用;同时,教师的专业发展也可以为学校后续的相关科目教育提供支撑。

4. 博物馆学校

博物馆学校是美国博物馆独有的一种馆校合作形式,在某种程度上是博物馆与学校的融合。其最早起源于 1990 年左右纽约州的布法罗科学博物馆(Buffalo Museum of Science)与明尼苏达科学博物馆(The Science Museum of Minnesota)学校。随后,纽约、圣迭戈、巴拿马城等地均出现了类似的博物馆学校(King,1998)。一般而言,这些学校大多属于 K—8 年级的学校。虽然学校仍由学区经营,但与博物馆有着非常紧密的合作关系。学校的地理位置一般与区域内的博物馆毗邻,学生常常到博物馆上课;同时,在博物馆的协助之下,学生也常在校园内设计自己的博物馆。究其缘由,依然可以看到杜威关于"学校"作为社区中心理论的影子。在杜威的理念中,学校即涵盖了博物馆;同时,学校和社区是一个连续的统一体。具体而言,博物馆学校实际是博物馆与学校之间的一种深层次合作关系,基于这种合作关系,学校本身被改造,同时,博物馆学习可以被最大限度地实现。博物馆学校的活动途径有三种,分别对应博物馆的三个层次:创造展品、创造展览和创造博物馆。其中,"做中学"是最核心的理念。博物馆学校可以说是最为激进的馆校合作形式。其具体效果,更多处于"声称"的范畴;且受限于条件,目前仍然处于探索中,但这一形式显然值得关注。

5. 区域层面的馆校合作

区域内部合作是近年来兴起的一种新型馆校合作形式。传统的馆校合作,大多处于博物馆与学校之间自我谋划的状态。除去政府部门组织的诸如"国家课程"以及相关专业机构实施的计划,大多数馆校合作并不具备普及性;同时,资源的使用也很难在整体范畴内协调,学区往往未能有效介入馆校合作中。为了弥补这种缺陷,一些地方开始尝试整合区域内部的资源。例如美国纽约市 2004 年开展了一个名为"城市优势"(Urban Advantage)的项目,该项目由纽约市议会资助,美国自然历史博物馆联合纽约市教育局和其他文化及教育机构发起,目的是支持初中科学的探究教学。参与这个项目的机构包括美国自然历史博物馆、布朗克斯动物园、纽约水族馆、纽约植物园、纽约科技馆、皇后区植物园、布鲁克林植物园及史丹顿岛动物园。该项目面向纽约市的公立教育系统,目标是通过培训教师以及为学校、家庭提供丰富的校外资源,最终帮助中学生更好地完成科学探究项目的学习。该项目融合了上面所述的馆校合作形式,包括对于教师、校长的专业发展的关注,借助博物馆提供资源和器材,提供免费的访问机会;除此之外,该项目还实施了示范学校计划以及完整的项目评估,并将馆校合作的触角进一步延伸到家庭。作为区域层面的馆校合作形式,其最突出的特点在于能够有效利用资源,便于普及和推广(鲍贤清等,2013)。

第二节 欧洲馆校合作的案例与分析

在欧洲,几乎是在博物馆建立之初,教育计划已经成为运营规划的一部分。博物馆总是被定义为教育机构,而且它们的教育使命也影响着它们的项目和活动。但即使是这样,博物馆与学校之间的关系仍然发展得很慢。值得庆幸的是,在这种缓慢发展的过程中,博物馆与学校在以一种更新颖、更深刻的方式重新发掘对方,从而建立了更有深度、更有效的合作。

笔者通过在德国三个多月的工作交流,调研了欧洲20多家博物馆,通过与博物馆馆长、教育主管、展示主管、学校教师(在博物馆中兼职)、政府官员的访谈,回顾了博物馆与学校合作的历程,了解合作给双方带来什么好处,给学生、家长、教师带来什么好处;遇到的挑战与阻碍是什么;他们对于博物馆与学校未来的合作有什么建议。通过这些访谈,笔者选出9个具有代表性的合作案例,每个案例代表一种合作关系。这些案例一次又一次地向我们证明,博物馆与学校合作的价值并不在于完善他们自己,而是基于这种真正的合作伙伴关系,使学生获得真正的学习。笔者期望用一个个鲜活的案例说明馆校合作的各种模式、遇到的问题及其解决方案。每一份访谈报告既是对该案例的描述,同时也是对合作亮点的提炼。希望这些有效的方式可以为国内的馆校合作提供借鉴。

一、欧洲九个著名博物馆的馆校合作案例

1. 有真正的需求，才能构建持久的伙伴关系——德国森根堡自然博物馆

在20世纪二三十年代，杜威强调的边做边学的教育哲学在学校很流行，增进了学校与博物馆的关系。那时，博物馆所提供的主要教育方法是实地参观旅行，博物馆的工作人员通常只是带领学生参观，但并不提供更多的教育服务。学生和博物馆对这种方式基本上是满意的，因此这种方式持续了很多年。后来，在与学校合作的过程中，博物馆开始更加看重自己所扮演的角色。它们认为自己也应扮演教育者的角色，而且博物馆可以成为一个重要的学习场所。随着博物馆中的教育工作者变得越来越专业，对观众的需求也更加熟悉，博物馆组织了内容更加充实的活动项目，通过这些活动让展品的内涵更加容易被观众所接受。

逐渐地，那些本是处于试验中的合作关系成为正式的合作伙伴关系，那些曾经只是存在于想象中的愿景成为实际行动。随着博物馆不断尝试与学校建立各种合作，创新模式源源不断地出现。教师只需要通过电话预约就可以使用博物馆的教育资源；博物馆的讲解员则会先去学校了解学生的需求，当一周之后在博物馆里再次见到这些学生时，可以带领他们进入展区，并提供许多根据他们的需求设计的互动项目。

当一切看起来进行得十分有序时，博物馆工作人员和学校教师却开始意识到这样一个问题：虽然许多博物馆教育者都在设计学校师生乐于参与的一些项目，但是这些项目在学校里仍然被认为是"附属品"。对于博物馆中教学的持续进行或者教育项目的持续实施没有一种系统性的支持。博物馆与学校的领导即使认可这些项目，也不会让这些项目在学校教育中享有优先的地位，所以学校教师和博物馆教育者之间的关系仍然是非正式的。

但是在过去的十年中，事情发生了改变。随着博物馆教育部门逐渐成熟起来，同时，学校系统明确了博物馆对于教育学生的意义，学校开始高度重视如何与博物馆正式地合作。在这样的前提下，学校明确表达了真实的教育需求，博物馆则提出切实可行的解决方案，从而推进双方的合作向纵深

发展。

德国森根堡自然博物馆(Naturmuseum Senckenberg)馆长 B.认为,如果博物馆的某个展览能够使得课程中的某个概念更加生动,如果教师可以使博物馆所提供的知识成为一门完整的系统课程,那么,博物馆与学校之间的合作就变得更有必要。博物馆教育者对于开发与课堂教材相匹配的项目更加敏感;当学校教师注意到在传统的学习模式中遇到困难的学生,却在博物馆教育者开发的教育项目中重新有了活力时,他们开始接受用这种新的方法来教育学生。当博物馆的理事会成员发现教育是博物馆的核心原则时,他们同意并且积极地支持与学校建立长期的正式合作关系。这些新的伙伴关系,正是馆校关系深刻改变的标志。虽然对于这些合作仍然存在犹豫或质疑,但是成功将会打消所有的忧虑。我们可以期待博物馆与学校出现更多充满成果的合作。

2. 注重学校教师基于博物馆课程开发的专业性发展——德国沃尔夫斯堡费诺科学中心

德国沃尔夫斯堡费诺科学中心(Phaeno Science Center Wolfsburg)与学校的合作关系建立在如下观点之上:如果博物馆要以教育机构形式存在或者真正、有效地履行教育职责,就需要一批忠实的且受过专业训练的学校教师,并为这些教师提供培训,以帮助他们准确地表达博物馆的内涵,同时有效传达学校、社区、家长、学生的需求,并与博物馆共同满足这些需求。最重要的是,这种注重教师基于博物馆课程开发的专业性发展的合作关系,是以研究为基础的,可以持久推进。

费诺科学中心展教部负责人 N.认为,博物馆与学校教师根据学生的需求共同研究制定馆校合作的课程,是一个长期磨合的过程,不仅是计划和实施需要时间,这种合作关系逐渐成熟也需要很长的一段时间,这也正是为什么这个项目持续了五年之久的原因。实践证明,通过精心磨合,学校管理人员、教师、家长、社区成员和博物馆教育者之间的权利与义务,即使在合作关系不存在时,还是可以出现协同效应;并且当政府、学校、博物馆开始共同注重教师基于博物馆课程开发的专业性发展时,就能形成一种以研究为基础的关系,这种关系最终不仅在费诺科学中心所在的下萨克森州有影响,而且在整个德国的博物馆教育中也是有影响的。

博物馆教育者需要更多的时间与学生联系,了解学生的发展需要,以便使学生在博物馆的学习经历与学校的课程具有相关性。教师需要更多的时间来获得专业性的发展,而这种专业性的发展是基于博物馆课程的开发。博物馆与学校的合作可以为双方提供这种机会。

3. 博物馆的"教师资源中心"——德国不莱梅宇宙科学中心

博物馆的参观群体大多为小学生,高中学生并不多,因为通常情况下,学校会安排小学生团队参观博物馆;而对于高中学生,学校较少安排这种团队参观,因此,高中教师通常不太了解博物馆有哪些可利用的资源。

针对这种现象,德国不莱梅宇宙科学中心(Universum Science Center Bremen)成立了一个项目组,成员包括来自高中的教师、大学的教学设计顾问以及博物馆教育活动部的工作人员。该项目期望设计出一些可行的方案,将博物馆作为吸引高中学生的教育资源,同时促使教师在教学中使用博物馆的资源。

项目组评估了博物馆现有的教育资源和教育项目,并对高中学校目前的教育模式进行了调研,分析两者可以结合的地方,从而决定怎样的馆校合作方式最适合高中学生。在进行了两次需求评估和会议之后,所有人一致认为,跟高中有效合作的关键是提供给教师更多的博物馆资源,用实物教学的方法,把博物馆的环境作为一种教育媒介。

方向的改变给了项目新的生机和视野——目标转向了教师,而不是学生。他们提出了"教师资源中心"的概念。这个中心不是一个教学资源的储藏室,而是一个动态的职前与职中教育中心,邀请教师参与学习和开发博物馆的教育资源。同时,中心开发了一套综合的教师服务项目,包括一个引导性的职中讲习班、特定主题的教师论坛,以及涉及博物馆教育技术的学分制课程等。这个中心的成立有效地将学生、教师、博物馆紧密地联系在一起。

不莱梅宇宙科学中心展示设计部部长S.认为,一提到博物馆,许多教育者仍然认为它只是个供人参观的地方。学校需要知道有关博物馆的更多信息,并且需要通过更多有意义的联系来改变这种思维定式,从而更加充分地利用博物馆的资源。博物馆有义务为学校提供优秀的教育资源,学校需要更多有效的渠道了解这些资源,"教师资源中心"就是一个很好的途径。博物馆不应该只作为学校的附属品,而是应该不遗余力地满足学校的各种真实需要,成为它们真正的伙伴,从而促进博物馆与学校的有效合作。

4. 尊重教师的需求,倾听教师的想法——荷兰 NEMO 科学中心

欧洲所有的博物馆都有一本年度教育活动计划手册,提供给所有学校。这本活动手册看起来是一个计划,但实际利益远大于此。活动手册的设计与策划过程,让博物馆教育工作人员了解到,要想让这些计划有效地符合公众的要求,必须与他们进行公开的对话。

基于这样的背景,荷兰 NEMO 科学中心(Science Center NEMO)与学校针对博物馆的年度教育活动计划专门成立了一个项目小组,成员包括博物馆工作人员和学校教师。项目以讨论会作为开端。在会上,博物馆工作人员描述了博物馆新的展品,教师给出了关于展览计划和参观项目的建议。在下一个阶段,合作者以小组形式开展工作,以展览主题为基础来研究和制作课堂材料。工作的核心不是邀请教师对博物馆工作人员的想法作出反应,而是博物馆工作人员创造机会,让教师来展示其想要在课堂中展示的东西。这一点成为项目成功的关键,也就是让教师认识到他们拥有选择的自由,他们正在许多教学选项中进行选择,而不是遵循固定的计划。教师提供的这些选项成了年度教育活动计划手册中的素材,教师可以根据自己的兴趣和学生的实际需要来选择。

NEMO 科学中心展示教育部部长 W.说:"在实施这个项目之前,我们一直认为我们的重点是如何教好学生;现在我们才发现,我们应该正视与观众的对话,而这些观众就是教师。如果他们信任我们的展览和项目,他们将带来他们的学生;如果他们不信任,就不会把学生带来。找到那些对合作感兴趣的教师,倾听、支持并分享他们的各种有益的想法,才能使得这个项目有效果。"同时,在项目开发的过程中,博物馆需要认识到学校课程的复杂性和计划的重要性,教师需要理解展览开发的合作本质以及博物馆在教育学生方面所承担的角色,这种相互理解能有力地促进双方的合作。

5. 让学生的经验成为博物馆的一部分——德国劳滕施特劳赫·尤斯特博物馆

德国劳滕施特劳赫·尤斯特博物馆(Rautenstrauch-Joest-Museum, RJM)中有一个展厅名为"人们在他们的世界中",其中的素材全部取自 19 世纪至今德国各地人们的真实生活。RJM 博物馆与学校教师在 2002—

2005年期间，经过共同的努力，开发了一套基于多元文化背景的新课程。在课程的开发过程中，每一个参与者都被要求留出专门的时间共同研究课程计划，集体讨论、理解双方工作流程的实质并讨论各个选题。相较于之前各自独立地进行工作，这种合作有了更多接触学生、教师以及社会群体的机会。

在这套课程中，学生通过合作学习的方式来调查19世纪人们的生活图景。博物馆中的"人们在他们的世界中"展厅变成了发掘家族中个人故事的实验室。这里提供了手工艺品、照片、文件和艺术品，它们都是课程中重要的组成部分。学生记下展品的相关信息，发掘展品的发展历程，并搜索相关文献，研究家族史。根据学生的学习成果所制作的展品，在博物馆中形成了另一个临时展览——"我们的家族"，这个展览显示了学生的文化背景和群体百态。该项目意味着博物馆正试图让学生成为博物馆的一部分，从中学习更多东西，这对调动学生的积极性有着重要的作用。同时，博物馆的资源与家族历史结合起来，可以帮助学生了解多元文化遗产，培养他们对跨文化的尊重。

这次合作取得了很好的效果，而父母和社区的参与是该项目最成功的部分之一。刚开始的时候，博物馆工作人员面临着家长因工作太忙而无法带孩子前来的挑战。但是，当家长发现博物馆确实是很认真地在利用与学校的合作关系来丰富教育资源时，便开始发自内心地产生了兴趣。而当来自社区的其他家长、老人以及专业人士意识到博物馆与学校对他们的家族文化遗产感兴趣时，也会兴奋地参与到这个项目中，自愿贡献自己的专业知识、时间和宝贵的素材。

RJM博物馆展示教育部部长R.认为，博物馆教育者需要认识到学校课程的复杂性和计划的重要性，需要认真观察教师在教室里的行为，与他们一起工作，看一看如何更好地将博物馆的资源与学校的课程相结合，并从教师的角度考虑他们所面临的问题；学校教师需要理解在开发展示教育课程过程中合作的本质及博物馆在教育孩子过程中的角色；博物馆与学校要共同着力，调动家长、学生、社区参与的积极性，以保证项目的顺利进行。

6. 融合博物馆展示与学校课程的合作——德国柏林自然历史博物馆

当德国柏林自然历史博物馆（the Natural History Museum in Berlin）

与附近一所学校建立合作关系后,该校的许多学生都非常兴奋,因为他们随时都可以去参观了。对于他们来说,柏林自然历史博物馆不仅是个参观的地方,也是他们在学校和社区日常生活中重要的一部分。

两者合作的契机源于几年前学区对该校学生进行的一次测试,结果该校学生的成绩在学区内处于垫底的位置。学校为了改变这一状况,根据学生的需求,重新调整了教学理念,强调语言的学习、主题教学及跨学科学习。教师根据学生的需要开发课程,并且给予学生灵活的时间段用于学习跨学科的项目。这种教学模式使得学生可以对一门课程学得很深入、很灵活,同时,也与博物馆研究及主题展览开发过程保持一致,使得双方有了合作的基础和契机。

双方建立合作关系的目的是想让博物馆成为学校学习资源中密不可分的一部分。教师和博物馆的科学传播者(science communicator)为合作计划设计了若干主题。例如,学校课程要求学生研究河流与人类的关系,学生就可以通过自然历史博物馆中的"人与河流"展览来调查河流生态系统,同时,还可与博物馆中的科学研究人员交流,获得很多最新的科学资讯。这一主题取得了很好的效果。学生和教师开始在很多方面重视博物馆的作用。他们逐渐意识到博物馆可以作为学习资源来激发学生的学习热情,可以作为培养个人兴趣爱好的资源,以及和家人一起分享的资源。

柏林自然历史博物馆展示设计部部长 N.认为,博物馆的科学传播者在馆校合作关系中起着积极的作用。他们一周工作 15 个小时以上,在学校教师的要求下设计与学校课程相匹配的项目。同样,学校教师提出一些创新的、以实际需求为基础的教学方法,与博物馆的工作人员分享,从而也加强了博物馆应对不同学习模式的能力。这种思想和方法的交流丰富了学校教师及博物馆工作人员的经验,巩固了双方的合作关系。

N.说:"想象一下合作的结果:父母和孩子成为博物馆的常客;孩子们感觉自己是博物馆的主人;教师认为博物馆像图书馆一样,是学校的一部分;许多学生告诉你,'我长大了想在博物馆工作'。当这些结果产生的时候,我们就知道这种合作是成功的。"

因此,如果在学校里通过发挥博物馆科学传播者的作用来促进博物馆与教师的和谐关系,帮助教师制定日程和计划,就会使得合作在整个学校中广泛地开展。如果在此基础上,博物馆理解了学校的教学哲理和方式,并使博物馆的资源与之相结合,学生就会觉得在博物馆学习的效果与在学校是一样的,甚至更好。

7. 让博物馆在教育改革中寻找合适的角色——德国德意志博物馆

2004年,德国巴伐利亚州制定了新的教育改革方案,其指导方针是要求学生动手学习,强调社区资源的利用,这为德意志博物馆(Deutsches Museum)成为巴伐利亚州教育改革的一部分创造了机会。同时,教育改革方案也让人们认识到博物馆在新的教育时代所具有的潜质。因此,教育部门成立了一个"智库",该"智库"以德意志博物馆为核心,将一群希望参与到博物馆改革行动中来的人们汇聚在一起。"智库"成员包括博物馆教育者、学校教师、州政府教育部门的职员,以及其他教育方面的参与者。在对小学、初中及高中的教育者进行需求评估的基础上,"智库"确定了教育改革和博物馆的共同基础,然后制定了一个行动计划,目的是将博物馆纳入州的综合教育改革项目。

行动计划通过以下步骤来促进博物馆与学校之间的紧密合作:(1)由博物馆提供一系列对学校的服务;(2)就教师在教育改革中如何运用博物馆资源举行一场研讨会;(3)通过会议的形式向博物馆工作人员介绍州教育改革的基本构成,说明博物馆如何来补充学校教育。双方在了解了各自的意愿与改革目的之后,就博物馆在教育改革中的定位达成了共识,这是建立合作关系关键的第一步。此后,博物馆工作人员加入学校的计划委员会,一同参与制定学校的课程计划,其间,将博物馆的教育计划融入学校的课程改革中。

德意志博物馆教育活动部主任J.认为,与地区及州教育部门的官员一同工作时,他们的支持和对项目的建议会帮助博物馆与州教育改革目标保持一致。从教育部门的官员那里得到的建议和信息也会对博物馆工作人员及与之一同工作的学校教师产生帮助,可以使得二者策划、设计的项目更加符合教育改革的潮流,更有利于博物馆与学校的合作。

8. 在摩擦中合作——荷兰莱顿自然博物馆

荷兰莱顿自然博物馆(Naturalis, Leiden)于2009年完成了教育活动展区的更新改造,展区名为"Live Science",其功能充分考虑了该馆在馆藏以及研究方面的优势。展区的教育项目由阿姆斯特丹大学的动物学教授、博物馆的教育工作者、学校教师共同开发。这是一个庞大的项目,单靠一方的力量是无法完成的,因此,出于项目运行的需要,建立了馆校合作的管理机构。这个机构包括三个层次:一个管理团队负责提供相关政策咨询,一个实施团队负责引导项目计划的开展,一个运行保障团队负责根据活动需要配备人员。每个团队都包含上述三个参与机构的代表。在实施计划的过程中,会有各种矛盾和问题出现,但是这些团队仍然一步一个脚印地探索着各自在馆校合作过程中的角色。

这个创新的项目把各种合作机构的资源整合在一起,同时,由于各种资源的整合,使每一个参与活动的学生得到手把手的培训成为可能,例如他们开展的"藏品的故事"活动。藏品的整理工作非常繁琐,通常在了解藏品分类的基本规律后,整理工作有时就变成了一种简单的体力劳动。为了节约科学家的时间,同时,也为了让观众能与藏品进行零距离的接触,项目组通过"藏品的故事"活动将科学家、博物馆与学校联系在一起:科学家就在博物馆的"Live Science"教育活动区进行藏品的观察、分类、修复等工作;学校教师结合博物馆的资源进行实物教学,手把手地指导学生进行藏品分类,当教学遇到难题时,随时可以向科学家请教。

当然,在活动开展的过程中,会有各种问题出现。例如,科学家的工作计划与学生的参观计划之间的冲突,博物馆藏品管理与学生使用藏品之间的冲突,教师的知识局限性与博物馆的知识丰富性之间的冲突。这些冲突的解决需要发挥馆校合作项目管理团队的协调作用:或者提供政策咨询,或者提供更多的人员参与,或者根据现场的情况实时地调整计划。活动结束后,项目管理团队还会询问关于计划的运行、教师和学生的选择、活动的评估、设备的使用及其他所有影响计划的信息,以便改进下一次合作。在每一次合作过程中,团队成员逐渐理解了自身的角色。最终,一座博物馆、一个学校及一所大学的大量资源将会使教师、学生和博物馆的优势整合起来。

莱顿自然博物馆公共事务部部长 P.说,当项目团队并不是真正努力合作时,博物馆与学校合作的课程会产生令人失望的结果,而建立在信任、尊重、共识基础上的项目团队可以对合作项目产生巨大的影响力。

9. 在相互教学的过程中不断丰富知识——比利时皇家自然历史博物馆

2010年,比利时皇家自然历史博物馆(Musée de L'Institut Royal des Science Naturelles de Belgique)开展了"年轻人教授年轻人"项目:20个七八年级的学生在博物馆教育人员的帮助下,与学校教师一起,利用博物馆的实物资源,结合学校的课程,探索博物馆中的地质学、人类学和生物学知识;然后,这20个学生在学校教师的培训下,将学到的知识教授给60个6—12岁的孩子。

这20个学生首先要用近200个小时的时间来理解自然历史知识,了解如何进行积极的教学互动、建构领导技巧、增强自信心等。他们也学习了如何利用博物馆的实物资源进行教学服务,以及如何作为小学生的指导教师。

通过学校与博物馆的合作,学生开发的项目成为博物馆的一个组成部分,学生在参与的过程中获得了智力、情感和社交等多方面的收益。"年轻人教授年轻人"项目获得了教师、学校行政人员及家长的支持和尊重,许多当地组织还对该项目进行了捐助。博物馆教育服务部部长 D.说,当被问及对该项目的评价时,很多教师和家长都认为,学生在对科学更感兴趣的同时,在自信心方面也有所提升,并且把自己对科学的热爱和热情传递给更小的孩子;甚至有家长认为该项目使他们恢复了对教育系统的信任。

D.认为,强有力的馆校合作关系依赖于合作双方在项目目标和学生价值观上的共识,良好的馆校合作关系应该是每一方都清楚自身在为完成学生的发展目标所付出努力的过程中所扮演的角色。

二、案例分析:西方馆校合作的保障条件

在一系列访谈中,所有访谈者一致认为,博物馆与学校的合作可以加强博物馆参与社区内学校教育的程度,增强博物馆自身的教育功能,培养思维活跃的观众群体。但是在合作的过程中会出现各种干扰因素,为了减少这些干扰因素,应该创建一个有益于博物馆、学校、教师、学生、父母和社区的合作关系。这个关系的建立需要方方面面的条件支持。这些条件是什么?它们对馆校合作能起到什么促进作用?笔者试图结合对几个博物馆的访谈,从中分析得出促进馆校合作的保障条件。

1. 在合作之前，获得学校管理层的支持和认可

访谈中，教师和博物馆教育者都强调：在建立合作关系之前，获得最高管理者的认可，对推动双方的合作具有重要意义。当学校领导、课程设计者、博物馆领导和部门行政人员相信这个合作是必要的、有益的，合作时遇到的阻碍就会小很多。

德国德意志博物馆教育活动部主任 J. 说："在与学校进行合作之前，赢得学校管理层的信任，并让他们全力支持该项目的运行，是非常重要的。在一开始的计划中就应该包括学校领导、教师、行政人员的明确角色和任务，这样才有利于后续工作的推进。"博物馆要从学校的管理层着手，让博物馆的教育项目与学校教师的日常工作建立一种常态化的联系，让教师能够对整个项目的进展情况保持实时的了解。当教师对博物馆的展品有了切身的体验与了解，以及明白这些展品将如何有效地推动他们的教学改革时，他们自然而然就会希望与博物馆一起工作。

当取得了学校管理层的支持，博物馆工作人员就可以深入了解并跟踪这个项目在学校中的进展，及时地评估它的效果，并根据实际情况调整方案，从而引导教师利用博物馆的资源，帮助家庭获得多方面的信息以及了解多种参与的渠道。

2. 尽早在博物馆工作人员与学校教师之间建立直接的联系

通过对几个案例实施过程的分析发现，受访者有一个共识，那就是在设计合作项目预期成果之前，博物馆工作人员就应当与将来可能一起工作的教师及行政人员建立联系。

比利时皇家自然历史博物馆教育服务部部长 D. 说："我们遇到的大多数教师都认为，博物馆只适于参观或是到学校举办流动展览，很少有人考虑到它将对学习产生持续的和潜在的影响。这样，博物馆就更需要邀请教师尽早介入博物馆与学校合作的计划中，允许他们自由发表观点，并仔细倾听他们的意见，从而与学校教师一起策划案例。"荷兰莱顿自然博物馆公共事务部部长 P. 说："通常我们会在与学校进行项目合作之前，把学校教师尽可能多地请来博物馆，针对项目进行研讨，让他们提出有意义的选题，那些在讨论中反复出现的主题就是项目的选择方向。博物馆在具体开发馆校合作项目时，会把这些选题都涵盖进去，让教师有更多选择的余地。"

当这种联系建立起来并成为一种常态时，就能为合作提供一个坚实的基础，让学校教师觉得合作将会在一个充满尊重、信任和对话的氛围中进行。

3. 理解学校关于课程、州及地方教学改革方面的需求

有效的长期合作之所以能够取得成功，是因为合作者明确了要解决的问题或者要满足的需求，然后通过合作，将博物馆的资源与课堂中正在发生的教学相匹配。

德国柏林自然历史博物馆展示设计部部长 N.强调："博物馆必须了解和理解地方的教育改革及其对学校和教师产生的影响。在进行馆校合作时，必须思考如何通过博物馆的教育项目来支持地方的教育改革，或者说，如何让合作项目成为促进学校推进教育改革的力量。这需要博物馆充分领会地方政府的教育部门、教师及学生的需求，将学校的课程与博物馆的教育项目结合起来。如果没有充分考虑这些因素，即使是最好的项目也会失败。"

因此，进行需求评估很有必要，它可以帮助博物馆工作人员明确学校和教师在课程方面的需求，评估结果对于决定项目合作的方向是非常关键的。可以在评估结果的基础上，形成度身定制的课程，服务于学生的学习项目和教师的教学项目。

4. 让博物馆与学校相互理解各自的组织文化

博物馆与学校的组织文化是不同的，这直接影响着合作的方方面面。荷兰 NEMO 科学中心教育项目开发部部长 E.说："博物馆与学校的计划安排是不同的，博物馆经常提前做计划，例如提前三至五年策划一个展览，而学校则习惯于在比较短的时间段内完成一个项目。博物馆的时间计划表可以比较灵活，而学校教师则受到严格的课程表和工作进度表的限制。NEMO 科学中心在与学校合作制定计划时，正是因为充分考虑了学校的组织文化和计划安排的不同，同学校进行了充分的沟通，才能促使 NEMO 科学中心的年度教育计划得到合理的安排。"

博物馆教育者或许可以通过学校管理层，使合作项目具有一定的优先性，但是教师必须首先遵循学校的课程计划，不可能因为馆校合作项目而增加本就已经满满当当的课表负担。所以博物馆工作人员要理解学校的行政组织、使命和目标、教育哲学、教师的专业背景以及学生的学业表现和发展目标，这样才能获得高质量的信息，才能有利于合作的推进。同样，学校教

师也要学习博物馆的组织文化,创造更多的机会,最大限度地利用博物馆可以提供的资源。

只有在相互理解的基础上,才能探讨博物馆作为教育机构如何发挥作用以及如何与学校的教育互补,并且寻找符合学校组织文化的合作模式来提升馆校合作项目的效果。

5. 为合作创建一个共同的愿景,设定一个明确的期望值

德国 RJM 博物馆与学校合作的案例向我们展示了一种良好的合作关系——它将博物馆的资源整合进了学校的课程以及学生的日常生活,可以说是给了那些认为"博物馆仅仅是学校课程的附属品"的人有力的一击。RJM 博物馆展示教育部部长 R.认为,当你在建立与学校教育者之间的合作关系时,要了解每个人的希望,并将这些想法转化为合作双方共同的愿景。这次合作正是综合考虑了博物馆、学校、学生、教师等的需求,建立了共同的合作愿景,才使得合作能够有序、成功地进行。

同时,不能忽视家长在馆校合作中的作用,要让他们成为活跃的参与者,与孩子一起创建符合他们自身特点的目标或期望值,并表达出来,传递给身边的每个成员,这样,大家会渐渐地形成共同的愿景,或者说这个共同的愿景是由许多小愿景组成的。有了共同的目标,所有的努力就会变成合力。

6. 让计划和评估成为合作必不可少的部分

德意志博物馆教育活动部部长 B.认为,为合作制定合理的计划具有非常现实的意义:它可以帮助双方建立信任感,并且这种信任会在良好的交流过程中逐渐加深。所以,不要低估一同制定合作项目计划的作用。同时,更重要的是,在合作的过程中要把各种有利于合作的力量都整合进来,尤其是政府的力量。这些计划可以依托政府的教育改革方案,就像德意志博物馆依托巴伐利亚州的教育改革方案一样,一开始就把希望参与到博物馆改革行动项目的人汇聚在一起,共同制定计划;同时,因为有地方政府的教育改革方案,也为计划的评估提供了可能。

专业的计划委员会,有效的沟通渠道,完善的时间计划,以及有效的评估体系,这些都是合作成功的关键。在德意志博物馆与学校合作的项目中,通过专门的计划委员会确立了社会性研究课程,将学校课程作为博物馆项目的一部分。双方充分沟通,制定相应的计划,既为合作提供了框架,也为

定期评估提供了方向。双方都将项目计划作为评估的基础，都要报告计划实施的进程，同时也根据各自的力量实现一些可能的目标。评估顾问全程参与，根据目标来检测计划实施的进程并评估结果，通过评估来测试计划的有效性，以利于修改计划，更好地继续合作。

7. 在计划中明确各自的角色和责任

在馆校合作的过程中必须明确各方的角色和责任。一些责任比较适合由学校和教师承担，而另一些则更加适合由博物馆承担。从合作伊始，双方就要对一个共同的工作计划达成一致，从而加强与维护合作。

荷兰莱顿自然博物馆公共事务部部长 P.说，"Live Science"项目十分庞大，单靠一方的力量无法完成，因此，出于项目运行的需要，他们建立了馆校合作的管理机构。这个机构中有专门的管理团队来提供相关政策咨询，有专门的实施团队来引导项目计划的开展，有专门的运行保障团队来根据活动需要配备人员。每个团队都包含博物馆与学校的代表，在实施计划的过程中，各自履行自己的责任。合作中虽然也会出现各种矛盾和问题，但由于角色和责任较为明晰，使得馆校合作得以有序进行。

8. 获得足够的人力和财力资源支持

对于长期的馆校合作项目来说，人力和资金投入是必须考虑的问题。在计划一个项目时要确定：什么样的资源可以使得学生和教师充分地参与，这些资源可以从哪里获取，需要哪些方面的支持。例如，可以通过政府组织的教育改革项目，对参加合作计划的学校教师提供奖金和补助，或者为项目合作者、教师建立基金。

与一些偏远学校合作的项目，需要当地教育部门给予合作全方位的保证。例如，为所有去博物馆的学生安排接送车辆，为参加博物馆研讨会、专业发展培训项目的教师提供津贴。只有这样，才能尽可能规避各种因素对合作的制约，包括资金缺乏、专业教师的缺乏等。

9. 为博物馆与学校的对话提供开放的沟通环境

对话不仅是谈话或者共享信息，对话的目的是咨询、学习、提供思想，发现共同的目标和共同的价值观，一起学习与合作。通过对话，可以为解决问题及进行团队合作铺平道路。在合作开始的时候，需要花大量时间来建立联系、交流，以增进信任。

荷兰 NEMO 科学中心正是基于建立良好的沟通渠道的目的,与学校一起成立了项目小组,定期举行研讨会。在会上,博物馆工作人员介绍博物馆的新展品,教师给出关于展览计划和参观项目的建议,在开放的沟通环境中,合作者围绕展览主题,研究和制作课堂教学资源。对话的核心并不是邀请教师对博物馆工作人员的想法作出评判,而是让教师表述他们想要在课堂中展示的东西。正是这种开放的沟通与对话,让教师认识到他们拥有选择的自由,使得双方得以相互信任。当建立了信任之后,就会进一步疏通交流的渠道,形成良性循环。

10. 让教师在馆校合作项目中获得专业发展

教师接受博物馆的教育项目需要时间,需要专业的指导,需要具备可以在课堂上灵活使用各种相关教学资源的能力。有了这些条件,他们才可能为学生创造高质量的学习经历。博物馆需要让教师意识到,合作项目会考虑到教师的切身利益,帮助他们获得专业发展。例如,德国不莱梅宇宙科学中心的馆校合作项目专门为教师建立了"教师资源中心"——该中心其实是一个动态的职前与职中教育中心,邀请教师参与学习和开发博物馆的教育资源;同时,中心开发了一套综合的教师服务项目,包括一个引导性的职中讲习班、特定主题的教师论坛,以及涉及博物馆教育技术的学分制课程等。

教师可以通过博物馆提供的资源来指导课堂教学资源的准备,从而促进自己的专业发展。同时,来自馆校合作项目的大量课程,通过在学校的实践,可以变成学校的固定课程,这为巩固馆校合作关系奠定了基础。

11. 鼓励博物馆与学校的专业人员进行各种创新性实验

当来自博物馆与学校的教育者可以自由地实验,从而在专业方面有所成长,那么,两个机构的合作关系将会更加强大,合作内容也会更加丰富。

比利时皇家自然历史博物馆与学校的合作正是采取了一种创新的模式:在博物馆工作人员和学校教师的帮助下,由高年级的学生来教授低年级的学生,学校教师和学生一起,利用博物馆的实物资源,结合学校的课程,探索博物馆中有关地质学、人类学和生物学的知识。

该馆教育服务部部长 D.说,通过这种创新性的合作,学生开发的项目成为博物馆的一个组成部分,学生在参与的过程中获得了智力、情感和社交等方面的收益,同时,项目也赢得了学校教师及家长的支持和尊重。

12. 寻求家长和社区的参与

博物馆未来能否健康发展，依赖于它们能否与社区建立良好的关系。在馆校合作中，家长与社区的积极参与，可以帮助馆校合作建立固定的目标群体，有效性地推进馆校合作，并且呈现立竿见影的效果。比利时皇家自然历史博物馆和德国 RJM 博物馆的两个合作项目，就是家长和社区价值的最好体现。

德国森根堡自然博物馆馆长 B.说，家长想要博物馆作为一个教育的机构；家长和社区成员可以在项目计划及课程开发过程中参与进来，他们可以作为内容调研专员和效果评估的对象之一。通过馆校合作的项目，博物馆可以与社区及家长形成长期的合作关系；家长持续参与合作项目，将加强家长与博物馆、学校及孩子的关系，这对推动馆校合作项目有很大的意义。

第三节　西方馆校合作的经验与启示

从绪论中西方馆校合作的研究综述及本章中对馆校合作案例的分析可以看到，西方馆校合作的共同信念是：给场馆观众提供学习的环境和机会，鼓励他们合作、思考、推理、解决问题。博物馆将担负更重要的学习功能，提供给场馆观众主动探寻与建构知识的场所，并更加注重观众的互动以及多元观点、经验的建立。

从西方馆校合作的案例来看，基于良好的博物馆教育传统，人们对于馆校合作已经考虑到各种外部、内部主体的因素，建立起了较为完善的机制。虽然中国与西文国家的国情及文化背景有差异，但毫无疑问，这些研究及馆校合作经验对于理解我国博物馆教育的潜能以及促进馆校合作，具有极为宝贵的意义。

一、外部专业主体的引入

在西方博物馆与学校的合作中，十分注重大学等专业教育研究机构和研究人员的介入。通常，博物馆的职能和现有人才储备更多侧重于专业领域及展览设计,在教育设计、课程理解等方面的能力存在不足,学校的日常教学实践对于他们而言是完全陌生的领域;与之相对,学校教师应用博物馆资源进行课程开发、设计的能力同样存在不足。而作为重要第三方介入的大学和专业研究者可以有效弥补学校教师及博物馆教育设计人员能力上的缺失,承担起与他们进行交流、沟通的责任,并提供专业的建议。这在前面的文献回顾和案例分析中已经得到体现。外部专业主体在馆校合作中的具体介入形式有两种:一类是建立大学和博物馆人员的工作坊,旨在提升博物馆工作人员的课程设计能力以及增加对中小学境况的理解;另一类是有专业机构参与的博物馆及中小学的具体项目合作,让三方成为知识和实践层面的共同体,共同参与项目的开发。

二、职能主体的专业发展及内部动机的强化

西方馆校合作中,十分注重将中小学教师(尤其是科学教师)的博物馆课程设计及合作能力纳入教师专业发展、培训的范畴。教师通过灵活运用博物馆提供的资源,指导课堂资源的准备,实现自己的专业发展;同时,来自馆校合作项目的大量课程,通过在学校的各种实践,可以变成学校的固定课程,这为巩固馆校合作关系奠定了基础。

在中国,受到传统教育观念和应试教育文化的影响,教师通常不能充分认识到博物馆对学校课程的价值,缺乏将博物馆资源与学校教学有机整合的能力,对与博物馆人员的合作缺乏积极的态度。因而,以制度形式确保教师通过馆校合作获得专业发展,可能是最为理想的策略。在具体形式上,可以学习西方博物馆,建立"教师资源中心":它不仅是一个教学资源的储藏室,还是一个动态的职前和职中教育中心,可以邀请教师参与学习和开发博物馆的教育资料;也可以充分借鉴西方教师专业发展的经验,采取诸如工作坊、教师驻馆实习、专家指导、新任教师职前培训等形式。

三、沟通机制的构建

在合作形成的要素中,信任、制度保障和监督被认为是最重要的因素

(Ostrom，1990)。从西方馆校合作的经验中可以看到,合作成员之间信任与否,直接决定了馆校双方能否形成长期、稳定的合作关系。在具体的馆校合作过程中,如果管理者与执行者、博物馆与学校等合作主体之间建立起强有力的信任关系,那么,在合作过程中,不确定性便会随之降低;并且合作主体会认为,参与馆校合作可以对自身产生积极的意义。此外,随着馆校合作主体之间信任程度的增加,可以使信息的沟通变得更加顺畅。教师之间,博物馆工作人员之间,管理者和执行者之间,博物馆与学校之间,会积极沟通馆校合作中存在的各种尚待改进之处以及具体教育过程中的经验心得,使得所有参与合作的主体都能够在了解完备信息的基础上,进行正确的判断和决策。

从某种程度上说,馆校合作是博物馆与学校双方逐渐认识、理解彼此的过程。西方博物馆中有专门针对学校的工作部门(英语名为 K-12 department),它是馆校合作成功的重要保障。鉴于此,我国也可以在博物馆中建立专门服务于学生、教师及教育管理者的部门,并使之具有以下三方面的职能:(1)为馆校合作提供政策指导,建立日常联系的机制;(2)制定馆校合作计划,并确定合作各方在活动中的角色;(3)实施馆校合作项目,与学校教师共同完成活动的设计与实施。建立这样一个专门的教育服务部门,旨在促进博物馆对于学校课程和学校教育内容的理解,并对学校教育提供专门的指导与协助,从而为馆校双方建立稳定互信的基础。

教育行政部门、学校管理部门应与博物馆建立稳定的沟通渠道。在中国当前的教育行政体制下,如果缺乏管理层面(尤其是区县一级教育行政部门)的支持,单纯依靠博物馆自身抑或单个教师的努力,难以建立起任何实质性的馆校合作关系。因为这其中,不单需要资源和财政的支持,更为主要的是领导者对馆校合作的认识及意愿。因此,稳定的沟通渠道,同博物馆中专门服务于学校的部门一样,是合作成功的关键。具体而言,可以在博物馆内部设立"科学传播者"组织。这个组织涵盖博物馆工作人员、学校教师、教育行政部门的官员等;通过需求评估确定博物馆与学校合作的基础,再制定行动计划,将博物馆教育项目融入学校教育及综合改革当中;由专人负责沟通,从而有效减少双方沟通和信息交互的成本,并在学校或学区内部实现资源的协调。

四、计划和评估机制的建立

从西方的经验来看,专业的计划委员会,有效的沟通渠道,完善的时间计划,有效的评估体系,这些都是合作成功的关键。成熟的计划和评估机制可以帮助双方建立信任感,并且这种信任会在良好的交流过程中增长。同时,更重要的是,在合作的过程中要把各种有利于合作的力量都整合进来,尤其是政府的力量。这些计划可以依托政府的教育改革方案,把希望参与到博物馆改革行动项目的人汇聚在一起,共同制定计划;同时,因为有地方政府的教育改革方案,也为计划的评估提供了可能。

从中国的实际情况来看,评估活动远未实现专业化。但馆校合作可以作为教育改革的创新示范项目。在具体执行过程中,充分吸收西方的成熟经验,建立完善的计划与评估机制,实现馆校合作项目的专业化,这样才能确保馆校合作的有序进行与长足发展。

五、强调家长和学生参与的反馈机制

从西方的经验来看,博物馆能否健康发展,依赖于它们能否与社区建立良好的关系。在馆校合作中,家长和社区的参与能够有效地推进馆校合作,并且出现立竿见影的效果。通过馆校合作的项目,博物馆与社区及家长形成长期的合作关系;家长持续参与合作项目,将加强家长与博物馆、学校及孩子的关系,这对推动馆校合作项目有很大的意义。

家长和学生,既是馆校合作涉及的客观对象,也是馆校合作的终极反馈者,对于馆校合作有着最为真切和直观的感受。然而学生和家长往往缺乏专业知识,很难成为馆校合作中设计、决策、评估环节的主体。

基于西方的经验,在中国的馆校合作项目中,要注重家长和学生的参与,并主要着眼于两项内容。首先是传播和普及馆校合作的相关价值与方案;同时,就学业压力、成绩等问题,向学生和家长进行必要的说明,让他们切实了解到馆校合作将给自身带来的可能收益,对馆校合作予以理解和支持。其次是完善馆校合作中的反馈机制。馆校合作的执行人员应当在具体操作时,尽量征求学生及家长对于教育方案的看法和意见,了解、明确学生在馆校合作中的需求,以人为本,通过反馈所得的意见与建议,努力解决馆校合作中存在的具体问题。

本 章 小 结

现代教育作为一个综合的系统,决定了学校不可能独自承担全部的教育职能。西方各类场馆经过近百年的实践,已经与学校形成较为固定的合作关系,并且合作的范围、深度正在不断变广、变深。这种合作关系一方面将传统博物馆的职能转向公共服务,尤其是教育服务;另一方面,对于教育改革而言,馆校合作引入了新的外部资源及可能的合作空间,重新界定了学校职能的边界。可以说,西方博物馆与学校正在以一种更加新颖、深刻的方式重新发掘对方的潜能,从而建立更深、更有效的合作。从整体上来看,西方的馆校合作研究更加倾向于具体教育层面的研究,这些研究都开始关注到参与、建构、人文等非传统知识层面的内容,反映出国际学术界在该领域的基本立场是并非仅仅关注传统知识,而是超脱知识,追寻更广的价值。

本章整理分析了笔者在欧洲博物馆调研访谈的资料,用一个个鲜活的案例说明了博物馆与学校合作的各种模式、遇到的问题及其解决方案。这些研究与实践经验对于理解我国博物馆教育的潜能以及馆校合作机制的构建,具有极为重要的意义。

第四章

中国馆校合作的脉络及宏观背景

理解中国博物馆与学校的合作行为,无法脱离中国博物馆领域以及教育领域的具体历史背景和制度框架。中国馆校合作,是伴随中国近代博物馆产生以及现代学校教育系统的建立而诞生的。探究中国馆校合作的历史脉络,对于深化馆校合作的理解,了解现有馆校合作主体在馆校合作中的行为选择和倾向,有着极为重要的作用。具体而言,本章主要有两个任务:首先,对中国不同时期的博物馆与学校的合作实践进行历史考察;其次,在历史考察的基础上,在不同层面对中国馆校合作的必要性、可能性,以及现有相关制度文本进行分析解读。

第一节 中国馆校合作的历史演进

一、博物馆与学校合作关系的萌芽期

中国现代意义上的博物馆同近代中国的殖民历史密切相关,如 1868 年,耶稣会法国传教士韩伯禄(Pierre Heude)在上海创办了第一所近代意义上的博物馆——徐家汇博物院(吕建昌,2011)。殖民时期的博物馆大多以自然历史类为主,地点大多是沿海通商口岸,展出动植物标本,免费向社会开放。虽然这一时期的博物馆和传教活动密切相关,但具备了一定程度的公共属性,摆脱了中国传统收藏机构的局限。1905 年,张謇创立南通博物苑,可视为中国现代博物馆事业的开端。在某种程度上说,南通博物苑是对近代殖民博物馆西方中心主义倾向以及鸦片战争以来中国文物、藏品流失

的回击。同时，其创建初始便融入了极为浓厚的公共教育属性——"图地方人民知识之增进"，对中国近代后续博物馆产生了极大的影响（梁吉生，1986）。1912年，蔡元培任中华民国南京临时政府教育总长，推行教育改革。他在社会教育司下设置专门的部门来负责博物馆、图书馆、动植物园等场馆的工作。同时，一些以国家名义设立的公立博物馆开始诞生，如北京国子监旧址上的历史博物馆，再如各类市立、省立、县立博物馆。

在该时期，出现了一些馆校合作的萌芽。这其中尤以张謇"设苑为教育"的思想和实践最为著名。张謇在创设南通博物苑之初，便明确了下述主张："盖有图书馆、博物院以为学校之后盾，使承学之彦，有所参考，有所实验，得以综合古今，搜讨而研论之耳"（梁吉生，1986）。在具体实践层面，南通博物苑选址紧靠同为张謇创立的南通师范学校之侧，早期南通博物苑也直接隶属于南通师范学校。

然而博物馆与学校可能的合作，在该时期受到极大的限制。首先，整个20世纪上半叶，受制于经济条件以及连续不断的战争，中国博物馆事业发展极为缓慢，到1949年中华人民共和国成立时，仅存25个博物馆（中华人民共和国文化部，2012）。其次，早期博物馆的稀缺资源属性，决定了其服务覆盖范围的广阔性及其职能的宽泛性。例如，在蔡元培的教育改革计划中，博物馆归属于社会教育范畴，学校虽为服务主体之一，但专门的学校服务教育职能并未分化。而以基本公共教育服务为主要指向的普通学校，很难拥有足够的社会资本与博物馆进行合作，如张謇的南通博物苑主要服务于高等教育，同一般意义上的馆校合作相去甚远。再次，该时期博物馆教育职能定位为"教化民众"，尤其是教化社会下层民众，居高临下的威权色彩十分厚，无论是殖民博物馆，还是张謇举办的南通博物苑莫不如此，这与早期中国博物馆的资源稀缺属性以及社会教育理念密不可分。最后，近代中国的公共学校制度处于萌芽状态，直到1902年，才形成第一个正规学制；在学制演变脉络中，文实之争是一条基本的主线，在正规科学课程、师资尚无法得到保证的前提下，学校系统内部很难产生更为高层次的外部需求。

整体而言，中华人民共和国成立前，受限于整体博物馆事业的规模，我们很难准确描述这一时期的博物馆在公共教育领域中扮演的角色。除去零星的史料外，相关史料的缺乏也是该时期博物馆学校教育服务职能缺失的明证。从世界范围来看,国际馆校合作在该时期同样处于萌芽状况,一直到20世纪50年代,其形式仍大多以简单的参观访问、资源外借等为主,学校教育职能尚未完全从其一般教育职能中分化出来。

二、博物馆与学校合作关系的发展期(中华人民共和国成立初期)

随着中华人民共和国的诞生,在20世纪五六十年代,中国博物馆有了一定程度的发展,如中国国家博物馆、军事博物馆、人民革命博物馆均在此时创建,到1978年,全国拥有349个博物馆(中华人民共和国文化部,2012)。这一时期的中国博物馆建设受到苏联博物馆模式的巨大影响,主要体现在陈列、保管、群众工作三部制的基本架构,政治和意识形态内容的广泛介入,平铺直叙的陈列展示方式,地方志、纪念类博物馆的布局结构等(杨汶等,2013)。整体而言,该时期的博物馆建设模式,形成了一个相对固定和模式化的运行结构,对中国后续博物馆发展产生较大影响。与此同时,中国学校教育也在饱经战乱后得以恢复,并开始进行社会主义改造,也为馆校合作提供了一定条件。但该时期,一方面,受制于外部条件(如政治环境、博物馆规模)的影响,馆校合作并未形成有效的规模;另一方面,博物馆与学校之间在合作内容及形式上存在错位,影响了相互合作的效果。

该时期的馆校合作,主要建构在博物馆的社会教育职能和学校的校外教育的制度框架之上,主要形式是学校组织的博物馆参观访问活动,意识形态教育在其中占据核心地位。这与一般所理解的,以学习(广义)为本位的现代馆校合作存在较大出入。例如,文化部1951年在《对地方博物馆的方针、任务、性质及发展方向的意见》中指出:"博物馆事业的总任务是进行革命的爱国主义教育,通过博物馆使人民大众正确认识历史,认识自然,热爱祖国,提高政治觉悟与生产热情。"其中"认识自然"仅仅只是作为次要性质的教育任务,与之相对,占据核心的则是"爱国主义"的意识形态类内容,而诸如"正确认识"等词的使用,则显示出其强烈的价值判断属性。这一意识形态教育职能在随后得到不断强化,直到"文革"时期,几乎演化为博物馆的唯一目的。

校外教育的实践形式同样如此。校外教育的理解方式源于对苏联模式的学习,其直接理论来源为凯洛夫,在其《教育学》"课外活动和校外活动"章节中,他如此写道:"除了学校以外,各种机关和团体对于儿童所实施的多种多样的教养、教育工作,叫儿童校外活动。"(凯洛夫,1950)凯洛夫使用"校外活动"的概念伊始,便有各类社会机构定位于活动范畴,而非学习范畴;同时,该概念的使用,实际承认了不同机构在教育中正规和外部的假设。在具体实践领域,学生活动往往成为集体活动的代名词,其意识形态的价值大于认知、情感、态度等教育价值。由此,基于博物馆自身教育职能和学校校外教育定位的双重错位,馆校合作在这一时期并未实现其教育潜能。

从1949年开始,中国学校教育体系同样经历了巨大的变革,同样对博物馆与学校之间的关系产生了深刻的影响。民国时期的教育实践和美国实用主义教育思潮存在重要关联,诸如1922年新学制,陈鹤琴、舒新城等人的教育实验,无不受其影响。1949年后,意识形态的变革促使中国对实用主义教育理论的全面批判。实用主义教育思想在某种程度上成为马克思主义的劲敌,遭受到非教育性质的政治批判。在具体改进路径上,中国教育领域开始由"仿美"转变为"学苏",同时,以凯洛夫为代表的教育理论被全面、系统、完整地引入中国,成为中国教育领域的指导思想。在凯洛夫教育思想中,教师占据核心地位,严格程序化的课堂教学是主要教育方式,从内容角度来看,意识形态是所有学科的核心内容。凯洛夫教育思想实际排除了博物馆深度介入学校教育系统的可能,教室和课堂是最主要的教育场域。尽管诸如直观性原则并不拒斥利用博物馆的实物资源,但其本身并非整体教育原则,而仅仅局限于教学本身。

也正是从凯洛夫开始,课外活动和校外教育的理解框架开始形成。校外教育实际隐含着地位、任务的假设,游离于整体国民教育体系之外。同时,在班级制度的影响下,学生活动往往成为集体活动的代名词,其意识形态的价值大于认知、情感、态度等教育价值。在某种程度上,这也影响了上文描述的博物馆群众工作和意识形态教育的职能定位。反讽的是,正是杜威"从做中学"的教育理念,促使域外学生和教育者进入博物馆,在很长一段时间内主导了西方博物馆和公立学校的合作关系。而由凯洛夫理论的引介开始,在20世纪五六十年代,中国博物馆与学校教学之间被筑造起藩篱并逐渐固化。

除此之外,该时期博物馆自身的一些其他特点也影响了馆校的可能合作。例如,中国博物馆的数量和条件,到1978年全国仅有349个博物馆,受限于交通、经费等因素,绝大多数学校与博物馆处于相互隔绝的状态。再如地方志、纪念类博物馆的场馆建设模式,由于地方志主要侧重于地方的风土人情历史,纪念类博物馆侧重于意识形态,内容上也限制了诸如自然、科学类课程的可能合作。

三、博物馆与学校合作关系的成熟期(改革开放后)

1. 博物馆发展及其专门教育功能的分化

随着20世纪80年代改革开放政策的确立,以及政府文化、科技领域投入的增加,中国博物馆在数量上呈现增长态势,发展更加多元,兴建了一批以科技馆、科学中心、天文馆、艺术博物馆等超越于传统苏联模式的新型博物馆,理念、设施、陈列都有了较大改进。例如,以科技馆、科学中心为代表的新型科学场馆,实际应和了世界科技类博物馆从注重展览展示到以教育为目的的转型。尽管新型博物馆的建设,仍存在一些设计、质量方面的问题,但至少在自身资源、设施、布局上,具备了更为有利的条件。

2. 作为合作情境的中国教育改革

相较于博物馆系统,中国学校系统可能具有更加急迫的合作愿望。20世纪后半叶,随着科学技术的发展、国际竞争的加剧、社会的信息化以及经济的全球化,以学科知识为本位、接受学习、机械训练为特点的传统教育模式,越来越不能适应社会的需求。为了改变这一状况,中国从20世纪90年代开始,除了资源方面的投入外,还施行了一系列教育改革措施。更新教育内容,加强课程内容与学生生活经验及社会的联系;转变课程管理模式,以学习者的经验和社会问题为中心进行课程整合;强调学生创新和实践能力的培养,转变学习者的学习方式。所有这些都为博物馆与学校的合作提供了可能的空间。具体而言,从教育内容和方式角度,强调与学生生活、兴趣、经验及现代社会发展的联系,强调学生的参与、探究与合作,是对博物馆学校教育功能的重新确认。博物馆教育具有无可取代的直观特点。诸如科学中心、科技馆等新型场馆,除去最新的科技内容外,从一开始便致力于受众的兴趣、经验、探索。而课程管理权力的下移，使得一线教育者从传统的课程执行者转变为课程的设计者及开发者。原本游离于正规学校教育体系之外的博物馆，获得了介入地方课程、校本课程的教育基础。

第二节　中国馆校合作的宏观背景

教育在当代社会是拥有社会性和综合性的复杂系统，这意味着教育改革不应仅仅被视为是学校系统的自我变革。博物馆与学校在教育领域的合作，就是在特定机制框架下，通过彼此之间的合作行为，合理配置教育资源的过程。"教育"在其中不应仅仅被视为是学校所单独提供的公共产品，而是整合各种社会教育资源的复合公共产品。其中包括学校教育资源的稀缺性，博物馆教育和学校教育的公共产品属性及价值使命，博物馆与学校职能的交叉与重叠，教育资源的优化配置以及社会效益最大化的诉求，是我国馆校合作的宏观背景。

一、学校教育资源的稀缺属性

教育活动中，所涉及的主要要素包括资金投入、教育者、教育设施以及其他信息类和理念类教育资源（见表4）。资源的稀缺性是人类社会的基本内容，教育资源同样存在这种稀缺属性（Mil-gate，2008）。虽然中国早已构建起了面向全民的基础学校教育体系，但基础学校教育的普及不等同于人们对于教育的所有需求得到了满足。优质教育资源的有限性和人们无限的教育需求，构成了所有教育改革所面临的最为基本的矛盾。在学校运行过程中，学校虽然获得了资金、人员、设施等一系列资源，但资源的短缺仍是无法回避的问题。例如，对于绝大多数学校而言，专业的科学实验仪器、科普设施、藏品，是不可能在现有教育投入条件下得到充分而完全的满足的。虽然有些学校可能具有相对超前的教育理念，如探究式学习、校本课程开发，但其背后也缺乏有效的信息和其他专业教育理念的支持。因而各种教育资源之间的有效配置，是充分实现社会教育潜能的关键所在。对于学校而言，从学校外部获取互补性的教育资源,是其实现已有教育资源潜能(如教师资源、专门的学生对象等)和增强其教育效能的关键所在。虽然学校有时可以通过上级教育部门或者其他社会主体(例如社会捐赠)获得专门性资助,但大多数情况下,这种资源获取途径很难长久,也很难使其需求得到满足,且学校本身所付出的"交易成本"十分高昂。

表4 教育资源的主要类别

类　　别	内　　容
教育资金	政府拨款、社会募捐、场馆收入、学校事业性收入等
教育者	学校专职教师、博物馆教育人员、外部专业支持人员
场馆、设施资源	博物馆场馆、陈列展品、仪器设备、学校设施等
信息、理念资源	教育理念、各类专业知识技能、设施利用、课程开发等

博物馆与学校主体之间的合作,对于学校资源的稀缺状态而言,是一个有效的补充途径。一方面,博物馆主体拥有学校主体所不具备的专业科学文化类资源,可以解决学校面临的专业教育资源稀缺的问题;另一方面,这种合作也可以对社会整体教育活动中所需的资源进行有效的合理配置,提升教育事业作为一个整体的效率。

二、博物馆与学校的公共产品属性及价值使命

公共产品是作为私人产品的对立而存在的。根据 Samuelson(1954)的经典解释,公共产品具有双重属性。首先是非独占性(non-exclusive),即公共产品的消费者对于该公共产品的使用或者消费,并不会减少该产品对于其他消费者的供给。其次是非竞争性(non-rivalrous),任何人对于公共产品的消费,并不会影响其他人的消费。但在实际情况下,真正符合 Samuelson 经典定义的公共产品并不常见,因而"准公共产品"便被用以表述那些介于完全公共产品和私人产品之间的社会产品(Rosen,2008)。其特点为:一是效益存在外溢;二是具有部分排他性,使限定范围内的对象收益;三是部分竞争性,随着产品供给范围扩大,其成本也增加,并不具有完全非竞争性。

对于博物馆服务和学校教育而言，在中国现实条件下，其服务对象和举办主体决定了两者同时兼具公共产品和准公共产品的属性。从其公共产品属性的角度而言，其所提供的教育活动具有明显的正外部性，例如，通过知识的再生产，促进了社会的进步，提高了社会成员的素质。这种教育活动的目的不是个体或者机构层面的利益或者利润，而是在社会层面的整体效益（劳凯声，2002）。但在具体博物馆服务和学校教育活动的条件下，这种公共产品属性并非绝对的。由于其与特定的收益人（如特定区域范围内的学生）具有密切关联，决定其性质更多倾向于准公共产品。在非义务教育领域、其他非公立性质的学校教育服务领域以及部分非公立性质的博物馆中，准公共产品的属性同样存在。但无论如何，承认博物馆与学校合作的公共产品属性，是博物馆与学校在教育领域进行合作的基本依据之一。这意味着两者在其基本行为动机上存在重叠之处，亦即满足社会或者特定区域整体效益是学校主体和博物馆主体所共同承载的基本价值使命。

三、博物馆与学校职能的交叉与重叠

博物馆的教育属性，尤其是其社会教育属性，几乎是在其公共产品属性确立之初便天然形成的。从广义的教育定义视角来看，几乎所有前往博物馆的参观者，都必然与博物馆展品、场馆、人员之间，发生某种程度的学习和社会互动，因而这种互动可以被视为是一种特殊的教育活动。从博物馆的内在职能角度来看，其主要职能必然集中于如何提升展品、设施的质量，如何增加参观者的体验，如何在其特定资源条件下满足最大程度的需求以及产生更大的社会效益，因而所有的现代博物馆活动在摆脱了其传统私人产品的属性（仅仅满足特定人群的效益）之后，都可以被视为是社会教育活动的拓展。

与此同时，在知识经济为主的现代社会，传统以学校为主的教育实践，很难满足社会对于教育日新月异的需求，这也使得诸如终身教育等强调突破传统学校教育范畴、强调教育和社会之间联系的教育理念，获得了广泛的承认和讨论。这同时也揭示了一个基本的事实，学校的职能是随着社会的演变而不断变化的，不同的社会条件和社会背景，决定了学校职能的边界。

而纵观20世纪的教育历史,学校的职能边界也处于不断的调整和改变之中。

在中国现实条件下,诸如科协等主管部门,担负着面向全民进行科学以及文化普及的使命。通过一系列新型科学场馆、现代艺术文化博物馆的建立,中国博物馆的传统教育职能(侧重意识形态的群众教育职能)实际上已经进行了调整。而基于学校学生在整体博物馆服务对象中的基础性和独特性,这一职能边界调整的直接结果,便是中国博物馆的教育内容与传统学校领域中的"知识"教育职能的边界趋于淡化。同时,在现行教育改革的背景下,中国学校自身的职能边界也出现了调整。在国家课程、地方课程、校本课程的三级课程框架下,地方教育主管部门或者学校拥有了一定程度上的课程决策和管理空间。同时在教育理念层面,强调探究能力、发现学习、创新的改革理念,也使得学校教育与博物馆教育之间的边界出现消解。可以说,在现行条件下,博物馆服务与学校教育两者之间的职能已经呈现出重叠。

四、教育资源的优化配置及其社会效益最大化的诉求

博物馆与学校的合作行为具有公共产品的属性,但其同时可以在广义上被理解为一种特殊的"交易"和"生产"行为。在中国,绝大多数博物馆与学校都具有非营利属性,但这种非营利属性,并不意味着其运行不涉及资源的往来,其非营利性的本质是使得其运行的成本最小化,使其相对有限的资源效益最大化。在经典的交易成本理论中,信息不对等,交易中产生的不确定性,资源的专用性,交易主体的有限理性以及投机主义等因素,使得交易活动中可能会产生交易成本,因而涉及多种主体行为的基本动机便是降低交易成本。根据Coase(1960)的经典解释,如果在既定的条件下,某种组织合作形式可以将交易成本最小化,同时使得交易成本和生产成本之和最小化,该种组织形式便是该领域组织形式的最佳选择。在当前的组织评价体系下,博物馆与学校实际都面临着绩效评估和竞争的压力,馆校合作实际是根植于各自发展的需要。对于学校而言,随着教育改革的不断推进、学校之间竞争的加剧以及外部利益相关者(教育管理部门、家长等)对于教育质量

的要求越来越高,其教学质量、教师专业能力、校本课程等都应进行相应的改进,以获得更多的社会支持。对于博物馆而言,也存在外部竞争、社会效益的发挥以及争取外部支持的压力,除了在自身设施、藏品、专业人才上进行完善以外,特色化教育服务项目是其职能调整的主要方向。馆校之间各自具有不同的核心竞争优势,这使得两者很容易获得异质组织间的资源整合及交换条件。

首先,相较于传统单向度的学校教育活动,馆校合作可以有效地减少学校在特定教育活动中的交易成本。在传统的学校教育活动中,学校购买教育仪器、设施,组织学生开展校外拓展活动,邀请专家进行课程开发、指导,帮助教师实现专业发展、获取专业信息等,都需要付出成本。在中国学校教育的现状下,中小学校的教育理念和一些基础设施都较为落后,教师的专业知识技能与其他专业主体相比也存在滞后现象,因而在这些"交易"活动中,学校一方付出的交易成本往往较为巨大。通过馆校之间的常态化合作,可以使原来繁多的交易活动得到有效的减少。同时,伴随着馆校合作组织化程度的提升,学校付出的交易成本也会逐渐降低。例如,通过前期馆校课程合作机制、协商机制的建立,学校从这些机制中所获取的经验可以有效地在后续教育活动中得到延续,从而降低交易成本。

从博物馆的角度来看,交易成本的降低主要与其所面向的服务对象具有直接的关联。在一般情况下,博物馆的主要服务群体是那些主动前往博物馆的游览者,呈现出流动化和大众化的特点。在这种受众状况下,博物馆的受众学习行为是走马观花式的,这一特点制约了博物馆藏品、设施的深度利用。同时,学生群体作为博物馆教育的主要受众,对于博物馆学习具有特定的要求,其专门安排和博物馆的一般安排存在冲突,博物馆的职能调整实际上存在较大的风险。因而,通过与学校主体的合作,博物馆在使其教育职能得到有效发挥的同时,可以借助常态化的学校合作机制,有效降低其面向学生群体进行职能调整时所存在的风险。此外,博物馆自身在面对学生群体时,需要付出诸如专门的教育人员培训、课程开发、学校课程标准的研究等方面的成本,往往也存在成本高于其承受能力的现象。通过与学校共同分担教育成本,相互弥补,博物馆也可以有效降低交易成本。

第三节　中国馆校合作的政策供给及存在的问题

中国的博物馆与学校具有公共事业属性,直接受行政力量的管理。某种程度上,博物馆与学校的相互协作若缺乏政府资源的支持,是不可能得以开展的。同时,政府实际上还扮演着馆校双方相互合作的发起者、激励者、评估者的角色,为双方的合作提供政策支持,是最为重要的第三方主体。

一、政策供给

对于博物馆而言,在现有制度框架下,意识形态教育依然是对博物馆与学校结合的基本诉求。例如,2004年国务院颁布了《关于进一步加强和改进未成年人思想道德建设的若干意见》,将博物馆定位为"爱国主义教育基地",对未成年人进行服务(中共中央、国务院,2004)。但同时,博物馆的学校教育服务职能,在博物馆系统内部取得广泛的共识。例如,2008年国家文物局颁布的《博物馆评估暂行标准》中,对一级博物馆的社会教育功能进行了如下表述:"有周密的社会教育工作方案和针对不同观众群体的社会教育计划;经常与教育部门以及其他单位联系或建立共建单位,开展有针对性的教育活动,积极举办不同形式的讲座等活动,服务学校、工厂、社区和农村等不同观众群体。"(中华人民共和国国家文物局,2008)这在某种程度上为博物馆与学校的合作提供了一定的行政激励。

以学校教育为起点的制度供给,是以校外教育为主的定位拓展。但由于意识到博物馆在常规学校教育中所拥有的巨大潜力,在该领域的诉求更为直接。例如,2001年教育部在《基础教育课程改革纲要(试行)》中提出:"要积极开发利用校内外广泛的课程资源;学校应充分发挥实验室、图书馆、专用教室及各类教学设施和实践基地的作用,广泛利用校外的图书馆、展览馆、科技馆、博物馆、工厂、农村、部队和科研院所等广泛的社会资源以及丰富的自然资源,积极利用并开发信息化课程资源。"再如2010年《国家中长期教育改革和发展规划纲要》也提及"充分利用社会教育资源,开展各种课外及校外活动"(中共中央、国务院,2010-07-29)。虽然这些促进博物馆与学校合作的政策仍然归属于校外教育的逻辑框架,但对于处于萌芽、探索、实验阶段的中国馆校合作而言,其积极意义不言而喻。

二、问题和障碍

尽管上文的分析显示,来自博物馆、学校、行政机构的新近变化拓展了馆校合作的可能空间,但中国的馆校合作远没有实现自身的潜能。馆校之间依旧存在相互隔离和封闭的现象,并作为馆校之间各自的惯习而延续。

1. 制度供给的目标偏移

在当前馆校合作的制度供给框架中,除去宏观而笼统的描述外,意识形态教育是最主要的内容,缺乏对学生认知、审美、技能层面的制度供给。一方面,这可能与中国博物馆的构成结构相关;另一方面,则受制于更为宏观的社会政治文化背景。从国际经验来看,学生在博物馆中获得的情感和态度的变化,一般是以具体的学习作为依托的。现有意识形态教育则在其具体设计和效果上,都缺乏细致的分析和检验,无法确切得知其效力,而更多地代表了权力机构的意愿。同时,单纯此类教育的制度供给,可能不利于双方人员专业能力的提升,也可能遮蔽博物馆其他教育职能的发挥,例如与针对专门领域的学生教育计划、学校课程的合作等。

2. 馆校合作动机的偏离

中国馆校合作的主要动机是自上而下的,并非基于博物馆与学校各自对于服务功能以及学习效果的诉求。无论是中国新型博物馆的建设和自身转型,还是中国学校系统内部的教育改革,抑或两者之间可能的合作,都带有强烈的行政驱动色彩。这种外部制度的决策过程,是基于权力精英的自我输入完成的。对于博物馆而言,其学校教育服务职能受制于原有行为逻辑的影响,其可能更加容易接受陈列、展示、保存的角色定位。而对学校来说,自身资源条件的不足、教学实践的惯习、示范的缺失、合作教育效果的不确定性、博物馆的刻板印象,都可能导致其没有足够的动机主动推行馆校合作。更重要的是,馆校合作的外部行政激励,无论是对博物馆还是对学校而言,都具有不确定性。例如,相较于馆校合作,学校优异的升学率、没有发生安全事故、学校内部教学的改良等,更容易得到行政部门的激励。在 Kang 等(2010)关于中国馆校合作的分析中,相关利益主体(尤其是博物馆工作人员)被描述为具有强烈意愿的主体,显然我们的分析与其存在差异。

3. 博物馆与学校专业能力与专业支持的缺乏

博物馆与学校专业能力的缺乏,以及第三方专业支持的缺失,是影响合作的重要因素。这种专业能力的缺失,根植于中国博物馆与学校之间长期以来相互封闭的运行模式。中国博物馆由于长期存在自我惯习,职能和现有人才储备更多侧重于专业领域及展览设计,在教育设计、课程理解等能力上存在不足。与之相对,学校系统应用博物馆资源进行课程开发、设计的能力,同样存在不足。对于学校教师来说,相对于其日常教学实践,博物馆是一个完全陌生的领域。除此之外,在西方常常作为重要的第三方介入的大学和专业研究者,同样在中国存在缺失,这在上文的文献回顾中已经得到体现。

4. 中国博物馆以及学校内部的异质性

中国博物馆以及学校内部的异质性,影响了馆校合作的一般性质的政策供给。虽然整体而言,中国公立学校具有基本相同的教育内容和管理架构,但其在区域、城乡、校际等维度上,仍存在巨大的质量和资源差异。与之相对,中国博物馆从其架构上来看,分属于科技、教育、文化、文物等多个部门管理;在其类别上,涵盖综合、艺术、历史、自然科技等类别;整体数量较少,其布局在局域之间存在不均衡;不同博物馆内部的藏品、运行机制、人员的专业能力也呈现多样性。所有这些因素,为规范化的馆校合作政策供给带来了很大的难度,例如,需要解决教育均衡、合作范围、评估标准、主导机构等问题。这也说明从整体角度进行的分析,虽然提供了馆校合作的可能空间,但一旦进入行动场域,相关利益主体内部的复杂性便成为重要的影响因素。

本 章 小 结

本章主要梳理了中国馆校合作的宏观历史及社会背景,并对中国馆校合作的必要性以及宏观动因进行了分析,在此基础上,分析了现有的外部制度供给以及存在的障碍和缺陷。

中国馆校合作同样是特定历史条件下的产物。经历了近代博物馆与学校合作的萌芽,中华人民共和国成立初期博物馆与学校教育的泛政治化,从改革开放后,中国博物馆的自我转型、专门教育职能的分化以及社会角色的转变,中国学校教育制度以及课程体系的改革,使得新型的馆校合作得以成为可能。

从宏观角度来看,中国馆校合作的背景包括教育资源的稀缺属性、博物馆与学校的公共属性、学校职能和博物馆职能的交叉、教育资源的优化配置及其社会效益最大化的诉求等因素。但值得注意的是,由于当前馆校合作的制度供给存在不足和目的错位,行政驱动属性较强,博物馆与学校内部专业能力缺乏,自身动力不足,以及中国博物馆与学校内部的异质性等因素,阻碍了馆校合作的深入开展。

第五章
中国馆校合作的现状及探究

本章的主要任务是对中国馆校合作的现状进行一个基于事实的描述,以此呈现中国馆校合作的基本特征、内部相关主体对于馆校合作的基本评价,以及所存在的具体问题。笔者将在第一部分对本研究的目标、思路、方法进行简要介绍;第二部分结合定量方法,采用样本地区的相关数据对中国馆校合作的现状进行概要描述;第三部分结合质性访谈数据,对中国馆校合作的类型、一般特征、主要内容、问题等进行探究。

第一节 研究的目标、思路与方法

一、研究目标

本研究的主题聚焦于中国馆校合作的现状、组织主体内外部之间的关系以及后续的策略和机制建构。围绕上述主题,首先进行基本的理论铺垫,诸如现有文献的分析、理论层面的界定、历史脉络的探究。具体而言本研究存在如下基本的研究目标。

(1) 通过个案性质的实证调查和分析,揭示现阶段条件下,中国馆校合作的现状、环境,以及不同主体及利益相关者的关系。

(2) 基于实证分析内容,通过行为演化分析和相关模型构建,对馆校合作相关主体的行为规律、彼此之间的动态关系、合作可能出现的稳定结果进行分析,以弥补实证分析在理论分析上的不足。

(3) 建构一个包含投入、运行、评估监督、激励在内的馆校合作机制,旨在改进主体行为、降低交易成本、规范中国现有馆校合作行为的制度体系，同时为中国具体情境中的馆校合作人员提供一个具体的行动指南。

二、研究思路

从整体来看，本研究属于混合类实证研究，旨在在文献研究的基础上，通过多种实证方法对中国馆校合作的历史脉络、具体主体、主体之间的互动进行分析，继而建构出一个中国馆校合作的一般机制。具体而言，本研究首先试图对相关概念进行界定，对本研究所选取的理论工具进行介绍和分析。在此基础上，对中西方博物馆与学校的合作行为的历史脉络、已有的合作实践以及典型案例进行分析，总结中国馆校合作的主要动因。继而通过实证调查，揭示中国馆校合作的主要现状，包括馆校合作的类型、范围、主导者等等，同时基于相关实证资料，对馆校合作所涉及的相关主体的基本动因、影响因素进行分析。在此基础上，引入了行为演化分析等理论工具，对上述馆校合作主体，即博物馆与学校的管理者与执行者、博物馆与学校、馆校合作组织和政府，进行模型构建（如图1所示）。通过数学语言，描述这些动态的行为演化关系，以及这些行为演化可能出现的结果。最后基于上述实证分析和理论分析，结合西方已有的相对较为成熟的实践，提出中国博物馆与学校合作的主要策略，构建一个较为具体的、具有可操作性的制度和合作指南。

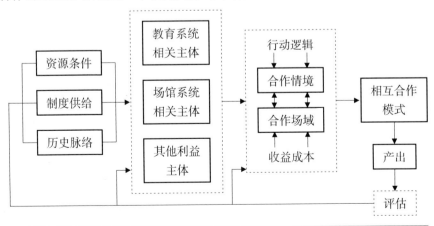

图 1　博物馆与学校互动的分析模型

在具体的分析框架上,笔者主要将馆校合作界定为四个部分。第一部分是具体的宏观背景,包括资源、制度、历史等因素;第二部分是主体因素,包括馆校双方主体以及其他利益主体;第三部分是具体合作过程中的行为和演化,其基本要素是合作的具体情境、场域以及馆校合作的收益和成本;第四部分是相互之间合作模式的构建以及产出。

三、研究方法

1. 质性研究及扎根理论(grounded theory)

一般而言,质性研究是指"以研究者本人作为研究工具,在自然情境下采用多种资料收集方法,对社会现象进行整体性探究,主要使用归纳法分析资料和形成理论,通过与研究对象互动对其行为和意义建构获得解释性理解的一种活动"(陈向明,2000)。尽管本研究在部分章节采用了历史研究、文献研究以及问卷调查等研究工具,但从整体来看,本研究倾向于在质性意义上得出的主要结论。这也同迈尔斯等人提出的质性研究的内在精神相一致(马修·迈尔斯等,2008)。具体而言,本研究倾向于扎根理论方向的质性研究方法,其最早由 Glaser 等(1967)提出,并在社会科学研究领域被广泛应用。这是本章研究的重点,也是本章进行后续研究构建的基础和关键。扎根理论研究是一个设计程序十分规范的研究方法。本研究在经典扎根理论的基础上,对其研究程序进行了相关修正。

具体而言,研究使用的质性方法首先是深度访谈。深度访谈是质性研究和扎根研究中最常被使用的方法,是对典型案例的相关当事人、参与者进行深层次的访谈,借以收集数据并获得直接的原始资料。在本研究中,笔者对涉及馆校合作的众多利益相关者进行了大量访谈。这些访谈采取了半结构化的处理方式,亦即预先准备了多个开放性问题,并在研究中保持参与者的姿态,对受访者的回答进行及时追问,鼓励受访者表达自己的真实意愿。在征得受访者同意之后,笔者对访谈进行了全程录音,并与受访者签订了保密协议,确保了访谈的客观性。其次是文本分析和编码。文本分析和编码在质性研究中具有不可取代的作用,是将原始资料转换为结论的关键步骤。在访谈录音转录成文本的基础上,笔者对上述文本进行了逐行编码(line by line)。具体编码程序首先是开放编码(open coding)(Strauss et al.，1990)，随后是对开放编码进行归类、抽象(categorization)。从这些编码所获得的关键概念成为本研究后续分析的前提。此外，传统质性研究大多依靠纸笔进行数据处理，工作效率较低。20 世纪末期出现了一大批质性分析软件，如 MAXQDA，ATLAS，Nvivo，Mindjet Mindmanager 等。本研究在质性实证资料处理上主要使用 Nvivo 软件进行分析。

此外，本研究中的访谈涉及国内和国外，由于国外访谈资料受限于语言差异，因而未对其做编码处理，而是将访谈资料作为案例进行分析，在此基础上提炼出西方馆校合作的经验，为我国馆校合作的机制构建提供借鉴。

2. 量化实证方法

本研究还使用了一些量化实证方法。除了深度访谈外，本研究还试图通过问卷调查获取实证资料。这是为了弥补深度访谈无法涵盖研究所选取样本地区全部信息的缺陷。问卷主要面向学校教师，由三部分组成：一是基本信息收集，涉及被调查者的职业状况、年龄、工作年限等基本数据；二是事实性问题调查，主要涉及被调查者对馆校合作现状、障碍、问题等的看法；三是态度倾向类调查，主要对馆校合作的倾向、动机等进行调查。其中，态度倾向类调查主要采取了李克特量表进行调查，按照"不同意"到"同意"进行了程度划分。在量化数据方面，本研究采用了 SPSS 对所收集的量化数据进行处理。笔者将对本研究所采取的方法、所选取的样本等在后续章节进行更为详细的讨论。

3. 合作博弈、演化博弈论

在行为演化分析部分，本研究利用合作博弈论、演化博弈论等工具和数学语言对主体行为进行规范分析。由于合作行为本身具有高度复杂性，不同行为主体在馆校合作中具有不同的行为取向，对行为演化进行分析、理论推演，有助于我们更好地理解馆校合作的深层次状况以及可能性。

区别于传统意义上的博弈理论，本研究行为演化部分所指涉的博弈理论为合作博弈，亦称为正和博弈。这种博弈是指参与博弈的主体利益都有所增加，或者至少是一方的利益增加，而另一方的利益不受损害，因而整个社会的利益有所增加。合作博弈研究人们达成合作时如何分配合作得到的收益,即收益分配问题。合作博弈采取的是一种合作的方式,而非一般意义上的相互斗争或者"零和博弈"。

同时,由于静态的经典博弈理论具有完全理性假设和多种纳什均衡结果的存在(张良桥等,2001),其在分析动态合作关系时,具有较大的不适切性。演化博弈论(Weibull,1997)在博弈理论的基础上,汲取了组织演化的一些观点,在分析动态行为关系时,很好地解决了经典博弈理论的缺陷。一方面,将行为主体的有限理论纳入假设中(Simon,1955),考虑到合作主体的认知能力限制、信息的不完全性以及选择的非完全理性;另一方面,将博弈过程引入关系中,认为主体的行为演化永远是一个动态的调整过程,注意到惯性、潜在因素、外部动力等一系列因素。此外演化博弈论还考虑到主体内部的特点,并非将单纯组织对象作为单独的主体,而是将组织个体化,考虑内部多种主体,反映整体行为变化的结果。

第二节 数据收集和样本描述

一、定量数据的收集和样本描述

目前,中国馆校合作还处于起步阶段,并未在各学校全面铺开,而本书想要了解的是馆校合作开展的基本情况,因此,为避免所选择的问卷调查对象对馆校合作一无所知,笔者决定以上海市的科技特色学校为切入点,对其进行问卷调查。作出这一选择的原因在于,此类学校一般对学生的课外活动比较重视,也有比较多的机会参与到馆校合作的活动中,因此对馆校合作的开展情况有一个基本的了解。笔者从上海市科委科普处获得了各科技特色学校的联系方式,以电子邮件的形式将问卷发放至学校电子邮箱,邀请其进行问卷调查,问卷发放数量为154份,回收有效问卷112份。如表5所示为问卷发放所涵盖的区县、学校阶段、单位级别和城区类型的分布情况,从表中可以看出,本次问卷调查基本覆盖了各区县的各级科技特色学校,因此,所收集的信息能反映出馆校合作开展的基本情况。

表 5　问卷分类统计表

区　县	数　量
黄浦区	9
静安区	11
徐汇区	6
长宁区	6
普陀区	18
闸北区	4
虹口区	3
杨浦区	6
浦东新区	10
闵行区	5
宝山区	6
松江区	2
嘉定区	9
金山区	4
青浦区	4
奉贤区	3
崇明县	5
总　计	111
缺　失	1

学校阶段	数　量
小　学	30
初　中	32
高　中	45
完　中	3
教师进修学院	2
总　计	112

单位级别	数　量
省级	20
区县级	65
其他	6
不确定	21
总　计	112

城区类型	数　量
中心城区	73
非中心城区	38
总　计	111
缺　失	1

　　本研究中所使用的问卷主要分为卷首语和问卷主体两部分。在卷首语部分主要说明问卷调查的目的和要求、问卷填写说明以及编制调查问卷的单位,并对接受问卷调查的对象表示感谢。在问卷的主体部分,是围绕馆校合作现状而提出的各种客观问题。其中1—6题为单项或多项选择题,用以了解馆校合作开展的基本情况;7—24题则采用李克特量表的形式,对馆校合作各方的态度和评价进行调查。完成数据的收集工作之后,利用SPSS软件,对数据进行分析,分别用到了描述性统计的方法、主成分分析法和聚类分析法,分析结果呈现出了馆校合作的概况,具体结果见下文。

二、质性数据的收集和样本描述

1. 本研究中的质性方法简介

在质性分析中,本书采用扎根理论作为基本的方法论。扎根理论是由芝加哥大学的 Barney Glaser 和哥伦比亚大学的 Anselm Strauss 两位学者共同提出的,他们通过运用系统化的程序,针对某一现象来发展并归纳式地引导出理论。扎根理论运用比较、推理等方法,从翔实的访谈资料中进行理论探索的归纳、演绎、对比、分析,螺旋式循环地逐渐提升概念及其关系的抽象层次,并最终发展出所研究现象的理论模型。与定量研究不同,研究者并不事先提出理论假设,而是直接从广泛的调查资料中进行事实和经验概括,提炼出反映社会现象的概念,进而发展范畴以及范畴之间的关联,最终提升为理论。这是一种直接扎根于现实资料的、自下而上的归纳式研究方法。扎根理论一定要有经验和事实证据的支持,但其主要特点不是经验性,而在于从经验资料中抽象出新的概念和观点(陈向明,1999),或者是发现新的互动与组织模式(Greenwood et al.,2006)。

基于扎根理论,本书采用的具体研究方法为深度访谈法,其是扎根理论研究中最常采用的一种数据搜集方法。所谓深度访谈,是指一种无结构的、直接的、一对一的访问形式。在访问过程中,由掌握高级访谈技巧的调查员对调查对象进行深入的访问,用以揭示某一问题的现状,以及访谈对象对某一问题的潜在动机、态度和情感。深度访谈可以引发访谈对象以一种很少在日常生活中出现的方式来描述、解释和反思其经验,从而实现对一个具体问题或经验的深入探究。

2. 质性分析的样本选择及数据处理

质性分析研究的经典方法是,在访谈开始之前,首先要确定访谈对象,访谈对象的选择采用抽样的方式进行。在扎根理论研究中,主要的抽样方法包括目的抽样(purposeful sampling)和理论抽样(theoretical sampling)两种。目的抽样是指根据研究目的,抽取能够为研究提供最大信息的对象。其在抽样时主要考虑对研究问题具有重要意义的因素,而不是其普遍性如何。目的抽样的逻辑基础是样本个体比其他个体对所要研究的问题掌握更丰富的信息。理论抽样是在研究进行到一定阶段之后，为已有观点和概念寻找进一步的佐证而进行的抽样。其遵循"类别饱和"或"信息饱和"原则，所谓饱和是指当增加一名访谈对象时，所增加的新的信息量小于10％或根本没有增加新的信息（覃世龙等，2006），或者说，再也没有关于各（概念）类别的新资料或相关资料显现出来（Strauss, et al., 2003）。

本书主要对馆校合作的相关问题进行研究，对于馆校合作，相关的利益方包括馆方、校方及学生与家长方。对于馆方而言，包括馆方管理人员和馆方工作人员，馆方管理人员主要指馆长以及各个部门的负责人，馆方工作人员主要指具体实施教育项目的一线展教人员以及具体策划教育项目的设计人员。对于校方而言，包括校方管理人员和教师，这里的校方管理人员主要指校长以及能对馆校合作进行实质性推动的负责人。另外，馆校合作的主要参与对象是学生，而家长又是学生的监护人，因此，学生和家长也被考虑在内。笔者首先进行目的抽样，由于本节是对馆校合作相关问题进行研究，因此，所选取的目标访谈对象为馆校双方曾参与过馆校合作的工作人员，具体包括馆方管理人员、馆方工作人员、校方管理人员和教师。在第一轮访谈结束后，根据访谈结果，进一步进行理论抽样：一方面，进一步选取相关工作人员，为已有访谈结果寻找佐证；另一方面，将参与过馆校合作活动的学生及其家长也作为访谈对象，从而可以从多个侧面反映馆校合作存在的问题，使研究结果更加立体和丰厚。最终，笔者共对53名访谈对象进行了访谈，其中，上级部门决策者3名，馆方管理人员4名，馆方工作人员10名，学校管理人员6名，教师15名，家长6名，学生9名。为更方便地标识各受访者的访谈内容，笔者为各类受访对象编制了相应的代码（如表6所示）。由于每一类访谈对象中包含多位访谈者，因此，对每位访谈对象的编号方式采用"编码代号＋数字"的形式。例如，第一位接受采访的上级部门决策者，其在编码中的代号为"GO1"，以此类推，得到所有受访者的编号。

表6 编码代号

访 谈 对 象	编 码 代 号
上级部门决策者	GO
馆方管理人员	MA

(续　表)

访　谈　对　象	编　码　代　号
学校管理人员	HE
馆方工作人员	WO
教　师	TE
家　长	PA
学　生	ST

3. 访谈资料收集

整个访谈资料的收集过程包括访谈前的准备、访谈进行、访谈结束三个部分。

(1) 访谈前的准备。在每次访谈之前,笔者会事先联系访谈者,说明访谈的目的,在其同意接受访谈之后,与其约定访谈的时间和地点。对于访谈地点,一般选取比较安静的场所,确保整个访谈能在不被打扰的环境中进行。另外,在访谈之前,笔者会事先准备好纸笔以及录音笔等记录工具,确保访谈内容被完整地记录下来。

(2) 访谈进行。在访谈正式开始之前,笔者会再次向访谈者说明访谈目的,并承诺不将访谈的内容或信息(包括访谈录音及其整理文件)泄露给第三方或用于除本研究以外的其他地方,使其能以比较放松的心态,对访谈问题进行客观真实的回答。笔者事先准备的访谈提纲(见附录)是访谈的方向,但在访谈过程中不必严格按照提纲的顺序提问,可以根据与访谈者的互动灵活地调整访谈提纲的顺序,还可根据访谈的实际情况灵活提问,不必拘泥于事先设定的问题,也可根据受访者的实际回答情况,追加更多相关的问题,使访谈成果更加丰富。

(3) 访谈结束。访谈结束后,笔者要将访谈获得的录音资料逐字转录成文字稿,并反复仔细地听录音,确保转录的文字稿与录音的一致性。这些访谈共转录字数15.8万字,每位访谈者的访谈时间一般在45分钟左右,其中最短的为半小时,最长的为1小时,所收集到的访谈资料总时长为37.5小时。

4. 访谈资料分析

在本研究中，主要采用三级编码的方式对资料进行分析，三级编码分别是开放编码（open coding）、主轴编码（axial coding）和选择编码（selective coding）。具体的编码过程如图 2 所示。

首先，进行"开放编码"。开放编码的过程好比一个漏斗，刚开始记录的范围比较宽泛，需要对资料进行逐字逐句的记录，随后再不断地缩小范围，直至达到理论饱和（陈向明，2000）。开放编码是这样操作的：阅读转录产生的所有文字稿，将与研究主题有关的内容全部记录下来。在进行最初的分析时，应用"逐行分析"（line by line）的办法对资料进行逐行、逐段的分析，对所有访谈者的资料进行初级概念的记录，直到达到饱和。在阅读过程中，不管这个意义单元是否已经出现过，都要进行记录，并在编码器上记录下它们的内容以及出现的频次。意义单元是指"意义"，而不是"句子"，因

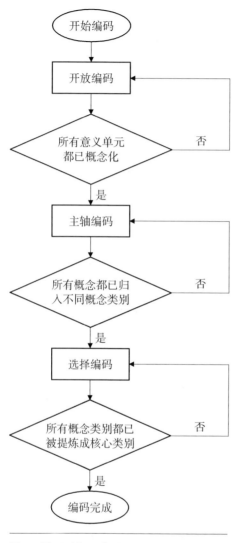

图 2　编码过程示意图

此编码时可能会遇到一句多义的情况，例如"安全与资金"，其包含了"安全"和"资金"两个意义单元，因此要分别对它们进行记录。

研究者要通过逐行逐句的分析找出意义单元，然后对之进行概念化。在这个过程中，研究者首先需要将所有资料分解成一个个独立的意义单元，这些意义单元可以是独立的事例、想法、事件或者行动，然后对这些意义单元进行命名。在概念化过程中，要注意寻找当事人当时使用的语句，尤其是

能够作为编码依据的原话,我们将这些原话称之为"本土概念",采取让资料来"说话"的原则。以馆校合作影响因素的编码过程为例,在概念化阶段,研究者将以下原话进行记录,并将之进行概念化(附注在描述句子后的"[]"内的名称则是研究者对原话进行的"概念化命名"),以下摘取部分内容。

我们对馆校合作的一大顾虑是万一学生出现安全问题怎么办[安全问题];

我们感觉去博物馆在路上花费的时间比较久[距离问题];

筹备和发起馆校合作活动并不算我的工作量[是否带来好处];

学校没有专项资金用于馆校合作活动[专项资金];

博物馆目前缺乏馆校合作方面的专业人才[缺乏专业人才];

当学生过多时,博物馆的人手不够[人员短缺];

馆校合作活动不能影响学生升学[升学优先];

博物馆与学校不是同一个上级部门管理的,协调比较困难[上级部门不同];

学生参加馆校合作活动主要还是娱乐,我也是抱着放松的心态去的[放松娱乐]。

自此,便完成了对于资料的开放编码过程。

其次,进行"主轴编码"。主轴编码的主要任务是发现和建立"概念类别",它是对开放编码中形成的概念加以类聚,这样就可以对现象形成更准确的解释(郑思明,2007)。在提炼概念类别的过程中,可以依循不同的关系,这些关系可以是因果关系、语义关系、对等关系、相似关系,等等。研究者每次只对其中一个类别进行深度分析,并围绕着这个类别寻找相关关系,所以称之为"主轴"。如上例中,对已经形成的开放编码进行归类,距离问题和安全问题归为物理因素,是否带来好处属于利益因素,专项资金属于经济因素,缺乏专业人才和人员短缺归为人力因素,升学优先归为制度因素,上级部门不同是管理因素,放松娱乐是观念因素,就此基本完成了主轴编码的工作。

再次,进行"选择编码",也就是整理核心类别。发展这个类别的主要目的是系统分析所有已发现的概念类别后,再进行类别归纳及精炼的过程。一个研究的核心类别代表这个研究的主题,相比其他类别,它具有统领性,并可以连接其他类别,组成关系的陈述,从而形成一个相对完整的解释架构,就好比是一个渔网的拉线,能够把所有其他类别的概念串成一个整体,起到"提纲挈领"的作用(陈向明,2000)。提取核心概念的准则如下:

(1) 这个类别必须是核心的,在所有类别中占据中心位置,它可以连接其他的主要类别。

(2) 它必须频繁地出现在资料中,也就是说,几乎所有的研究对象对这个概念都会有所指。

(3) 由概念衍生出来的解释架构是合乎逻辑且具一致性的,绝不是把资料硬塞到解释架构中。

(4) 用来描述核心类别的字词应具备足够的抽象性,进而发展出更具普遍性的理论。

(5) 随着不断地统整,这个概念也相应地增加了深度与解释力。

(6) 这个概念能够解释资料由于条件变化而产生的不同现象。

比如,经过主轴编码,馆校合作包含物理因素、利益因素、经济因素、人力因素、制度因素、管理因素和观念因素七个方面,这些概念类别最终形成"影响因素"这一核心类别,体现馆校合作现状的一个侧面。

以上是整个编码过程,编码通过 Nvivo 软件完成。

为保证编码的信度,研究者本人单独完成开放编码和主轴编码的工作之后,建立初步的编码索引体系,并对各编码索引对应的编码类别进行描述。

然后分别从上级部门决策者、馆方管理人员和学校管理人员的所有访谈样本中各随机抽取一个样本(共 3 个样本),从馆方工作人员、教师、家长、学生的所有访谈样本中各随机抽取两个样本(共 8 个样本),由研究者与另一位研究人员共同试编码。两位编码人员都认真阅读编码类别,反复研读访谈资料,一起讨论编码及评分中不一致之处,最终达成共识,完善编码索引。

最后,根据达成共识的编码索引,两位编码人员分别对相同的材料进行编码,当他们认为受访者提到某一类别时,就用 1 表示,否则用 0 表示(当两人都标识 0 或都标识 1 时,表示两人相互同意,否则表示两人相互不同意),之后计算各编码者的同意度百分比,以此来判断编码的信度。一般而言,不同研究者之间的编码信度需高于 70%,该编码才是比较可信的。信度计算公式为(郭玉霞,2009):

$$同意度百分比(信度) = \frac{相互同意的编码数量}{相互同意的编码数量 + 相互不同意的编码数量}$$

第三节　中国馆校合作的现状及问题梳理

一、各方对博物馆教育职能的认可程度

在博物馆出现之初,其主要职能是收藏与研究,此后,博物馆职能日益丰富,出现展示教育、休闲娱乐等职能。就馆校合作而言,主要突出的是博物馆的教育职能。图 3 所示为问卷调查中四类职能排序的百分比。从排序结果来看,馆校合作相关人员普遍将博物馆的展示教育职能和收藏研究职能排在第一、第二位,而将其文化娱乐和其他服务的职能放在第三、第四位。

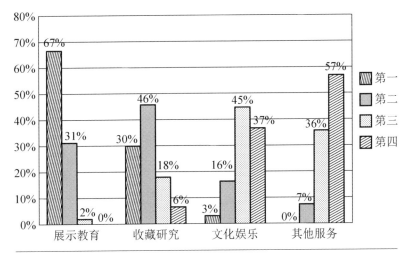

图 3　博物馆职能排序图

这样的排序基本符合博物馆职能排序的现状,说明馆校合作相关人员对博物馆的功能定位都有比较清晰和一致的认识,这有利于各方在馆校合作过程中更好地沟通交流。另外,在四个职能的排序中,有 67% 的人认为博物馆的展示教育职能应放在首位,这说明不论是博物馆还是学校,对博物馆的教育职能还是相当认可的,馆校合作相关人员良好的意识和正确的认知,是馆校合作顺利开展的基础保障。

二、教育活动参与频率

教育活动是馆校合作的重要载体,其开展频率可以作为衡量馆校合作现状的一个数量指标。图 4 所示为学校开展博物馆相关教育活动的频率分布情况。从图中可以看到,有 64% 的学校每年开展博物馆相关教育活动的频率为 2—3 次,有 17% 的学校不开展相关教育活动,有 9% 和 10% 的学校每年开展活动的频率分别为每年 3—5 次和每年 5 次以上。总的来说,目前学校每年开展博物馆相关活动的频率并不是很高,说明馆校双方的互动并不是非常活跃,馆校合作还有很大的挖掘和发挥空间。

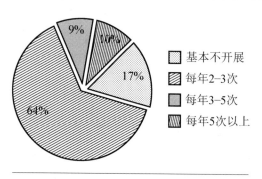

图 4　学校开展博物馆相关教育活动频率图

三、参与对象的差异度

不论各方对馆校合作有怎样的动因,其最根本的目的在于使参与对象能从中受益。就目前而言,馆校合作所针对的群体主要是小学、初中和高中的学生,各学段及每个学段中各年级的主要任务均不相同,因此,对于馆校合作活动的参与度也存在差异。通过对差异的探究,可以进一步了解学校的需求,使馆校合作更具针对性和可行性。

（1）学校参与活动的群体不同。图5所示为学校参与博物馆教育活动的群体。从图中可以看出，有56%的学校全体学生都会参与博物馆教育活动，有17%的学校会让低年级的学生参与博物馆教育活动，有9%的学校会让中间年级的学生参与博物馆教育活动，有12%的学校会让高年级的学生参

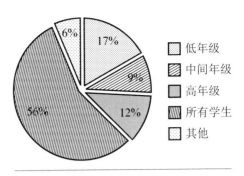

图5　学校开展博物馆教育活动主要针对群体比例图

与博物馆教育活动，有6%的学校属于其他情况。从这一分布可以看出，全体学生参与教育活动和部分学生参与教育活动的学校各占到总数的一半左右，各学校的参与群体各有不同。

（2）各学段参与活动的年级不同。图6所示为各学段博物馆教育活动参与年级的分布情况。从图中可以看出，小学主要会组织高年级的学生参与博物馆教育活动，中低年级的学生则较少参与，可能对于小学低年级的学生而言，对博物馆教育活动的内容和主题还无法很好地理解。初、高中则主要组织中低年级的学生参与博物馆教育活动，高年级的学生则较少参与，升学压力应该是形成这一现象的主要原因。这说明就目前而言，馆校合作的

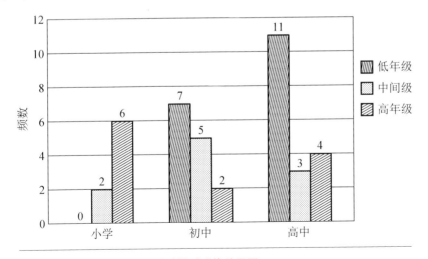

图6　不同学段博物馆教育活动针对群体差异图

内容质量以及以应试教育为主的教育导向都对馆校合作的开展形成了一定的制约。

博物馆与学校为两个不同类型的机构,分属不同的系统,双方的立场、理念和工作思路等都存在差异,在合作过程中需要双方的协调和配合,因此,双方合作模式的好坏,将直接影响馆校合作的质量。合作模式具体包括合作主导者、合作形式和合作流程等方面的内容,在定量分析中,主要是概要性地呈现合作主导者和合作形式的现状,在之后的质性分析中,将加入对于合作流程的探讨,进一步探究馆校合作模式的具体现状。

四、馆校合作形式

表7所示为各种类型的馆校合作项目的百分比。其中,参观访问类的合作项目最多,达到87.5%;馆校之间的教育活动策划项目和"第二课堂"项目的合作达到40%左右;馆校之间的教师培训项目和博物馆进校园的合作达到20%左右;馆校之间其他类型的合作项目不到10%。总的来说,目前馆校合作主要形式还是参观访问,其他各种类型的合作项目均未超过半数。

表7 馆校合作项目类型百分比

馆校合作项目	数量	百分比(%)
A. 学生到博物馆参观访问	98	87.5
B. 教师培训项目	26	23.2
C. 教育活动策划项目	42	37.5
D. "第二课堂"项目	47	42.0
E. 博物馆进校园	23	21.4
F. 其他	11	9.8

五、馆校合作主导者

图7所示为馆校合作主导者的分布情况,其中有46%的合作由学校主导,上级部门统一部署的占到21%,博物馆主导的占到15%,另有18%的合

作主导者不明。从这一分布图可以看出，就目前而言，馆校合作以学校为主导的居多，上级部门统一部署以及博物馆主动发起的都较少。说明学校对馆校合作的态度比较积极，但由于博物馆与学校分属不同的上级部门领导，上级部门统一部署的缺乏，易造成博物馆与学校各自为政的局面，使馆校合作的持续性和系统性都大打折扣；而博物馆主动性的缺失，则易使博物馆的优势无法真正发挥，且在一定程度上造成了学校与博物馆各自为政的局面，使博物馆的资源与学校的需求无法得以很好地融合；此外，由博物馆主导的馆校合作较少，由学校主导的较多，说明就目前而言，博物馆更多地是被动地应对需求，而较少主动提供服务，在馆校合作中，博物馆并未能真正发挥自身优势。

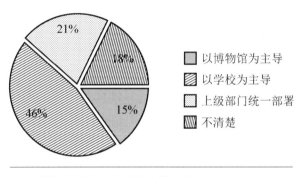

图 7　馆校合作主导者的分布情况图

六、人员培训形式和专业发展

馆校合作对博物馆与学校而言都是一种全新的尝试，馆校合作的顺利开展，需要双方人员具备更综合的能力与素质。换言之，人才建设是馆校合作成功进行的一个必要条件。人才建设涉及多个不同方面，其中，人员培训是非常重要的一环。表 8 所示为各种形式的人员培训百分比。从表中可以看出，参观博物馆这一培训形式达到 85.7%，邀请专家举办讲座、举办专题研讨会和实践指导这三种培训形式分别达到 61%、41% 和 47.6%，另外，还有 8.6% 的其他培训形式。总的来说，人员培训包含了理论和实践两个方面，培训形式比较丰富。

表 8 人员培训形式百分比

培 训 形 式	数 量	百分比(%)
A. 参观博物馆	90	85.7
B. 邀请专家举办讲座	64	61.0
C. 举办专题研讨会	43	41.0
E. 实践指导	50	47.6
F. 其他	9	8.6

七、各方对馆校合作的态度与效果评价

在问卷的第二部分,采用了李克特量表,从博物馆、学校、学生、教师、家长等多个方面,考察各方对馆校合作的认识。为更清晰简明地展示结果,本研究采用了主成分分析方法对各要素进行分类;然后利用主成分分析的结果进行聚类分析,以探究各方态度与评价之间的关系。为确保数据适合进行主成分分析,需要进行 KMO 和巴特利特球度检验,检验结果如表 9 所示。经检验,各要素适合进行主成分分析。

表 9 KMO 和巴特利特球度检验

KMO 检验值	0.79
巴特利特球度检验值(Sig.)	0.00

表 10 所示为主成分分析结果,根据因子载荷矩阵,将 18 个要素合并为 8 个因子。这 8 个因子可以归结为态度和评价两方面内容,其中,前 5 个因子主要是各方对馆校合作的态度,包括学校的态度、博物馆的态度、上级部门的态度、教师的态度以及家长的态度;后 3 个因子主要是对馆校合作的影响与效果的评价,包括对学生影响的评价、对学校影响的评价以及对博物馆教育活动效果的评价。

为进一步了解各方态度与评价之间的关系,笔者在主成分分析的基础上计算了各学校的因子得分,并利用因子得分进行聚类分析,分析结果

表 10　主成分分析结果

因子序号	因子释义		因子载荷矩阵							
			1	2	3	4	5	6	7	8
1	学校态度	F1	0.75	−0.15	0.15	0.13	0.26	0.12	0.1	0.27
		F2	0.86	−0.03	0.06	−0.06	0.05	0.14	0.07	0.13
		F3	0.77	0.2	0.25	0.09	−0.04	−0.01	0.15	0.12
		F4	0.69	0.23	0.13	0.4	0.1	0.03	0	−0.3
		F5	0.59	−0.08	0.12	0.35	0.14	0.39	0.14	0.28
		F7	0.67	0.24	0.11	0.17	0.12	0	−0.09	0.05
2	博物馆态度	F8	0.12	0.91	0.13	0.03	0.24	0.06	−0.02	0.03
		F9	0.12	0.53	0.32	0.23	0.1	0.1	0.41	0.22
3	上级部门态度	F15	0.17	−0.02	0.74	0.1	0.3	0.29	0.1	0.23
		F16	0.2	0.07	0.92	0.01	0.05	−0.02	0.08	0.04
4	教师态度	F14	0.06	0.01	0.02	0.87	0.03	0.2	0.1	0.12
		F17	0.28	0.21	0.15	0.6	0.16	−0.08	0.27	0.01
5	家长态度	F18	0.21	0.21	0.21	0.13	0.83	0.03	0.14	0.09
6	对学生影响的评价	F12	0.06	−0.02	−0.08	−0.01	0.12	0.87	0.11	0.2
		F13	−0.05	0.1	0.11	0.06	0.1	0.87	0.07	−0.03
7	对学校影响的评价	F6	0.14	0.08	0.12	0.15	0.07	0.08	0.91	0.01
8	对博物馆教育活动效果的评价	F10	0.15	0.1	0.11	0.16	0.03	0.1	0.1	0.91
		F11	0.05	0.14	−0.1	0.37	−0.1	0.16	0.01	0.79

如表 11 所示。而为了确保聚类结果有效,笔者对聚类结果进行了检验,检验结果如表 12 所示。根据检验结果可知,各类别间存在显著差异,因此,聚类结果有效。

表 11 聚类结果

因子释义	因子编号	聚类类别				
		1	2	3	4	5
学校态度	1	0.66	0.22	−1.75	0.28	1.43
博物馆态度	2	0.85	0.93	1.31	−0.54	−1.44
上级部门态度	3	2.40	0.64	1.11	0.11	2.64
教师态度	4	0.13	−0.02	−1.35	0.01	−3.38
家长态度	5	1.33	0.07	1.51	0.09	1.74
对学生影响的评价	6	1.05	−0.59	−1.46	0.16	−1.43
对学校影响的评价	7	1.94	−0.46	−1.06	0.19	−0.05
对博物馆教育活动效果的评价	8	1.42	0.20	−1.83	−0.33	4.32

表 12 聚类结果检验

聚类编号	组间均方	组间自由度	组内均方	组内自由度	F检验	显著性水平
1	5.04	4.00	0.76	102.00	6.61	0.00
2	7.38	4.00	0.62	102.00	11.81	0.00
3	5.80	4.00	0.72	102.00	8.09	0.00
4	2.70	4.00	0.90	102.00	3.00	0.01
5	3.14	4.00	0.87	102.00	3.59	0.00
6	5.48	4.00	0.74	102.00	7.45	0.00
7	6.32	4.00	0.69	102.00	9.20	0.00
8	6.27	4.00	0.69	102.00	9.08	0.00

根据聚类结果可将各方态度与评价之间的关系分为以下五种类型：

第一种类型，各方对馆校合作都持支持态度。在这样的情况下，对学校整体和学生个体影响的评价以及对博物馆教育活动效果的评价都将是正面的。可见，在馆校合作的过程中，若各方都持积极进取的态度，则馆校合作必然会取得非常不错的效果。

第二种类型，上级部门、学校、博物馆以及家长对馆校合作都持积极态度，但学校教师并不欢迎馆校合作。在这样的情况下，博物馆教育活动的效果仍旧能得到保证,学生仍旧能从中受益,但对于学校而言,由于教师并不愿意积极投入馆校合作中,因此,对学校在馆校合作中所受影响的评价是负面的。

第三种类型,学校对馆校合作持消极态度。在这样的情况下,教师很难拥有参与馆校合作的热情,只有上级部门、博物馆和家长持积极态度。由于缺乏学校和教师的配合,馆校合作教育活动的效果会受到很大影响,在博物馆教育活动无法正常开展的情况下,对学校和学生在馆校合作中所受影响的评价必然是负面的。可见,在馆校合作的过程中,馆校双方共同的积极配合对合作的良好推进具有积极意义。

第四种类型,除博物馆外,各方对馆校合作都持积极态度。在这种情形之下,学校和教师积极响应,因此对学校所受影响的评价是正面的,但由于缺乏博物馆的支持,博物馆教育活动的质量无法得到保证,学生无法从中受益,因此,对学生影响的评价是负面的。

第五种类型,上级部门和家长持支持态度,学校也支持馆校合作的开展,但教师对馆校合作并不认同,另外,博物馆也不愿开展馆校合作。由于缺乏博物馆的支持,因此博物馆教育活动无法取得良好效果,学生无法在活动中受益,所受的影响是负面的;由于缺乏教师的支持,因此学校也受到消极影响。

从以上结果可以看出,各方对馆校合作的态度与评价可以归纳为以下几点:

第一,上级部门与家长对馆校合作基本都持支持态度,上级部门的支持说明馆校合作有其深入进行和发展的价值;而家长的支持则表明,目前家长已经不再只注重孩子的学习成绩,而更重视孩子各方面能力的发展。

第二,当各方对馆校合作都持积极态度时,馆校双方都能取得良好的效果。

第三,即使学校支持馆校合作活动,但若教师不持支持态度,则学校在馆校合作中也会受到消极影响,可见,具体的操作执行对馆校合作是否成功有重大影响。

第四,馆校双方只要有一方对馆校合作持消极态度,活动的效果就会大打折扣,这表明双方在馆校合作中起到同样重要的作用。

第五，当活动效果不佳时，对学生必然会产生负面影响，良好的活动效果是馆校合作持续开展的基础。

第四节　中国馆校合作现状探究

通过定量分析，我们对馆校合作现状有了概要性的了解。在本节中，我们将通过质性研究，对馆校合作现状作进一步的剖析。

如前所述，笔者在进行编码的前提下，为了确保研究的信度，还邀请另一名研究人员对资源进行编码比对，根据不同编码的结果，对编码信度进行分析。信度分析通过计算前后两次的编码一致性实现，如表13所示，两位研究者编码的信度在84%到91%之间，编码的信度较高，编码结果可信。

表13　馆校合作现状编码信度

编码索引	编码内容	信度	编码索引	编码内容	信度
111	馆校合作类型	89%	133	经济因素	87%
112	馆校合作效果与评价	90%	134	人力因素	90%
121	学习形式非结构化	86%	135	制度因素	89%
122	学习内容多元	84%	136	管理因素	88%
123	学习环境自由	91%	137	观念因素	89%
124	学习目标开放	87%	141	促进学生发展	86%
131	物理因素	88%	142	学生彰显自身特色	85%
132	利益因素	90%	143	博物馆推动自身教育职能发展	84%

如图8所示，根据本章第二节所述编码方法，通过对原始数据进行开放编码、主轴编码和选择编码，对于馆校合作现状，共获得367个意义单元、16个概念类别和4个核心类别（具体编码情况如表14所示）。也就是说，馆校合作的现状主要通过四方面来展现：馆校合作开展情况、馆校合作特点、馆校合作的影响因素和馆校合作的动因。

第五章　中国馆校合作的现状及探究　99

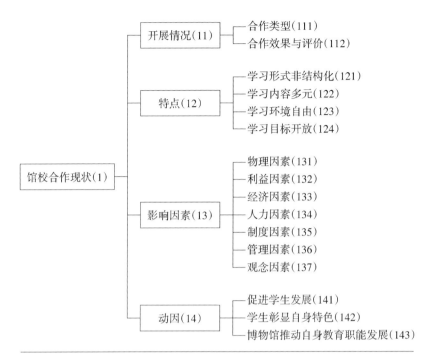

图 8　馆校合作现状编码结构图
注：括号中的数字为编码索引。

表 14　馆校合作现状编码过程

开放编码——意义单元	主轴编码——概念类别	选择编码——核心类别
WO3：通常会有很多学校在春游或者秋游的时候到博物馆来参观［学校发起的春游或者秋游］； WO5：自己编排科普剧，并到学校演出［博物馆发起的科普剧］ ……	馆校合作类型	馆校合作开展情况
TE12：通过参加馆校合作活动，学生获得了很多新知识［获得新知识］； WO2：博物馆表演剧目得到了某一省市级比赛的一等奖［比赛得奖］ ……	馆校合作效果与评价	

（续　表）

开放编码——意义单元	主轴编码——概念类别	选择编码——核心类别
TE7：博物馆工作人员在活动开展过程中，采用的一些引导语言和指导方法都没有课堂教学么严格[形式不严格]……	学习形式非结构化	馆校合作特点
TE14：在参观了博物馆之后，发现博物馆的资源非常丰富[资源丰富]……	学习内容多元	
ST2,ST3：在馆校合作的教育活动中，我们能按照自己的方式，探索自己感兴趣的内容[自主选择]……	学习环境自由	
MA3：馆校合作的教育不会要求学生在参与活动之后，一定要掌握某些方面的知识[不做硬性规定]……	学习目标开放	
TE3：我们对馆校合作的一大顾虑是万一学生出现安全问题怎么办[安全问题]，我们感觉去博物馆在路上花费的时间比较久[距离问题]……	物理因素	馆校合作影响因素
TE2：筹备和发起馆校合作活动并不算我的工作量[是否带来好处]……	利益因素	
HE3：学校没有专项资金用于馆校合作活动[专项资金]……	经济因素	
MA2：博物馆目前缺乏馆校合作方面的专业人才[缺乏专业人才]；MA3：当学生过多时，博物馆的人手不够[人员短缺]……	人力因素	

(续　表)

开放编码——意义单元	主轴编码——概念类别	选择编码——核心类别
HE5：馆校合作活动不能对学生升学产生积极作用[对升学无用]……	制度因素	馆校合作影响因素
MA4：博物馆与学校不是同一个上级部门管理的，协调比较困难[上级部门不同]……	管理因素	
TE6：学生参加馆校合作活动主要还是娱乐，我也是抱着放松的心态去的[放松娱乐]……	观念因素	
HE2：馆校合作开展的出发点和宗旨应该是不变的，也就是让学生可以通过参加馆校合作活动有所收获[让学生有收获]；MA3：学生在参与馆校合作活动的过程中，如果没有任何收获，那这次合作活动肯定是不成功的[学生无收获是不成功的]……	促进学生发展	馆校合作动因
HE2：我们学校是科技特色学校，因此，会有许多与科技有关的特色活动，与科技类博物馆进行馆校合作活动也是其中一项[科技特色学校]……	学生彰显自身特色	
MA1：在馆校合作开展的过程中，博物馆方面缺乏大量的开发和实施人才，也希望馆校合作能为博物馆工作人员的能力培养打开一条通道[打开通道]……	博物馆推动自身教育职能发展	

一、馆校合作类型

根据编码结果，馆校合作的类型可以分为学校主导型、博物馆主导型和上级部门主导型三种类型。这三种合作类型的形式和流程都各不相同。

1. 学校主导型

对于学校主导型的馆校合作项目,根据学生参与方式不同,又可分为自由参观和有目的的参与两种形式。学校主导的自由参观主要以春游或秋游的形式开展,这也是目前馆校合作的主要形式,在访谈过程中,大部分受访者都提到了这种形式。这一类型的馆校合作项目,其流程一般而言比较简单,前期的组织筹备工作由学校承担,在活动开展过程中,学生自由参观,馆校双方主要负责秩序的维护,活动结束后,一般不会进行总结。这种形式的活动针对的对象一般是全体学生,学生和教师大都抱着放松和游玩的心态。

学校主导的有目的的参与项目,其具体形式包括夏令营、学校专门的课程等。这种类型的项目要么由教师发起,要么由学校发起。若活动由教师发起,根据受访者所述,需先报请学校领导同意,方可实施相关计划。若活动由学校发起,则学校会进行统一的部署和安排。在活动开始之前,这类活动一般会有一个明确的目标和主题,教师除了要进行一些前期组织筹备工作外,还要根据活动目标和主题进行相应的准备工作,包括活动的设计以及引导学生获得预备知识等。在活动开展过程中,教师需要进行适当的引导以保证活动按照设计的流程进行。在活动结束之后,会进行相应的总结。在这一过程中,有些学校会与博物馆联系,双方共同进行活动的设计和实施,而有些学校则主要是利用博物馆的场地和资源,不需要博物馆其他方面的更多协助。总的来说,博物馆在其中一是充当资源提供者的角色;二是充当配合者的角色。对于这类活动,学校会让部分学生参加,或让所有学生分批参加,教师会将其当成一种不同形式的教育,学生也会抱着学习的目的参加此类活动。

2. 博物馆主导型

目前博物馆主导型的馆校合作项目包括两种形式:一种是博物馆进校园活动;另一种是学校参加在博物馆举行的教育活动。博物馆进校园活动包括校园巡展、包含教育内容的剧目演出、讲座等。对于博物馆进校园活动,事先需要博物馆联系相关学校,确定时间、场地等。在活动开展过程中,讲座、表演和展览都要有明确的主题,其中,讲座和表演更多的是博物馆主动传授,而展览则更多的是让学生进行自主探索,部分活动结束之后还会通过问卷发放的形式得到关于活动效果的反馈。在这类活动中,学校主要充当辅助和协助的角色,组织学生参加活动并进行秩序的维护。此类活动一般针对全体学生,学生能在比较轻松愉快的环境中进行学习。学校参加在博物馆举行的教育活动,包括主题式参观、讲座和开放式的课程教育等。在前期准备过程中,活动的设计和筹划由博物馆独立完成或由馆校双方共同完成。在完成设计和筹划工作之后,对于讲座类的活动,博物馆会主动联系学校,邀请其参加。而对于主题式参观和开放式的课程教育活动,则主要是学校来博物馆参观时,自行进行选择。此类活动一般有比较明确的教育目的,但与学校教育在教育形式及内容上都有所差异,学生在参与过程中,可以体验到与课堂不同的学习方式及学习内容。

3. 上级部门主导型

上级部门主导型的馆校合作主要由博物馆与学校双方的上级部门进行合作,共同牵头组织馆校合作项目。根据编码结果显示,上海市科学技术委员会(以下简称上海市科委)和上海市教育委员会(以下简称上海市教委)曾联合组织过一轮馆校合作活动。具体的合作内容包括教材编写和学生参与博物馆活动两个部分。在合作过程中,上海市教委和上海市科委主要负责方案的制定和沟通协调;馆校双方则负责具体的执行。"上海市中小学二期课改"是促成这次合作的主要契机,其强调对学生进行素质教育。由于是上级部门统一牵头,合作规模较大,有许多人员和学校都参与其中,但由于缺乏长远的规划和持续的政策支持,此次合作并没有持续进行下去。

二、各主体对馆校合作效果的认知与评价

1. 认为馆校合作总体效果良好

对于馆校合作效果的好坏大多数受访者都给予了肯定的回答,说明总体而言,各方对馆校合作的效果还是持肯定态度的。当然,也有一小部分受访者对馆校合作的效果提出了疑问,例如,有一位受访者就表示,诸如剧目表演这一类项目,表面虽看似热闹,也受到了师生的欢迎,但其实并不能使学生获得实质性的收获(WO5);另一位受访者则认为,参观更多的是走马观花,无法看出明显的效果(HE3);另外,亦有受访者表示,由于缺乏有效的

评估手段,无法判断馆校合作的效果(WO5)。馆校合作相比国外目前仍处于起步阶段,不能保证所有活动对所有对象都能产生良好效果,这些受访者的观点为馆校合作提供了可能的优化方向。

2. 对馆校合作评价多样化

如前所述,大部分受访者都认为馆校合作起到了良好的效果,那么究竟取得了哪些良好的效果? 对于这一问题,不同主体的身份与立场不同,对馆校合作效果的评价角度也就不同。

对于学校而言,学生是否获益是其首要关心的问题,因此,学校方面对馆校合作效果的评价多聚焦于学生,主要包括以下几个方面:

第一,提升学生的知识水平。在访谈过程中,有位受访者就提到,通过平时与学生的日常交流,发现学生通过参加馆校合作活动,获得了很多新的知识(TE12)。博物馆主题繁多,包罗万象,学生在参与馆校合作活动的过程中,自然也会学到很多课本上、学校里不曾学到的知识,从而获得知识水平的提升。

第二,激发学生的学习热情。在访谈过程中,有受访者提到,参与馆校合作活动除了能对学生产生诸如知识水平提升等显性影响,亦能培养学生对学习的兴趣(TE7)。馆校合作活动相较于学校的正式教育,更轻松活泼,形式也更加生动有趣,在这样的环境下,原本略显枯燥和深奥的知识内容会变得生动形象起来,学生也能在其中体会到更多乐趣,从而激发出学生的学习热情。

第三,增强学生的实践能力。目前的中小学教育仍旧是以教授理论知识为主,课程中实践的部分并不多,教育形式也是以灌输与讲授为主,而馆校合作的教育活动则突破了这样的模式,更强调体验和互动,活动的设计往往强调的是学生的亲自实践和操作。在访谈中有多位受访教师都提到,通过参与这样的活动,有效提高了学生的实践操作能力(TE3,TE8,TE12)。

第四,提高学生的社会交往能力。由于馆校合作的教育活动更强调学生的自主探索和研究,因此,许多活动需要学生组队共同参与。在参与过程中,各组员需要分工合作,在遇到问题和困难的时候也需要自己想办法与他人进行沟通或向他人求助。在活动结束后,还要跟他人分享自己的学习成果。在整个过程中,不仅培养了学生的自主学习能力,也培养了学生与他人进行沟通合作的社会交往能力。

第五,为学生的未来发展打下良好基础。在访谈中,有相当一部分受访者都提到,对于馆校合作效果的评价,不能仅看短视效应,而应着眼于长远(TE15,PA2,ST3)。在参加馆校合作的活动后,有些学生一时之间可能并无明显变化,但他们在活动中所得到的经验,会为其未来的成长和发展提供养料。

对于博物馆而言,一方面对学生的了解程度有限,事后也无法对学生进行继续的观察;另一方面,从自身角度出发,首要考虑的是博物馆自身的发展。因此,博物馆方面对馆校合作效果的评价主要是从合作对博物馆的意义来考虑,主要包括以下两个方面:

首先,馆校合作活动使博物馆工作人员的能力得到提升。馆校合作在我国处于起步阶段,对博物馆工作人员而言,在以前的工作中并不会有教育方面的知识和技能要求。因此,在参与馆校合作的过程中,会遇到许多以前未曾遇到过的问题,这些问题的解决过程也是能力提升的过程。

其次,馆校合作活动使博物馆的综合实力得到提升。随着时代的发展,博物馆的职能日益丰富,评判一个博物馆好坏的标准亦日趋多元,而成功的馆校合作项目正是体现博物馆综合实力的一个重要方面。在访谈中,有博物馆工作人员提到,博物馆的表演剧目得到了某一省市级比赛的一等奖(WO2),而包含教育内容的剧目表演正是馆校合作的项目之一,说明目前的馆校合作对博物馆综合实力的提升有积极作用。

三、馆校合作的一般特征

1. 学习形式非结构化

相较于高度结构化的学校课堂教育,馆校合作的教育活动在形式上较为松散,在访谈过程中,有位受访者的说法非常具有代表性:博物馆工作人员在活动开展过程中,采用的一些引导语言和指导方法都没有课堂教学那么严格,整个活动过程以轻松活泼为主,各环节间的过渡也大多轻松自由,与课堂教学有很大的区别(TE7)。从该受访者的表述中可以看出,课堂教育与博物馆教育在形式上有很大的区别,前者有非常严格的教学结构,而后者则相对灵活。

具体而言,在诸如主题式参观这样的馆校合作活动中,主要是为学生提供了一条学习主线,并未强制规定学生的学习过程,整个过程中,需要学生自己去摸索和探究;而如剧目表演、讲座这些形式的合作项目,则主要是激发学生的兴趣,在整个过程中虽然会围绕一个明确的主题,但在形式上相较于课堂教学则要轻松活泼得多。这种非结构化的学习形式有利于学生自主学习能力的培养以及对其学习能力的激发。

2. 学习内容多元

一方面,相较于学校的教学内容,博物馆的展示内容更加丰富。在访谈过程中,有位受访者提到,在参观了博物馆之后,发现博物馆的资源非常丰富,有许多素材如果能被合理地运用,将取得非常好的教育活动效果(TE14)。

另一方面,两者的展示角度和展示逻辑也不尽相同。从访谈结果可以看出,有好几位受访者都提到,博物馆的展示教育内容与学校的课本教育内容有相当大的区别。博物馆有更多实物展示,有些还能由参观者亲自进行体验和操作,更注重的是真实的体验和通过现象揭示本质;而学校教育则更注重理论,其首先强调的是对理论的掌握,其次才是对理论的应用(WO9)。

因此,学生在参与馆校合作活动的过程中,一方面能看到书本上没有的内容,拓宽眼界;另一方面,也能从另一个视角重新审视和探究在学校里已经学过的内容。总的来说,馆校合作中的学习内容比书本内容更加丰富和生动,为学生提供了多元的选择。

3. 学习环境自由

在学校中,一般会有一整套规范的上课内容,对课堂纪律也通常有一定的要求,学生无法随心所欲地选择学习内容和学习方式。而馆校合作项目通常在一个相对自由的环境中进行,在这样的环境中,学生受到的约束比较少,会有更多选择和自由发挥的余地。在访谈中,有几位学生就表示,馆校合作的教育活动让我们感到轻松有趣,我们在游戏过程中,不知不觉就掌握了新知识(ST1,ST4,ST5)。还有一些学生则表示,在馆校合作的教育活动中,教师不会有很多约束和条条框框的要求,我们能按照自己的方式,探索自己感兴趣的内容,并从中获得收获(ST2,ST3)。

总而言之,馆校合作的教育活动为学生提供了更自由的学习环境,学生在这样的环境中受到的约束比较少,可以按照自己的意愿选择感兴趣的学习内容,也可以尝试不同的学习方式,这样的环境有利于学生学习潜能的激发。

4. 学习目标开放

学校教育一般有明确的目标,就目前而言,应试仍旧是学校教育最重要的目标。而馆校合作项目则并不强调某些特定的目标,更注重的是过程,强调的是感受与体验。在访谈过程中,有受访者就提到,馆校合作教育与学校教育最大的区别就在于,它们具有不同的目标,学校里一般会制定非常详细的课堂教学目标,从每堂课的目标一直到周计划、月计划和学期计划,都有明确的进度和要求,而馆校合作的教育活动则不会要求学生在参与活动之后,一定要掌握哪些知识,更注重学生综合能力的培养,希望在寓教于乐的过程中,让学生取得丰富的收获(MA3)。

从访谈结果可以看出,馆校合作的教育活动,其学习目标相当开放,学生在参与过程中,可以根据自己的兴趣和喜好来决定自己的学习目标,开放的学习目标能满足不同参与者的不同需求,从而使每位参与者都能乐在其中,得到不同的收获。有位受访者在访谈中表示,有些学习成绩不怎么好的学生,在馆校合作的活动中会有令人意想不到的上佳表现,与他们在平时课堂上的表现截然不同(TE6)。

四、影响馆校合作具体利益相关者的因素

1. 物理因素

(1) 安全和距离问题

由于目前大多数馆校合作活动都是在博物馆进行,因此会涉及学生出行的问题。对于学生的出行,学校一方面会有安全方面的顾虑,有些学校甚至为了保障安全,在非必要的情况下不会轻易让学生出行,就如一位受访者所说,对于开展外出活动,我们必须考虑到学生的安全问题(TE3)。另一方面,学校与博物馆之间的距离也是学校会考虑的一大因素。有些学校与博物馆距离较远,来回一次需要花费大量时间,让学校感到非常不便,从而影响学校对于参与馆校合作的积极性。

(2) 人数问题

博物馆的参观人数是影响馆校合作的另一大物理因素。我国人口众多是一个不争的事实,由此带来的问题便是,当进行集体的馆校合作活动时,常常会由于人数太多而使得活动效果大打折扣,而不佳的活动效果又会影响后续馆校合作工作的推进,从而造成恶性循环。

2. 利益因素

一项合作若要长久地进行下去,必须要让各方都能从中获益,不然就会影响相关人员的参与热情。根据编码结果可知,在馆校合作的过程中,主要是教师和学生的利益没有得到有效的保障,从而成为影响其参与积极性的因素。

(1) 未纳入教师绩效考评体系

馆校合作并不是一项简单的工作,而教师的日常教学任务又比较繁重,在这样的情况下,若馆校合作的相关工作不纳入教师的绩效考评体系,就会极大地影响教师参与馆校合作活动的积极性。在访谈过程中,就有受访者提到,组织学生参加课外科学教育活动并不能算作绩效考核时的工作量,再加上平时的常规工作已非常繁重,因此,很多教师并无参与到诸如馆校合作之类的教育活动中的热情和积极性(MA1)。

(2) 无法给学生的履历增加亮点

对于学生而言,虽说参与馆校合作活动或多或少都会有所收获,但学生的时间和精力有限,若这种收获无法通过某种途径得以彰显,势必会影响学生参加馆校合作活动的热情。正如一位受访者所说,对于学生而言,目前的馆校合作活动,没有什么显性的东西激励学生,学生参加馆校合作还不如参加志愿者活动,至少能得到一张证明,对未来出国求学或就业都有所帮助(MA3)。由此可见,活动是否能对学生未来发展有可衡量的、实质性的帮助,是其是否会积极参加该活动的一个重要因素。

3. 经济因素

馆校合作不可避免地会产生一些费用,而有些学校或博物馆并没有馆校合作方面的经费支持,这也是导致一些合作无法顺利达成的原因。在访谈过程中,就有一所学校的负责人提到,在馆校合作方面,希望得到更多的经费支持,从而使一些好的想法可以真正付诸实施(HE2)。

4. 人力因素

馆校合作需要博物馆与学校的共同参与,而学校与博物馆都无专门人员从事这方面工作,从而带来了以下两方面的问题。

首先,在数量方面,存在人员不足的问题。总体而言,馆校合作并不是一项简单的任务,整个合作过程从前期到后期涉及多个不同的环节,这些环节都需要相关工作人员投入时间和精力。然而目前,馆校合作双方的相关受访者都提到人员数量不足的问题。由于人员数量不足,在馆校合作过程中,双方都只能由非专职人员负责馆校合作的相关工作,非专职人员在时间和精力上,对于馆校合作的投入都极其有限,从而对馆校合作的推进造成影响。

其次,在质量方面,存在专业人才缺乏的问题。馆校合作的项目各不相同,其所涉及的知识和技能比较广泛,且馆校合作的概念在我国还处于萌芽阶段,因此,在访谈过程中,受访者普遍提到专业人才缺乏的问题,具体包括专业设计与开发人员的缺乏、专业实施人员的缺乏以及专业评估人员的缺乏。专业人才的缺乏导致馆校合作项目从开发到实施再到后期跟踪评估的整个过程都存在欠成熟和欠规范现象,使馆校合作在针对性、系统性和科学性等各方面都有许多需要改进的地方。

5. 升学考试制度因素

我国的升学考试制度也是影响馆校合作的一大因素,就目前而言,升学选拔模式仍以卷面考试为主,考试主要考察的是学生对理论知识的掌握程度,对学生动手实践能力方面的考察则很少涉及,而馆校合作项目对学生能力的提升主要体现在团队合作和动手实践等方面。在我国,升学考试一向被认为是学生阶段的一件头等大事,在这样的情况下,馆校合作项目很难得到学校方面的积极响应,从而对馆校合作的推进造成消极影响。

6. 管理因素

博物馆与学校本身是两类不同的单位,这两类单位又分属不同的上级部门管理,在这样的情况下,就存在两个层面的多头管理问题,各方理念和立场的差异导致馆校合作缺乏统筹管理和协调,从而无法顺畅并持续地推行。

7. 观念因素

价值观决定行为方式,对于馆校合作而言,相关人员的观念将影响其在馆校合作过程中的行为和举动。在访谈过程中,就有博物馆管理人员谈到,老师很多时候并没有将博物馆参观当成学习的一部分,更多的只是想开阔一下学生的眼界,让学生增加一些学习经历,同时让学生放松一下(MA1)。另外,学校认为在馆校合作中,博物馆是传授者,自己是接受者,缺乏互动和合作的概念(MA1)。从这些访谈结果可以看出,一方面,有些教师并未意识到馆校合作是一种新的教育形式,而将其视为一种放松和娱乐的手段;另一方面,也未认识到双方的合作关系。这些观念的存在,也阻碍了馆校合作的深入进行。

五、馆校合作组织层面的具体动因

对于馆校合作的动因,根据编码结果可知,博物馆与学校作为合作双方,其动因具有相同之处;但双方站在不同的立场,从各自的角度出发,动因也存在差异。双方动因的相同点对馆校合作有促进作用,而差异之处则为馆校合作带来阻碍,馆校双方需要求同存异,以使馆校合作达到最佳效果。

1. 促进学生发展是双方共同的期望

从编码结果可知,对于馆校合作,双方都认可最根本的目的是希望学生能从中获益。在访谈过程中,有受访者提到,不论馆校合作开展的形式是怎样的,它开展的出发点和宗旨应该是不变的,也就是让学生可以通过参加馆校合作活动有所收获(HE2);而另一位受访者则认为,学生在参与馆校合作活动的过程中,如果没有任何收获,那这次合作活动肯定是不成功的(MA3)。

虽然如今应试教育仍是主流,但随着社会发展,各方都越来越深刻地认识到,对于学生长远的发展而言,除了要学习各种基本知识,对其他能力的培养同样重要,这些能力包括实践能力、解决问题的能力和社会交往能力等。在访谈过程中,有受访者提到,在馆校合作的教育活动中,学生更多地需要自己去探索,通过自己亲自动手实践来寻找问题的答案,在这样的过程中,可以提升学生自主发现问题、解决问题的能力(WO9);而另一位受访者也表示,许多馆校合作活动都需要学生组成团队,进行配合,在这样的过程中,不仅学生的学习能力得到了提升,其团队合作能力也得到了加强。此外,除了组内合作之外,在必要的时候,学生还需求助他人来完成教育活动任务,而这一过程能培养学生的社会交往能力(TE6)。从访谈结果可以看出,馆校合作项目未必能帮助学生提升这些方面所有的能力,但可以在某几个方面与学校教育达成互补,使学生能力得到更全面的提升。

2. 学校侧重于彰显自身特色

目前,许多学校都有其自身的办学特色,以此来展现学校独特的一面,也为学生选择学校提供更丰富的参考依据。访谈过程中,在谈到为何要开展馆校合作的时候,有位受访者提到,我们学校是科技特色学校,因此,会有许多与科技有关的特色活动,与科技类博物馆合作进行馆校合作活动也是其中一项(HE2)。有多位受访者都表达了与该受访者相似的馆校合作动因,从中可以看出,就学校而言,馆校合作是凸显其学校特色的途径之一。

而对于具体希望如何通过馆校合作来体现学校特色,主要有以下两种想法。一是希望通过馆校合作,进一步提升部分拔尖学生的水平,使其在各种比赛中能获得更多荣誉,以此彰显学校的优良教育水平,体现学校的特色。在访谈过程中,有位受访者就提到,学校有部分学生能力非常强,对某一学科具备非常强的能力,对于这类学生,学校希望提供更多的资源和机会,使其能有进一步施展的舞台,但学校单方面的资源和能力有限,希望借助馆校合作,充分利用博物馆的资源,为这类学生创造更多的机会(HE3)。二是希望能以博物馆为纽带,为学校提供更多的优质教育资源,以此推动学校的发展。总的来说,就学校而言,馆校合作必须有利于其发展,才会对其具有吸引力。

3. 博物馆侧重于自身教育职能的发展

博物馆自出现以来,其职能一直在不断丰富。近年来,博物馆越来越注重教育职能的开发。在访谈过程中,有受访者提到,在英国,几年前就开始以教育作为博物馆最核心的目的(MA3)。但目前,我国博物馆的教育职能还相当薄弱,相比国外还处于起步阶段,具有教育专业背景的工作人员数量极其有限,大多数博物馆工作人员对博物馆的教育职能都无深刻认识,也不知道通过何种方法、以何种形式来履行博物馆教育职能。在馆校合作活动开展过程中,博物馆方面缺乏大量的开发和实施人才,导致馆校合作的实施过于粗放,希望馆校合作能为博物馆工作人员的能力培养打开一条通道(MA1)。

在这样的背景下,馆校合作项目是促进博物馆教育职能发展的一个良好切入点。一方面,学校有着明确的教育属性,馆校双方合作开展活动,有利于博物馆工作人员迅速意识到自己教育者的身份,同时,与学校教育工作者的合作,也可以使馆方迅速了解基本的教育理念和教育方法;另一方面,学生处于受教育阶段,有明确的教育需求,因此,馆校合作的教育活动较易被接受。

本 章 小 结

本章主要是对馆校合作的现状进行呈现,先通过定量分析的方式了解馆校合作的概况。目前而言,各方对博物馆的教育职能都有比较高的认可度,这为馆校合作的开展打下了良好基础,但在具体实施过程中,主要存在以下问题。首先,馆校合作的频率还比较低,相比国外,我国的馆校合作还处于起步阶段,双方的合作还有待加强。其次,主导者比较单一,大多以学校为主,说明博物馆在馆校合作中的积极性和主动性还有待加强。最后,馆校合作的内容比较同质,而不同学段、不同学校参与馆校合作活动的对象则呈现出差异,这就导致馆校合作项目缺乏针对性。另外,各方对馆校合作的态度也会对馆校合作的效果产生不同影响,从结果可以看出,博物馆与学校在馆校合作中具有同等重要的地位,任何一方不支持馆校合作活动都将使合作效果大受影响。

在了解了馆校合作的整体情况之后,本书通过质性分析的方法对馆校合作的现状进行了进一步的研究,主要包括馆校合作的开展情况、馆校合作的特点、馆校合作的影响因素和馆校合作的动因这四个方面。其中,在馆校合作的开展情况方面,从馆校合作类型和效果两个角度进行了阐述;对于馆校合作的特点,通过质性分析得出学习形式非结构化、学习内容多元、学习环境自由和学习目标开放四个方面的特点;馆校合作的影响因素主要包括物理因素、利益因素、经济因素、人力因素、制度因素、管理因素和观念因素七个方面;在馆校合作组织层面的动因上,馆校双方共同的动因是促进学生发展,对学校而言,馆校合作能彰显其自身特色,对博物馆而言,主要想通过馆校合作助推其教育职能的发展。

第六章

中国馆校合作中的利益相关者及关系类型

社会学家 Long(2001)认为,虽然社会结构变迁的直接动机可能是出于市场、国家等诸多外部因素,但社会结构的重构,则是一个历史与现实的社会冲突产物,在其中,具体社会行动者是重构社会结构的主要动力,社会行动者会与各种力量相互作用,继而对具体的社会结构产生影响。在馆校合作中,同样存在这种因素,正如我们在上一章节所揭示的,馆校合作中的具体利益相关者,在馆校合作过程中持有不同的态度动机,其对于馆校合作的具体认知,深刻影响着彼此的行为和认知以及馆校合作的实际效果。基于以上观点,本章从现实的角度,基于实证资料,对馆校合作主体的认知、价值取向等因素进行分析,并且对不同类型的主体状况进行质性编码,展示、探讨这些因素对馆校合作形成和发展可能产生的影响。

第一节 馆校合作中的各类利益相关者的一般分析

此部分研究仍旧采用前后两次编码的形式,因此,在统计编码结果之前首先要对编码信度进行分析。信度分析通过计算两次编码一致性实现,如表 15 所示,两位研究者编码的信度在 86% 到 92% 之间,因此编码的信度较高,编码结果可信。

如图 9 所示,根据第五章所述编码方法,通过对原始数据的开放编码、主轴编码和选择编码,对于各利益相关者对馆校合作的认知,共获得 323 个

表15　各利益相关者认知的编码信度

编码索引	编码内容	信度
211	管理者的认知	86%
212	管理者的动机	87%
213	管理者的期待	92%
214	执行者的认知	90%
215	执行者的动机	88%
216	执行者的期待	89%
221	上级部门决策者的认知	90%
222	上级部门决策者的动机	89%
223	上级部门决策者的期待	87%
224	家长和学生的认知	88%
225	家长和学生的动机	91%
226	家长和学生的期待	89%

意义单元、12个概念类别和2个核心类别，具体编码过程与第五章馆校合作的编码过程类似，此处不再赘述。也就是说，各利益相关者对馆校合作的认知主要包括内部和外部两个方面，每类利益相关者对馆校合作的认知都通过其对馆校合作的认知、动机和期待来体现。

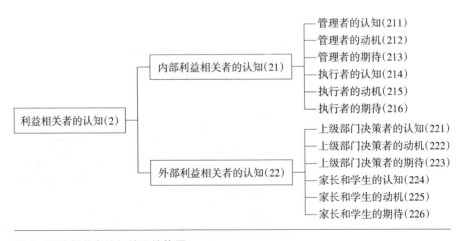

图9　利益相关者认知编码结构图

一、博物馆及学校内部主体对馆校合作的认知

1. 管理者

（1）认知

馆校合作直接的合作双方是博物馆与学校，对于合作，双方的管理者往往具有决定权和控制权。因此，其对馆校合作的认知将在很大程度上决定合作的走向。

目前，馆校双方管理者对馆校合作共同的认知是，相对于国外成熟的馆校合作模式，我国仍处于起步阶段，在内容、形式、流程等多个方面都有诸多需要改进的地方。一位馆方管理人员在访谈中提到，相当一部分的馆校合作进行一两次后就停止了，没有办法持久地进行下去（MA3）；另一位校方管理人员则认为，目前有大量馆校合作往往是根据当前需求临时确定的，缺乏系统性的规划（HE5）。总的来说，馆校合作在内容、形式和流程上普遍缺乏普适性、延续性和系统性，双方的合作在整体上仍处于探索和尝试阶段。

另外，馆校双方管理者站在各自的角度，对馆校合作也存在不同的认知。对于馆校合作，校方管理者关注更多的是，将博物馆作为资源的提供和传输平台，希望学校能通过与博物馆的合作获取更多学校所不具备的科学资源，包括博物馆本身所拥有的许多实物资源以及以博物馆为纽带，获取第三方的科学资源（HE2）；馆方管理者则认为在馆校合作中，博物馆不应只担任资源提供者的角色，而应充分利用自己的资源优势，开发出具有特色的博物馆活动，以此主动吸引更多的学校参与到馆校合作的项目中（MA3）。从中可以看出，双方对于各自在馆校合作中的角色定位存在一定差异，这些差异是双方在合作过程中需要重点沟通的地方。

（2）动机

馆校双方管理者对馆校合作的动机主要可以分为内因和外因两个方面。

对于馆校双方来说，上级主管部门的要求都是其主要的驱动因素。最明显的例子就是，在上海市中小学二期课改期间，上海市教委与上海市科委组织学校与上海科技馆开展的馆校合作活动，馆校双方按照上级部门的要

求,积极调动资源,从合作设计教材到合作开展活动,进行了大规模的馆校合作(MA3,HE6,WO7)。由此可见,上级部门的牵头组织是馆校双方合作的一个重要外部驱动因素。另外,对于学校而言,家长也是另一个影响馆校合作的因素。目前许多学校都设有家委会,虽然各学校家委会的影响力不同,但从家委会的设立可以看出学校对家长意见的重视;虽然现在仍以应试教育为主,但家长对于孩子的教育观已经发生了很大的改变,除了注重学业成绩,很多家长也非常重视孩子综合能力的培养。因此,除常规教学活动以外,家长也希望学校能举办一些拓展型的兴趣课程或活动,家长的这一需求也会助推学校开展馆校合作。

在内因方面,则主要是管理者自身对馆校合作价值的认可。对博物馆管理人员而言,馆校合作对博物馆发展的推动、对员工能力的锻炼和培养等因素都是其愿意开展馆校合作活动的原因。对于校方管理者而言,馆校合作能使学生学习能力得到提升、学习兴趣得到加强、眼界得到开阔,这些因素都能促使其积极开展馆校合作活动。

(3) 期待

从管理者层面而言,其对馆校合作的期待更多的是从全局的角度来考虑的。具体而言,主要包括以下两个方面:

首先,管理者希望上级部门能进行合理的统筹协调。所谓合理统筹协调,具体又包含两方面内容:一方面,博物馆与学校双方的上级管理部门不同,若要使活动能更高效地推进,双方的上级部门应做好协调工作,使馆校双方的对接更加顺畅;另一方面,在访谈过程中,有位受访者特别提到,在同一上级部门管理下,有许多不同单位会开展与学校合作的项目,其中有相当一部分是以博物馆为主题开展的,但各方并未形成合力,从而造成了"九龙治水"的局面,造成资源和精力的浪费。因此,急需上级部门进行统筹规划,将各方优势进行统合,将力量集中于一点,使馆校合作项目可以更加高效地开展(MA3)。

其次,管理者希望所开发的馆校合作项目能更具针对性和系统性。馆校合作项目要长期开展、取得成效,必须形成体系。具体而言,其在内容、形式和流程上都应具有规范性、科学性和系统性,不应只是馆校双方一时兴起而开展的一个简单的活动,而应具有明确的主题和目标,这些项目应该是可以重复进行的。另外,目前馆校合作的对象包括小学、初中和高中三个学段,一方面,这三个学段学生的需求和特点都各不相同;另一方面,每个学段中不同学校的情况也各不相同。因此,要使馆校合作能具有良好的影响力和口碑,合作项目具有针对性也是一个重要的因素。管理者在访谈过程中普遍提到,馆校合作项目不应一刀切,而应根据学校和学生的实际情况,开发不同层次、不同类别的馆校合作项目,这样,馆校的合作才是真正有价值的合作。

2. 执行者

(1) 认知

馆方工作人员和教师是馆校合作项目的具体执行者,其对馆校合作的不同认知将使其产生不同的行为,从而对馆校合作的具体开展情况产生影响。

博物馆工作人员认为,自己在馆校合作中扮演了教育者的角色,但这种角色与教师又是不同的,因为其具有自身的特点。首先,在时间上,有位受访者提到,其与学生的接触时间是短暂而有限的,因此,在活动开展过程中,所传达的观点若有什么错误,很难在事后进行纠正(WO2);其次,在方法上,他们更多采用的是引导而非灌输的方式,且相对于课堂教育来说,馆校合作活动的形式更加生动和活泼(WO5)。总的来说,馆方工作人员认为通过馆校合作项目,能为学生带来不同于学校的教育体验,并能使其有所收获。对于自身教育角色的认同,有助于馆方工作人员在馆校合作中发挥积极作用。

教师对馆校合作存在几种不同的认知取向。

第一种认为馆校合作与学校的课程教学内容有比较紧密的联系,认为馆校合作项目一方面为学校课程提供了拓展和补充内容,在实物环境和实际操作中,有助于学生进一步理解课堂上学习到的理论知识;另一方面,认为博物馆资源可以为自己的教学提供素材和资料。

第二种认为馆校合作项目是学校课外活动或兴趣课程的一种形式,与学校常规的教学内容虽无直接联系,但学生可以通过馆校合作项目提升学习兴趣,掌握学习方法。

第三种认为馆校合作项目类似于学生的春游和秋游,学生在参与过程中主要就是娱乐和放松,与教育教学没有什么直接联系。

由于对馆校合作具有不同的认知,这三类教师在馆校合作过程中的表现也截然不同,第一类和第二类教师在馆校合作过程中会与各方形成积极互动,而第三类教师在馆校合作中不会有太多作为,更多的是被动地接受指令。

(2) 动机

对于馆方工作人员而言,其参与馆校合作的动机主要包括两方面:一是完成领导布置的任务,得到领导的认可。在访谈过程中,有受访者就提到,自己主要是听从领导的指挥,按照要求执行(TE1)。二是使自己的能力得到提升,从而加强自己的竞争力。例如,有位受访者在回答"为何要参加馆校合作项目"时提到,通过馆校合作,能学到很多新的知识和技能,这些知识和技能不仅能用到馆校合作项目中,也能用到日常工作中,提升工作质量(TE4)。

对于教师而言,参与馆校合作的动机主要包括以下三个方面。一是遵从领导要求,完成领导布置的任务。二是出于自己的职业规划考虑,因为教师评职称需要做课题、发表文章,教师希望能将自己所做的课题与馆校合作项目结合起来,借助项目完成或优化自己的课题。三是出于自身兴趣。访谈中,有一位教师就提到,自己对天文学一直比较感兴趣,有很多这方面知识的积累,也希望通过开展活动,使更多的学生也对天文学产生兴趣(TE7)。

从执行者的动机可以看出,不论是馆方工作人员还是教师,其动机都可分为外因驱动和内因驱动两种。

(3) 期待

根据编码结果可知,不论是馆方工作人员还是教师,对于馆校合作的期待,都可以分为对内的期待、对彼此的期待和对外的期待三个方面。

对内的期待主要是希望得到领导的支持,主要包括以下几点:一是希望领导能提供经费和场地的支持。在访谈过程中,有受访者就提到,对于馆校合作,曾经有过一个很不错的想法,但最终受制于经费问题而未能实施,感到非常遗憾(TE9);而另一位受访者则提到,由于博物馆的参观人数较多,馆校合作的教育活动有时会涉及一些准备和讨论环节,因此,在馆校合作开展过程中,最好能提供专门的活动教室,使活动达到更好的效果(WO2)。二是希望领导能提高对馆校合作项目的重视。例如,在访谈中,有位受访者表示,在学生的课外活动时间中,馆校合作活动所占比例非常小

(TE3)。这样的情况非常不利于馆校合作项目的开展,因此,希望领导能给予馆校合作更多发挥的空间。三是希望领导能给予更多尝试的机会。有位受访者认为,目前馆校合作处于摸索阶段,在实施过程中包含许多未知和不确定的因素,因此,在目前阶段,领导应该允许参加馆校合作的人员进行多种不同的尝试,从而探索出最佳的馆校合作模式(WO3)。

对彼此的期待主要是馆方工作人员和教师对对方的一些期待。合作讲求的是双方的配合,博物馆与学校属于两类不同的单位,双方工作人员在时间安排、工作内容和专业技能上都存在差异,在馆校合作的过程中需要双方优势互补,才能使合作更加顺畅地进行。因此,馆方工作人员和教师对对方也会产生一些期待。在访谈过程中,馆方工作人员就明确表示,需要教师配合,提出对于馆校合作活动的具体需求(WO8),另外,也希望通过教师了解学校课程的具体开展情况,从而在馆校合作项目开发和实施的过程中,目标能更加明确,更具针对性。对教师而言,也希望馆方能提供更多的博物馆信息,使其了解博物馆有哪些资源、能开展哪些活动,从而让其明确馆校合作项目可以有哪些可行的切入点。

对外的期待主要是双方希望除了博物馆与学校为馆校合作作出努力之外,还有专业的第三方介入。在访谈中,双方都提到,对于馆校合作,需要有专业的第三方介入(WO5,TE13)。一方面,是出于时间和精力的考虑,借助第三方的力量能使馆校合作更高效地推进。另一方面,馆校合作的某些环节对专业能力的要求比较高,需要第三方的帮助以提高馆校合作项目的质量。这些第三方机构包括高校、科研院所、专业的策划或评估机构等,其中高校和科研院所主要提供理论和技术支持,策划团队则在项目的前期开发过程中提供专业的设计支持,而评估机构可以对合作的效果进行科学且客观公正的评价,为合作的改进和优化提供依据。

二、外部主体对馆校合作的认知

1. 上级政府部门
(1) 认知
上级部门决策者虽然不直接参与馆校合作项目,但其制定的政策与制度会影响馆校合作的效果；另外，馆校双方有各自的上级部门，在馆校合作的过程中，决策者除了要起指导作用，还要起统筹协调的作用。而决策者对馆校合作的认知将决定其政策方针的制定以及统筹协调的效果，这两方面都对馆校合作的推进有重要影响。

根据访谈结果，馆校双方上级部门对馆校合作基本上能达成共识，主要包括以下几个方面：

第一，我国的馆校合作相比国外还处于摸索和起步阶段，合作模式、合作范围以及合作内容等都相当不明确，作为上级部门，有必要对馆校合作提供包括政策的制定与落实、资金的投入、领导层面的沟通与落实等在内的各种支持。在访谈过程中，有受访者就提到，馆校合作应该是一个系统工程，要使馆校合作能长久进行，需要各相关部门联合起来，制定系统的方案(GO2)。

第二，从长远来看，馆校合作对馆校双方的发展都是有益无害的。对学校而言，馆校合作一方面，可以提升学生的综合素质；另一方面，也是对教师能力的锻炼。在访谈过程中，一位受访者认为，一个良好的馆校合作活动能使学生获取与课堂教学完全不同的体验(GO1)；另一位受访者则提到，对教师而言，馆校合作不同于他们的日常工作，如果有心，可以在操办和组织馆校合作的过程中，使自己的能力得到提升(GO2)。

对博物馆而言，上级部门决策者认为，馆校合作一方面可以提升博物馆工作人员在教育方面的能力；另一方面，也能让社会更多地了解博物馆的不同侧面。因此，馆校合作是提升博物馆教育职能的一个良好契机。在访谈过程中，有一位受访者就提到，我国博物馆的教育职能是近年来才被重视起来的，博物馆并没有很多教育方面的人才，公众对博物馆的认识也多停留在展品展示的层面。通过馆校合作，一方面，可以提升博物馆工作人员开展教育活动的能力；另一方面，也向公众展示了博物馆的教育职能(GO3)。

(2) 动机

就动机而言，上级部门决策者的动机主要分为外因和内因两方面。在外因方面，上级部门决策者需要响应社会的需求以及对其上级部门负责。在访谈过程中，一位受访者提到，目前，社会公众对学校教育的认识和需求越来越多元化，对上级部门也提出一定的要求，希望将学校办成培养学生综合能力的地方(GO3)；另一位受访者则表示，馆校合作若能办得成功，也是其工作中所做的一件实事，可以成为其工作汇报中的一个亮点(GO1)。

在内因方面，馆校双方的上级部门都认可馆校合作的重要性，希望可以通过馆校合作提升博物馆与学校的综合能力，使学校能培养出更优秀的学生，使博物馆的教育职能可以得到发展。在访谈过程中，一位受访者就提到，希望可以为学校做一些有意义的事情，使学校能尽可能地发挥自身潜能，彰显出自己的特色，而馆校合作是一个很好的切入点(GO1)；另一位受访者则认为，目前，我国博物馆正处于全面发展阶段，一方面要保证其硬件实力，但更重要的是博物馆软实力的提升。软实力提升的关键在于人才，人才需要培养和锻炼，馆校合作对博物馆来说是一个不错的机会，因此，也想要寻找机会推一推馆校合作(GO2)。

(3) 期待

上级部门对馆校合作的期待主要包括以下两方面内容：首先，上级部门希望得到馆校双方的积极配合，能积极响应其推出的政策制度。虽说上级部门对馆校合作具有统领性的作用，但具体的操作实施还是要依靠馆校双方的主动配合。在访谈过程中，一位受访者就提到，有许多鼓励政策在推出之后并不能得到校方的积极响应，校方既不按照鼓励政策的引导开展具体工作，也不反映政策的问题所在，使上级部门反而处于进退两难的境地。从这一访谈结果可以看出，虽说上级部门对馆校合作具有一定的控制权，但馆校合作要想真正取得良好效果，实施者的配合也至关重要。

其次，上级部门希望馆校双方能具备主动性，对馆校合作进行积极探索，并能及时反馈真实信息，以便决策者能及时增加新的措施或调整部署。目前，馆校合作仍处于起步阶段，存在许多需要解决的问题，在这个过程中，上级部门的引领及统筹至关重要，但许多问题仍需要在实践中去逐步发现，因此，馆校双方的主动探索非常重要。在访谈过程中，受访者都提出了相似的期待：希望馆校双方能主动进行尝试，并将存在的问题以及获得的收获都能及时进行交流反馈，以便上级部门在开展工作时，更具针对性，给馆校合作的开展制定更加实用有效的实施方案(GO3)。

2. 学生与家长

馆校合作的外部利益相关者主要包括学生和家长这两类人群，其中，学生是馆校合作项目主要针对的对象，家长作为学生的监护人，其对馆校合作的态度将影响学生的参与程度。家长和学生对馆校合作都没有直接的支配和决定权,但其对馆校合作的态度将对馆校合作产生重要影响。

(1) 认知

学生对馆校合作的认知将影响其参加馆校合作活动的积极性,而家长虽未直接参与到馆校合作的活动中,但其态度会影响学生与学校的决策。目前而言,学生与家长普遍将馆校合作活动视作一种课外拓展活动,一方面,学生和家长都认可这类活动在学生兴趣培养、能力提升和视野拓展方面的积极意义;另一方面,学生和家长又都认为其对升学是有一定影响的。因此,总的来说,无论是学生还是家长,对馆校合作都持一种有限的支持态度。当馆校合作活动与升学不存在冲突时,学生和家长对这类活动都是欢迎的;但当馆校合作活动影响到升学时,学生和家长就会对馆校合作活动持放弃态度。在访谈过程中,一位受访者就明确表示,虽然馆校合作活动很有趣,自己也从中得到了很多收获,但由于马上就要进入毕业班了,因此,不会再参加此类活动(ST9)。

(2) 动机

相较于馆校双方的管理者和工作人员,对于馆校合作,家长和学生的动机非常的直白和简单。

对家长而言,只要对孩子的发展有益,无论是何种形式的活动家长都接受。在访谈过程中,家长提到,馆校合作活动有利于孩子能力的提升、兴趣的培养和视野的开拓,这些都是他们愿意让孩子参加馆校合作活动的原因(PA3)。

对学生而言,参加馆校合作活动主要有以下几方面原因:一是自己的兴趣使然,在访谈过程中,一位学生就表示,自己对天文方面的知识非常感兴趣,而这次活动的主题正好与天文有关,参与其中感到非常有趣(ST4)。二是觉得可以开阔眼界,看到和学到一些在课本上无法学到的知识。三是将这类活动当成一种放松,由于平时课业负担很重,而以馆校合作形式开展的教育活动,内容比较有趣,开展形式又比较轻松,因此,对部分学生而言,将其看成是一次放松身心的半娱乐活动。

(3) 期待

相对于馆校双方,家长在馆校合作中更多的是扮演旁观者的角色,至于学生,虽然直接参与到馆校合作的活动中,但主要还是接受者。因此,家长和学生对馆校合作的期待更多的是基于自身的观察和感受而提出的。

家长由于没有亲自参加到馆校合作中,他们的期待总体而言比较笼统,并没有很多实质性的内容,主要就是希望对孩子的发展有利。一直以来,学校往往占据非常强势的地位,家长在其中并没有很多发言权。中国一直崇尚尊师重道,家长很多时候在主观上也并无向学校提出建议或意见的意愿,对馆校合作的具体问题没有太多了解,因此无法给出很明确的期待。

学生是馆校合作活动的直接参与者,对馆校合作活动有非常直观的体验,他们对于馆校合作的期待主要包括以下几方面。一是人数和场地的问题,由于馆校合作活动有比较多的互动环节,有学生提出,若能控制每组的参与人数并为活动提供专用场地,则会有更好的参与体验(ST6);二是主题问题,学生希望馆校合作的主题更加丰富,能让他们有更多的选择余地,参加自己感兴趣的馆校合作活动(ST4)。

第二节 馆校合作中的基本主体关系类型

从前述各利益相关者对馆校合作的认知可以看出,每类利益相关者内部以及各类利益相关者之间对馆校合作的认知、动机和期待都不尽相同。

首先,从各类利益相关者之间对馆校合作认识的差异来看,各类利益相关者在馆校合作中扮演的角色不同。内部利益相关者对馆校合作起决定性的作用,其中,管理者在馆校合作中主要扮演统筹全局、安排协调的角色,虽然不进行具体的实施与操作,但会对馆校合作的整体走向进行把控;执行者则负责馆校合作的具体发起、实施和操作。外部利益相关者分为两类:一类为上级部门决策者,对馆校合作的走向起引领作用;另一类为家长和学生,对馆校合作虽然没有直接的掌控权和操作权,但对是否参加馆校合作活动有一定的选择权,因此,外部利益相关者对馆校合作也能起到一定的推动作用。

其次,每类利益相关者对馆校合作的动机主要可以分为两种类型:一种类型倾向于依靠外部力量助推馆校合作的开展;另一种类型则正好相反,倾向于从内部找到馆校合作的动力。

最后,从各类利益相关者对馆校合作期待的差异来看,一部分主体倾向于以某一方作为馆校合作的主导力量,另一方只是从旁提供一些资源和协助;另一部分主体则更希望馆校双方能充分地沟通和协调,双方优势互补,共同开展馆校合作项目。

因此,对于各类利益相关者在馆校合作中的关系,可以从驱动力来源和合作方式两个维度进行分析(见图10)。驱动力来源可分为外部驱动源(上级部门、家长和学生)和内部驱动源(管理者、执行者)两种类型。在外部驱动方面,根据驱动者的不同类型,还可进一步分为强驱动和弱驱动两种;而在内部驱动方面,根据驱动者的不同身份,可以分为自上而下和自下而上两种驱动方式。另外,根据馆校双方在合作中所起到的作用,可以分为强合作和弱合作两种合作方式。在确定了驱动力来源以及合作方式之后,各利益相关者在馆校合作中的关系便随之明确下来。

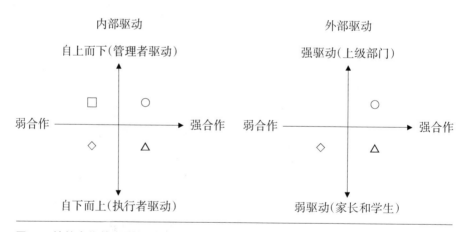

图10 馆校合作基本关系概况图

一、内部驱动-自下而上-弱合作型

如图11所示,这种类型的馆校合作,是博物馆或学校在无外界压力的情况下,出于自身发展需求主动发起的馆校合作活动,因此称之为"内部驱动"。"自下而上"是指其发起者为执行者层面的教师或馆方工作人员,执行者层面的相关人员出于自己的意愿，主动向管理者层面提出自己的需求，发起或参加馆校合作项目，管理者则根据实际情况，对执行者给予支持。所谓"弱合作"，指的是合作以学校或博物馆某一方为主导，另一方主要起配合和协助的作用。因此，这种类型的馆校合作称为"内部驱动-自下而上-弱合作型"。

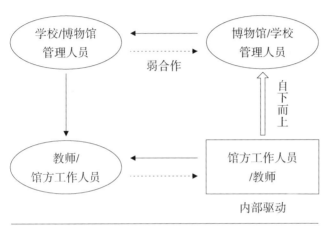

图 11　内部驱动-自下而上-弱合作型

二、内部驱动-自下而上-强合作型

如图 12 所示，这种类型的馆校合作与"内部驱动-自下而上-弱合作型"馆校合作相比，在驱动因素和主导者两方面都相同，唯一不同的是，这类馆校合作的馆校双方是"强合作"。所谓"强合作"是指馆校双方充分沟通，发挥各自的优势，共同完成馆校合作项目。强合作型的馆校合作项目对馆校双方提出了更好的要求，当馆校合作项目发起后，双方都需要持积极的态度，彼此协调，才能发挥出更大的优势。

三、内部驱动-自上而下-弱合作型

如图 13 所示，这种类型的馆校合作，其"内部驱动"仍旧指的是博物馆或学校在无外界压力的情况下，出于自身发展需求主动发起馆校合作活动。

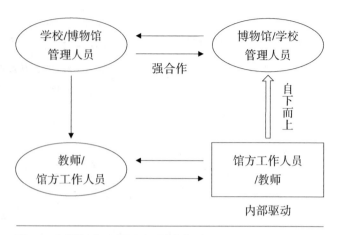

图 12　内部驱动-自下而上-强合作型

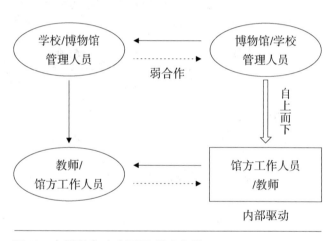

图 13　内部驱动-自上而下-弱合作型

所谓"弱合作",如前所述,指的是合作以学校或博物馆某一方为主导,另一方主要起配合和协助的作用。"自上而下"指的是管理者层面主动发起和引导活动的开展,而后由执行者层面的相关人员进行具体的实施和操作,在这种情况下,管理者主要是把握合作的目标与大方向,并调动执行者的积极性。

四、内部驱动-自上而下-强合作型

如图 14 所示,此类型的馆校合作与"内部驱动-自上而下-弱合作型"馆校合作的唯一区别在于,合作的强弱程度不同。如前所述,强合作是指馆校双方充分沟通,发挥各自的优势,共同完成馆校合作项目。这需要本方管理者有开放的心态和积极的态度,愿意与对方进行充分的沟通和协调,同时,也需要对方有相似的意愿。

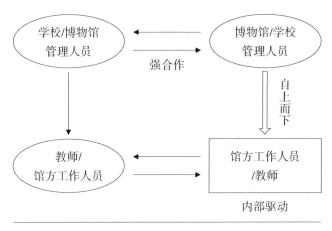

图 14　内部驱动-自上而下-强合作型

五、外部强驱动-强合作型

如图 15 所示,不同于前述内部驱动型的合作类型,外部驱动型的馆校合作,是博物馆或学校在受到外界压力的情况下,迫于外部利益相关者的要求而被动发起的馆校合作活动。外部相关利益者主要是对管理者层面施加压力,因此,不存在"自下而上"型,主要都是"自上而下"的。由于外部驱动力量不同,可以分为外部强驱动和外部弱驱动两种类型。所谓外部强驱动主要是指由上级部门驱动馆校双方进行馆校合作活动,由于馆校双方直接受其上级部门领导,因此,当上级部门产生驱动力时,馆校双方一般都会非常重视,形成一种强驱动的效果。另外,上级部门一般会积极调动各种资源,馆校双方的上级部门也会积极进行沟通协调,因此,在这种情况下,馆校双方一般都会在上级部门的引领下,产生一种强合作,双方不存在明显的主次,而是会各展所长,全面配合开展馆校合作。最终,各方利益相关者产生一种"外部强驱动-强合作型"的合作类型。

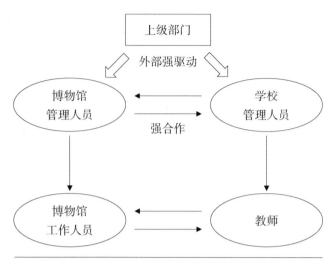

图 15　外部强驱动-强合作型

六、外部弱驱动-弱合作型

如图 16 所示,为"外部弱驱动-弱合作型"的馆校合作,由于主要的外部驱动者是家长或学生,这种类型的馆校合作对学校的运作没有直接的决定权,最多只能为学校的建设提出自己的意见和建议,因此,这种外部驱动力

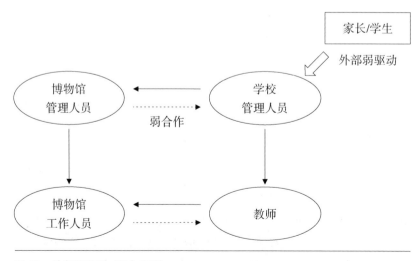

图 16　外部弱驱动-弱合作型

主要是一种弱外部驱动力,学校一般只会产生有限响应。另外,由于驱动方是家长或学生,其与学校有比较直接的联系,而与博物馆之间一般没有直接的关联,因此,一般只能驱动学校,而无法驱动博物馆。所谓"弱合作",仍旧指的是合作以学校或博物馆某一方为主导,另一方主要起配合和协助的作用。在这种情况下,由于合作是被动发起的,因此,合作可能更多地会流于表面。

七、外部弱驱动—强合作型

如图 17 所示,这种类型的馆校合作与"外部弱驱动-弱合作型"馆校合作相比,在驱动因素和主导者两方面都相同,唯一不同的是,这类馆校合作的馆校双方是"强合作",其概念与前文所述一致,指的是馆校双方充分沟通,发挥各自的优势,共同完成馆校合作项目。一般而言,由于外部驱动的合作,其主导者是在被动的情况下发起馆校合作活动的,本身不具备主观能动性,因此能够以强合作形式开展的情况并不多。

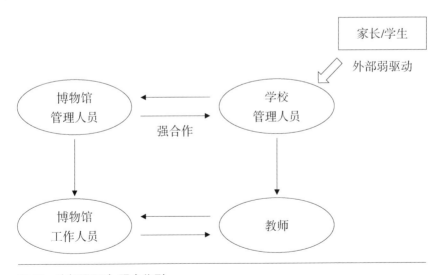

图 17　外部弱驱动-强合作型

上述模型反映了目前我国馆校合作过程中,各基本主体之间的七种一般关系类型,并从驱动力来源和合作方式两个维度对各主体在馆校合作中所起的作用进行了归纳和梳理。总体上看,我国馆校合作过程中,利益相关者的关系可以分为"内部驱动-自下而上-弱合作型""内部驱动-自下而上-强合作型""内部驱动-自上而下-弱合作型""内部驱动-自上而下-强合作型""外部强驱动-强合作型""外部弱驱动-弱合作型""外部弱驱动-强合作型"七种类型。

本 章 小 结

本章主要阐述了馆校合作中各利益相关者对馆校合作的影响,并以此为依据建立各利益相关者关系的模型。各利益相关者的不同认知会使其对馆校合作产生不同影响,因此,本章的第一部分主要分析了各利益相关者对馆校合作的认知。首先,根据利益相关者的角色不同,将其分为内部利益相关者和外部利益相关者,内部利益相关者可细分为管理者和执行者两个层面,外部利益相关者可从不同角度分为上级部门决策者及家长与学生两个类别。根据编码结果可知,其认知主要分为对馆校合作的认知、进行馆校合作的动机以及对馆校合作未来的期待三部分来进行研究。

根据上述研究结果可知,首先,从各类利益相关者之间对馆校合作认知的差异可以看出,各类利益相关者在馆校合作中扮演的角色不同。就内部利益相关者而言,管理者在馆校合作中主要负责统筹和协调,执行者则负责馆校合作的具体实施和操作;就外部利益相关者而言,上级部门决策者对馆校合作的方向和走势具有引领性的作用,家长和学生则对馆校合作没有直接的掌控权和操作权,但对是否参加馆校合作活动有一定的选择权。其次,每类利益相关者对馆校合作的动机都可分为内因驱动和外因驱动两种。而在外因驱动方面,根据驱动者类型的不同,又可进一步细分为外部强驱动和外部弱驱动两种类型。最后,从各类利益相关者对馆校合作的期待来看,一部分主体希望由某一方担任馆校合作的主导者,另一方从旁配合;另一部分主体则希望馆校合作过程中,双方能相互配合,各展所长。可以看出现行馆校合作中普遍存在"搭便车"的现象。

第七章
博物馆与学校合作的行为演化分析

在上文中,笔者通过相关实证研究,对馆校合作所涉及的主体关系、不同类型的馆校合作以及影响馆校合作的相关因素进行了分析。由于合作行为本身具有高度复杂性,不同行为主体在馆校合作中具有不同的行为取向,对行为演化进行分析、理论推演,有助于我们更好地理解馆校合作的深层次状况以及合作的可能性,因而在本部分,笔者试图引入合作博弈论(正和博弈)、计量方法,对不同主体在合作中的能动行为、动态关系、基于现状的合作行为演化结果进行理论分析。

第一节 合作行为演化的基本假设和模型

一、正视"收益"问题:博弈理论在馆校合作分析中的适切性

1. 合作行为是一种正和博弈

为了更好地分析馆校合作中主体行为的演化,本研究引入了博弈理论作为模型构建的基础。博弈论作为一种专门的客观分析手段,正式形成于20世纪40年代,并被广泛应用于多种自然科学及社会科学研究领域(Shubik,2006)。博弈论的实质就是考察多种行为主体之间的互动关系,根据不同的博弈结果,博弈可以分为正和博弈、零和博弈、负和博弈(Andreoni,1995)。区别于一般意义上的博弈,本部分所指涉的博弈为合作博弈,亦称为正和博弈。这种博弈是指参与博弈的主体利益都有所增加,或者至少是一方的利益增加,而另一方的利益不受损害,因而整个社会的利益

都有所增加,本质上是一种合作行为,在承认合作行为具有复杂性的前提下,可以很好地应用于馆校合作研究。因而,博弈理论并非如字面含义一般,同合作行为相互冲突,而是可以用来解释合作行为的一种客观分析工具,可以推动合作行为。合作行为是一种特殊的博弈行为,亦即正和博弈。同时,由于博弈理论认为人类行为是相互影响的过程,因此,不同主体行为选择的结果,可以影响其他主体行为选择的结果,借助相关数学模型推演,可以更加有效地预测合作产生的条件,从而引导实践,推进合作行为。

2. 馆校合作中存在"收益"问题

在本研究中,我们将馆校合作界定为博物馆与学校为了实现各自的目标,调整自身的行为策略,共同承担教育产品供给,提升社会整体效益的行为。但无论如何,在馆校合作行为中,收益问题是客观存在的,这是将馆校合作客观化、引入现实世界并有所改进的关键。在馆校合作中,博物馆与学校的收益,并非单纯经济意义上的收益,而是包括知识产权、组织发展、绩效提升、教师专业发展、学生学业进步在内的广义"收益"。在当前很多教育以及其他公共领域的讨论中,收益或者利益被视为是极为敏感的话题,但博物馆或者学校参与馆校合作的原因,起点便是由于其认为双方的合作可以对其自身目标的达成具有积极的影响,可以实现彼此资源的补充,取得更高的社会效益。同时,馆校合作的各类参与者在合作中得到的各类收益,直接决定了其对于馆校合作的态度和参与程度,继而影响着合作的效果。

因而本章运用正和博弈理论所进行的研究,正是基于馆校合作利益问题的客观性以及主体行为的复杂性,对馆校合作各类主体行为进行理性分析的一个尝试,笔者试图借助相关数学模型推演,预测馆校合作产生的条件,从而引导实践,推进合作行为。

二、合作行为演化的基本模型和数学表达

同时相对于静态的传统经典博弈模型,本研究具体采用了演化博弈理论作为行为演化模型构建的依据。由于传统经典博弈模型的完全理性假设和多种纳什均衡结果的存在(张良桥等,2001),其在分析动态合作关系时,具有较大的不适切性。演化博弈论(Weibull,1997)在博弈理论的基础上,

汲取了组织演化的一些观点,在分析动态行为关系时,很好地解决了经典博弈理论的缺陷。一方面,将行为主体的有限理论纳入假设中(Simon,1955),考虑到合作主体的认知能力限制、信息的不完全性以及选择的非完全理性;另一方面,将博弈过程引入关系中,认为主体间的行为调整永远是一个动态的调整过程,注意到惯性、潜在因素、外部动力等一系列因素。此外,演化博弈论还考虑到主体内部的特点,并非将单纯组织对象作为单独的主体,而是将组织个体化,内部多种主体的博弈结果反映整体博弈的结果。

在演化博弈论中,最为基本的概念是演化稳定策略(evolutionary stable strategy),其主要是由 Smith 等(1973,1974)提出的。其基本思想是,某一系统存在一个大群体和一个变异的小群体,大群体内部个体倾向于选择一种策略,另一个小群体倾向于选择与之不同的策略。如果小群体在群体博弈中所得收益大于原群体中的个体收益,小群体的策略便会在某种程度上得到效仿,亦即有能力侵入大群体。与之相对,如果这种收益小于原群体中的收益,这种策略便会倾向于消失,并且逐渐趋于大群体策略,这种大群体的策略,便被称为演化均衡策略。这种博弈过程强调了个体选择的变异以及不同个体的选择偏好,同时,将个体选择和整体组织选择有机地融合在一起,认为大群体的选择可以取得最优收益,并且消除小范围群体变异的干扰。

演化稳定策略可以用如下数学方法表述。

Smith(1974)认为,群体的行为方式可以被概念化为一个策略,而不同小群体在整体的小群体中会展开策略博弈。在两组群体的博弈过程中,假设 s 是两组小群体对称博弈的策略之一,如果存在 $\varepsilon^0 \in (0,1)$,使任意策略 $s' \neq s$,同时 $\varepsilon \in (0, \varepsilon^0)$,都存在下述关系:

公式 1　　$g'[s, (1-\varepsilon)s + \varepsilon s'] > g[s', (1-\varepsilon)s + \varepsilon s']$

其中,g 代表维持特定策略时候的期望收益值,s 是一个演化稳定策略,s' 是与其对应的变异策略。ε^0 表示变异策略进入大群体内部得到效仿并侵入大群体策略的临界值,$[(1-\varepsilon)s + \varepsilon s']$ 代表选择策略 s 的大群体与选择变异策略 s' 的突变小群体所组成的混合群体。公式 1 表示大群体的稳定策略 s 收益大于变异小群体的策略 s',可以使得变异策略逐渐趋于消失。

假设存在两个异质主体 A 和 B 进行非对称重复博弈,主体 A 存在两个博弈选择 A_1 和 A_2,主体 B 的两个选择为 B_1 和 B_2,那么其阶段博弈的收益矩阵如表16所示。由于演化博弈思想假定了博弈主体的有限理性和非完全信息,博弈参与者可能并不知道不同收益参数($a,b,c,d,\cdots$)的取值情况。

表16　两类主体的非对称博弈收益矩阵

	B_1	B_2
A_1	(a,e)	(b,f)
A_2	(c,g)	(d,h)

在博弈初始阶段,我们假设主体 A 采用 A_1 策略的概率为 x,那么采用 A_2 策略的概率即为 $(1-x)$;与之相对,假设主体 B 采用 B_1 策略的概率为 y,那么采用 B_2 策略的概率即为 $(1-y)$。

其中主体 A 分别使用完全的策略 A_1 和 A_2 的期望收益值 (E) 为:

$$E(A_1)=ay+b(1-y); E(A_2)=cy+d(1-y)$$

在存在不同策略选择的情况下,主体 A 的收益如下:

$$E(A)=x[ay+b(1-y)]+(1-x)[cy+d(1-y)]$$

主体 B 分别使用完全的策略 B_1 和 B_2 的收益为:

$$E(B_1)=ex+g(1-x); E(B_2)=fx+h(1-x)$$

在存在不同策略选择的情况下,主体 B 的期望收益值如下:

$$E(B)=y[ex+g(1-x)]+(1-y)[fx+h(1-x)]$$

在这种演化均衡策略中,不同群体所选择的策略并非总是绝对理性的,但在一个演进过程中,博弈主体可以基于之前的博弈结果调整自己的策略、吸收模仿其他群体的策略,从而使其利益最大化。这种动态的调整过程,被称为复制动态。复制动态是一种基于动态微分方程的分析方法,可以表述特定策略在某一大群体中被采用的比例,其在大群体中的增长比例,等于使用该种策略时所得收益与大群体整体收益之差。其基本思想就是如果某种策略的收益高于平均收益,那么选择该种策略的主体比例便会增加。

对于不同主体 A、B 中不同策略的比例 $x,y,(1-x),(1-y)$ 的动态调整状况,可以使用如下两组动态微分方程来表述这种复制动态系统。

公式2 $\quad \dfrac{\mathrm{d}x}{\mathrm{d}t}=x[E(A_1)-E(A)]=x(1-x)[b-d+(a-b-c+d)y]$

公式3 $\quad \dfrac{\mathrm{d}y}{\mathrm{d}t}=y[E(B_1)-E(B)]=y(1-y)[g-h+(e-f-g+h)x]$

三、演化博弈论在馆校合作行为分析中的应用

由于演化博弈论的基本假设更加贴近于某些动态现实状况,弥补了经典博弈理论完全理论假设和静态分析的缺陷,因而其在经济、管理以及其他社会科学领域中得到了很多应用。利用演化博弈方法在教育组织中进行分析的尝试,仍旧十分稀少,但笔者试图论述演化博弈理论可以有效适用于博物馆与学校主体合作行为,并且在加入其他外部主体(例如政府)之后,同样具有十分明显的效力。

在某种程度上,馆校合作的实现过程是一个多种群体共同协商、行动的能动过程,不同主体的行为动机,十分清楚地显现在上一章节对多个主体在这一过程中动机和影响的分析之中。在馆校合作中,合作的整体收益实际取决于多种主体的动态博弈过程。在馆校合作所涉及的主要参与者中,学校管理人员、博物馆管理人员、一线教育人员、政府部门,都并非完全理性的,他们的行为实际根植于自己周围的环境和所获取的信息,并非完全意义上的纯理性行为。同时,中国馆校合作在现今仍然处于萌芽和发展起步阶段,也不应被视为一个静态的过程。回顾过去十余年的中国教育和博物馆发展状况,其所处环境也在不断变化。在缺乏强制性行政指令的情况下,在很大程度上,这种馆校合作并非是通过统一的自上而下的行政驱动完成的,而是一个相对独立的过程。其中不同主体的行为选择,常常通过学习、试错等方式完成;不同主体的行为,在达到均衡状态前,需要经过长期的动态的博弈过程。

笔者认为,基于馆校合作的这些特点和演化博弈论的基本主张,可以有效地对馆校合作主体中的行为取向以及合作状态进行较为客观的分析。同时,借助这种计量方法,也可以避免传统教育研究在理论分析上常出现的价

值偏向问题，将馆校合作置于较为客观的状态。通过演化博弈论这种分析工具，我们可以将中国馆校合作行为的合作形成机制以及可能的影响因素纳入动态模型中考察，建立起反映不同合作主体行为复杂性的宏观和微观相结合的模型，以此解释馆校合作行为中可能出现的多种合作结果。我们可以根据最佳均衡结果，指出这种最佳结果出现的条件，从而提出对相应主体的改进策略。因而，笔者认为演化博弈论可以十分有效地纳入馆校合作行为的分析中。

第二节　馆校合作组织内部管理者与执行者的行为演化分析

通过上一章节对馆校合作主体的分析，我们可以十分清楚地看到，无论是博物馆还是学校内部，都被划分为管理者和执行者两类主体。在博物馆，管理主体可能为馆长抑或直接负有责任的教育、展览部门的领导，而执行主体则可能为一线教育人员或者设计研发人员。在学校，管理主体为校长和学校中层管理人员，而执行人员则为一线教师。在现实情况中，无论是博物馆还是学校，权力都往往集中于少数管理主体，管理主体代表着组织主体的整体利益，而普通一线执行人员参与决策的机会并不多，这就导致馆校合作往往不能发挥其应有的作用，同时合作的持久性也存在欠缺。笔者拟通过一个复制动态模型，分析馆校合作中，博物馆与学校组织的管理主体和一线执行人员的行为演化，以此对各自的内部组织建设提出相应的建议。

一、模型假设

博弈双方为馆校合作组织中的管理主体以及执行人员，并假设他们只有有限理性。在具体的行为取向上，管理主体拥有两种行为选择，分别为支持馆校合作和不支持馆校合作。所谓支持馆校合作，就是管理主体在馆校合作中，以各自组织的最大利益为出发点，积极利用自己的管理和决策行为，为馆校合作创立最有利的条件。不支持馆校合作并不等同于取消或者撤销馆校合作,而主要表现在,仅将馆校合作行为视为一种辅助性工作或者装饰性工作,具有投机取向,在具体管理和决策中,也不会努力创设条件为一线人员营造更好的合作环境。

执行人员也具有两种行为选择模式,分别是积极执行和消极执行。积极执行和上一章节中的内部驱动相关,主要是指执行人员真正意识到馆校合作对其组织、工作的有益价值,积极开展、参与馆校合作的各种活动。消极执行是指执行人员并未真正意识到馆校合作的内部价值,仅仅将其视为外围工作来完成,对实际执行状况和效果的态度较为冷淡。

假设 C_1 为博物馆或学校中的管理主体在馆校合作中所投入的前期成本,包括合作项目的建立、专门设施的引进等;C_2 表示管理主体在馆校合作过程中投入的成本,包括运行中的经费支出、折算工作量所带来的其他工作量增加的成本、奖金、职称、绩效工资等;R_1 表示管理主体进行主动支持时,一线执行人员给学校或者博物馆带来的总收益;R_2 表示在管理主体不支持馆校合作时,一线人员的自愿行为带给学校或者博物馆的收益;W_1 表示管理主体在进行支持时,执行人员在馆校合作中得到的绩效收益,如绩效工资以及工作量折算等;W_2 表示在管理主体支持时,执行人员在馆校合作中获得的非物质收益,如职称、教育理想的满足;D_1 表示在管理主体支持时,执行人员进行馆校合作时付出的成本;D_2 表示在管理主体不支持时,执行主体自发进行馆校合作的成本。据此我们可以得到一个管理主体和执行主体的收益矩阵。

表 17 管理主体和执行主体的博弈收益矩阵

		一线执行人员	
		积极执行	消极执行
管理主体	支 持	$(R_1-C_1-C_2, W_1+W_2-D_1)$	$(-C_1, 0)$
	不支持	$(R_2, -D_2)$	$(0, 0)$

二、复制动态模型

同时,可假设博物馆或者学校组织对其一线职员进行支持的概率为 x,

不支持的概率为$(1-x)$；一线执行人员选择积极参与馆校合作的概率为y，选择不积极参与的概率为$(1-y)$。笔者分别使用E_{11}，E_{12}，E_1代表管理主体对馆校合作进行支持时的期望收益、不对馆校合作进行支持时的期望收益以及组织的平均收益。同时，使用E_{21}，E_{22}，E_2分别表示一线执行人员在积极参与馆校合作时的期望收益、消极参与时的期望收益以及平均收益。在收益矩阵的基础上，利用复制动态系统对管理人员和一线执行人员的行为取向和路径进行分析。则有：

$$E_{11} = (R_1 - C_1 - C_2)y - C_1(1-y)$$

$$E_{12} = R_2 y$$

$$E_1 = E_{11}x + E_{12}(1-x)$$

$$E_{21} = (W_1 + W_2 - D_1)x - D_2(1-x)$$

$$E_{22} = 0$$

$$E_2 = E_{21}y + E_{22}(1-y)$$

根据"有限理性"的假设，馆校合作中博物馆以及学校的管理主体和执行主体可以通过模仿等方式不断修正自己的行为选择。在博弈过程中，如果某一主体发现特定行为选择的收益高于平均策略，那么其使用该策略的概率也会相应提升。根据上述收益结果，可以分别得到管理主体和执行主体在馆校合作中的复制动态方程。

$$F(x) = \frac{dx}{dt} = x(E_{11} - E_1) = x(1-x)[(R_1 - C_2 - R_2)y - C_1]$$

$$G(y) = \frac{dy}{dt} = y(E_{21} - E_2) = y(1-y)[(W_1 + W_2 + D_2 - D_1)x - D_2]$$

三、管理主体和执行主体在馆校合作中行为策略的演化规律

根据管理层的动态复制方程$F(x) = \frac{dx}{dt} = x(E_{11} - E_1) = x(1-$

$x)[(R_1-C_2-R_2)y-C_1]$,令 $F(x)$ 亦即 $\dfrac{dx}{dt}$ 为 0,可以得到三个平衡解,分别为 $x_1=0, x_2=1$ 以及 $y=\dfrac{C_1}{R_1-R_2-C_2}$。当 $y=\dfrac{C_1}{R_1-R_2-C_2}$ 时,$F(x)$ 的取值恒为 0,由于这种状况下,x 的取值范围对实际结果无影响,所以不能被称为演化稳定策略。因而只有当 $x_1=0$ 或 $x_2=1$ 时,$F(x)$ 为稳定状态。通过求导,当 $y>(1-y)$ 时,亦即 $0.5<y<1$ 时,$F(x)>0$,亦即管理者倾向于采取支持馆校合作的策略。当 $y<(1-y)$ 时,亦即 $0<y<0.5$ 时,$F(x)<0$,亦即管理者此时倾向于采取不支持馆校合作的策略,如图 18 所示。

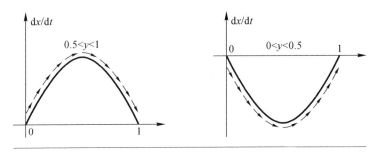

图 18　馆校合作中管理主体的复制动态相位图

根据执行人员的动态复制方程 $G(y)=\dfrac{dy}{dt}=y(E_{21}-E_2)=y(1-y)[(W_1+W_2+D_2-D_1)x-D_2]$,令 $G(y)$ 亦即 $\dfrac{dy}{dt}$ 为 0,可以得到三个平衡解,分别为 $y_1=0, y_2=1$ 以及 $x=\dfrac{D_2}{W_1+W_2+D_2-D_1}$。当 $x=\dfrac{D_2}{W_1+W_2+D_2-D_1}$ 时,$G(y)$ 的取值恒为 0,不受 y 取值的干扰。当 $x\neq\dfrac{D_2}{W_1+W_2+D_2-D_1}$ 时,当 $y_1=0$ 或 $y_2=1$ 时,$G(y)$ 为稳定状态,通过求导可得 $G'(y)=(1-2y)[(W_1+W_2+D_2-D_1)x-D_2]$。当 $0<x<0.5$ 时,$G(y)<0$,当 $0.5<x<1$ 时,$G(y)>0$,如图 19 所示。

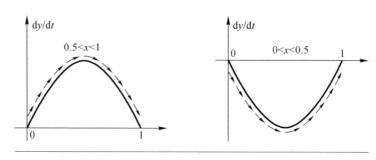

图 19　馆校合作中执行主体的复制动态相位图

通过以上分析可以得知，$y = \dfrac{C_1}{R_1 - R_2 - C_2}$ 和 $x = \dfrac{D_2}{W_1 + W_2 + D_2 - D_1}$ 是馆校合作中管理人员和一线执行人员策略选择的分界点。在具体过程中，当馆校合作执行人员选择积极执行馆校合作的概率位于 $\dfrac{C_1}{R_1 - R_2 - C_2} < y < 1$ 时，管理人员的演化稳定策略是进行支持；当执行人员积极合作的行为选择位于 $\dfrac{C_1}{R_1 - R_2 - C_2} > y > 0$ 时，管理人员的策略是不进行支持。与之相对，当管理主体积极支持馆校合作的概率大于 $\dfrac{D_2}{W_1 + W_2 + D_2 - D_1}$ 时，执行主体的演化稳定策略是积极执行；当管理主体的支持概率低于 $\dfrac{D_2}{W_1 + W_2 + D_2 - D_1}$ 时，执行主体的演化稳定策略是消极执行。从而可以得出包含两个主体的复制动态关系图，如图 20 所示。

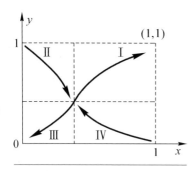

图 20　馆校合作中管理主体和执行主体的复制动态关系图

四、行为解释和策略

通过上述关系可以得知，管理人员对馆校合作是否支持、执行人员对馆校合作是否积极参与，这两者是相互关联的。通过图 20 可以得知，馆校合作中，管理主体和执行主体最终的稳定策略都是趋同的，可能出现两种结果：(0,0)或者(1,1)。这说明，管理主体和执行主体最终的博弈策略演进，同对方的行为选择具有直接的相互关系。

决定两种结果具体走向的，是组织内部的初始状况。当组织初始状况位于第一区间时，具体的演化策略将趋向于(1,1)，亦即管理主体支持馆校合作，执行主体积极执行馆校合作；当组织初始状态位于第三区间时，具体的演化策略将趋向于(0,0)，稳定策略为管理主体不支持馆校合作，同时，执行主体也消极应对馆校合作，因而最终可能的结果是馆校合作行为的中止；当组织的初始状态位于第二和第四区间时，两种结果具有较大的不确定性，取决于两种主体的策略调整速度，亦即要求正向的执行策略或者扶持策略的演化速度超过消极执行或不支持的演化策略。

要想正确解释对馆校合作的态度，不应当仅仅从组织主体内部进行解释，馆校合作的可能成本以及组织在馆校合作中所能获得的收益，是影响组织中各个主体(尤其是管理主体)对馆校合作的态度的最根本因素。组织在馆校合作中的收益和成本，涉及组织外部的具体情境，很难在单独的主体内部得到解释，例如，政府的支持态度，与之合作的学校或者博物馆是否存在搭便车的行为等等。因而，虽然馆校合作在绝大多数情况下可以提高社会整体效益，但对于具体主体来说，其选择是基于自身利益出发的，"不合作"也可能是一种理性的选择。

从主体内部角度来看，唯一可操作的提升策略是管理主体的支持行为。从行为改进的角度来看，执行人员亦即一线馆员、教师积极自愿的态度，无法作为策略调整的能动手段，这种积极、自愿的态度，是作为一种组织的初始状态存在的，处于自我谋划和依存的状态；其唯一可能的增强手段，是通过管理主体的积极支持得以强化和提升，而管理主体的消极态度，也可能使这种资源状态消解，演变为消极执行的策略。同时，管理主体作为博物馆或者学校的利益代表，掌握了涉及馆校合作的主要决策权力和资源，理应从自身出发，积极创设可能的条件，激发执行人员在馆校合作中的热情。

第三节　博物馆与学校组织间的行为演化分析

在馆校合作中，博物馆与学校是两个最重要的异质主体，其各自主体整体的行为取向和影响合作的因素,直接决定了馆校合作的过程和演化趋势。在本部分,我们不考虑博物馆主体和学校组织间的内部状况,而是将其视为具有独立行为取向的组织主体。

一、模型假设

博弈双方为博物馆与学校,各自仅具有有限理性,同时具备学习、模仿能力。在双方的博弈过程中,博物馆与学校会主动试错,不断调整自己的行为选择。

博物馆与学校都拥有两种行为选择,分别为合作和搭便车。在合作的情况下,博物馆和学校主动提供双方合作所需的各种物质和非物质资源,例如,提供必要的资金、设施以及场地资源,主动与对方组织进行交流,对各自的一线执行人员进行激励,开展宣传活动,聘请外部专家进行指导等。在搭便车的情况下,博物馆与学校消极应对合作,不承担合作的成本,同时占取对方的利益。

假设博物馆在馆校合作中的投入规模为 k,学校在馆校合作中的投入规模为 n。笔者使用单位资源的收益率作为利益分配的判断标准。假定馆校合作中创造的整体收益为 R,总投入的成本为 C,如果博物馆与学校均采取合作态度,那么单位投入的平均收益率可以表示为 $r=\dfrac{R}{k+n}$,平均成本为 $c=\dfrac{C}{k+n}$,单位资源的利润为 $(r-c)$。在馆校合作中,如果博物馆选择合作,而学校选择搭便车,那么博物馆此时承担所有成本,亦即 $C=(k+n)c$。如果学校选择合作,而博物馆选择搭便车,那么学校此时承担所有成本,同样为 $C=(k+n)c$。如果博物馆和学校均采用搭便车策略,那么此时投入的成本和可分配的利润均为 0。

表18 管理主体和执行主体的博弈收益矩阵

		学 校 主 体	
		合 作	搭便车
博物馆	合 作	$(kr-kc, nr-nc)$	$(kr-kc-nc, nr)$
	搭便车	$(kr, nr-kc-nc)$	$(0, 0)$

二、复制动态模型

假设初始状态下,博物馆选择合作的概率为 x,那么选择搭便车的概率为 $(1-x)$;与此同时,学校在馆校合作中选择合作的概率为 y,那么选择搭便车的概率为 $(1-y)$。笔者分别使用 E_{11},E_{12},E_1 代表博物馆选择合作时的期望收益、搭便车时的期望收益以及博物馆的平均收益。同时,使用 E_{21},E_{22},E_2 分别表示学校组织选择合作时的期望收益、搭便车时的期望收益以及学校的平均收益。在收益矩阵的基础上,笔者利用复制动态系统对博物馆与学校的行为取向和路径进行分析。则有:

$$E_{11}=(kr-kc)y+(kr-kc-nc)(1-y)=kr-kc-nc+ncy$$

$$E_{12}=kry$$

$$E_1=E_{11}x+E_{12}(1-x)=x(kr-kc-nc+ncy)+(1-x)kry$$

$$E_{21}=(nr-nc)x+(nr-nc-kc)(1-x)=nr-nc-kc+kcx$$

$$E_{22}=nrx$$

$$E_2=E_{21}y+E_{22}(1-y)$$

假设博物馆与学校采用某种策略的相对修正速度和其平均收益的增长率正相关,可以得到博物馆与学校分别对 x 和 y 的复制动态方程 $F(x)$ 和 $G(y)$。

$$F(x)=\frac{\mathrm{d}x}{\mathrm{d}t}=x(E_{11}-E_1)=x(1-x)[(kr-nc-kc)-(kr-nc)y]$$

$$G(y)=\frac{\mathrm{d}y}{\mathrm{d}t}=y(E_{21}-E_2)=y(1-y)[(nr-nc-kc)-(nr-kc)x]$$

其中,x 和 y 分别表示博物馆与学校选择合作策略的概率,故而 x,$y \in (0,1)$。复制动态方程坐落于由 $(0,0)$,$(0,1)$,$(1,0)$,$(1,1)$ 组成的一个方形范围内。解曲线集合的 (x,y) 表示随着时间变化,博物馆与学校合作抑或搭便车的取向选择。其中,稳定解在 $F(x)$ 和 $G(y)$ 均为 0 时成立。

$$\begin{cases} x(1-x)[(kr-nc-kc)-(kr-nc)y] \\ y(1-y)[(nr-nc-kc)-(nr-kc)x] \end{cases}$$

三、博物馆与学校在馆校合作中行为策略的演化规律

通过上述复制动态方程和稳定解的成立条件可以得知,在演化规律中,$(kr-nc-kc)$ 以及 $(nr-nc-kc)$ 是否大于 0,是影响博物馆与学校行为策略的主要解释因素。根据两者的可能取值,一共可以出现四种状况。

(1) $kr-nc-kc<0, nr-nc-kc<0$

在该种情况下,复制动态系统具有四个平衡点 $(0,0),(0,1),(1,0),(1,1)$,解曲线的任何 (x,y) 都具有 $F(x)<0$ 和 $G(y)<0$。这意味着,在时间推进的条件下,博物馆与学校的合作意愿均呈现下降的趋势,双方都倾向于选择搭便车,最终的结果是系统逐渐演化为 $(0,0)$ 的状态。在这种状况下,博物馆与学校在馆校合作中各自取得的收益都小于其所投入的各类资源和成本,也缺乏积极合作的动力。馆校合作实际并未取得较好的效益,可能倾向于形式化乃至解体。可以使用如下趋势图(图 21)表示这种状态。

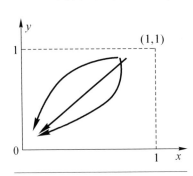

图 21　$kr-nc-kc<0, nr-nc-kc<0$ 状态下博物馆与学校的行为取向趋向图

(2) $kr-nc-kc>0, nr-nc-kc<0$

在此情况下,任意解曲线上的 (x,y),都使得 $G(y)<0$,这意味着随着时间的推演,学校选择合作的概率逐渐降低,亦即学校对于馆校合作的意愿和投入下降。对于博物馆一方而言,当 $0<y<\dfrac{kr-nc-kc}{kr-nc}$ 时,$F(x)>0$,意味着当学校初始的合作态度相对消极的状况下,博物馆的合作意愿反而加强。

当 $\dfrac{kr-nc-kc}{kr-nc}<y<1$ 时,$F(x)<0$,表示在学校初始合作态度积极

的状况下,馆方的合作意愿随着时间的推演而削弱。根据图22中的相位图结果,我们可以看到,馆校合作在这种条件下最终会倾向于(1,0)的演化均衡结果,亦即博物馆承担所有的合作成本,而学校则倾向于搭便车。由于博物馆在馆校合作中所取得的各种收益大于其所投入的成本,因而博物馆拥有足够的动力去实施馆校合作;而学校一方由于在馆校合

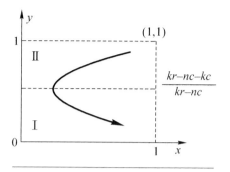

图22　$kr-nc-kc>0$, $nr-nc-kc<0$ 状态下博物馆与学校的行为取向趋向图

作中的投入大于其所获得的收益,因而缺乏主动合作的热情,倾向于搭便车。这种合作的实质是,博物馆虽然需要负担学校在馆校合作中的各种运行成本,但是由于存在各种额外的收益(例如博物馆声誉的增加、教育人员的专业发展、行政系统的激励,等等),并且这些收益大于博物馆和学校投入的总成本,因而博物馆一方愿意主动承担搭建馆校合作平台、人员派出、课程研发等的成本。而学校一方由于可能缺乏相应的条件来实施馆校合作,学校实施馆校合作的收益也小于其投入的成本(例如一些薄弱学校从馆校合作中获得的收益可能小于其在其他教师专业发展方面的收益),故而学校的动机不足,最终经过逐渐地选择和学习,策略稳定为"搭便车"。

(3) $kr-nc-kc<0$, $nr-nc-kc>0$

在此种状态下,馆校合作的最终演化稳定策略会逐渐趋向于(0,1)。任意解曲线上的(x,y),都使得$F(x)<0$,这意味着随着时间的推演,博物馆选择合作的概率逐渐降低,亦即随着时间的演进,博物馆进行馆校合作的意愿逐渐下降。对于学校一方而言,当$0<x<\dfrac{nr-nc-kc}{nr-kc}$时,$G(y)>0$,意味着在博物馆的初始合作态度较为消极的状况下,学校进行馆校合作的意愿反而加强。

当$\dfrac{nr-nc-kc}{nr-kc}<x<1$时,$G(y)<0$,表示在博物馆的初始合作态度

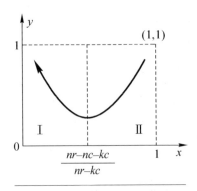

图 23　$kr-nc-kc<0$, $nr-nc-kc>0$ 状态下博物馆与学校的行为取向趋向图

相对积极的状况下,学校的合作意愿随着时间的推演而削弱。根据图 23 中的相位图结果,我们可以看到,馆校合作在这种条件下最终会倾向于(0,1)的演化均衡结果,亦即学校承担所有的合作成本,而博物馆一方倾向于搭便车。在该种状况下,学校由于在馆校合作中取得的收益大于其所投入的成本,因而具有较强的参与馆校合作的动力;与之相对,由于博物馆在馆校合作中的收益小于其投入,因而缺乏较强的动力参与馆校合作。事实上,在很多情况下,学校拥有很多博物馆所不具备的馆校合作收益,例如特定学生教育质量的提升对学校的激励作用更加明显,又如很多中小学特色办学的提升、校本课程的研发等,都可能成为这种状况下的超额收益,从而导致学校主体负担馆校合作的全部或者大部分成本。而博物馆在该种条件下,最终的演化稳定策略是搭便车,在馆校合作中仅仅负责提供场地或者设施,同时这些场地或设施的运行开支也大部分由学校主体承担。

(4) $kr-nc-kc>0$, $nr-nc-kc>0$

在该种情况下,点 $\left(\dfrac{nr-nc-kc}{nr-kc}, \dfrac{kr-nc-kc}{kr-nc}\right)$ 将正方形区域分为四部分(参见图 24)。

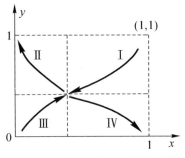

图 24　$kr-nc-kc>0$, $nr-nc-kc>0$ 状态下博物馆与学校的行为取向趋向图

第一,当博物馆与学校的初始合作状态位于区域 Ⅰ 时,亦即 $\dfrac{nr-nc-kc}{nr-kc}<x<1$,同时 $\dfrac{kr-nc-kc}{kr-nc}<y<1$ 时,根据动态复制方程可得 $F(x)<0$, $G(y)<0$,这种情况意味着在博物馆和学校的初始合作意愿均较高的状态下,由于双方各自的收益低于其所投入的成本,博物馆与学校的合作意愿会

随着时间的推演而逐渐降低,位于 $\left(\dfrac{nr-nc-kc}{nr-kc},\dfrac{kr-nc-kc}{kr-nc}\right)$ 位置。

第二,当博物馆与学校的初始合作状态位于区域Ⅱ时,亦即 $0<x<\dfrac{nr-nc-kc}{nr-kc}$,同时 $\dfrac{kr-nc-kc}{kr-nc}<y<1$ 时,根据动态复制方程可得 $F(x)<0,G(y)>0$,这种情况意味着在博物馆和学校的初始合作意愿处于中间水平时,馆方由于预期收益低于成本,因而合作意愿随着时间推移逐渐降低;而学校由于预期收益高于成本,其合作意愿随着时间推移逐渐增加。系统最终的演化稳定策略是学校承担合作成本,而博物馆倾向于搭便车。

第三,当博物馆与学校的初始合作状态位于区域Ⅲ时,亦即 $0<x<\dfrac{nr-nc-kc}{nr-kc}$,同时 $0<y<\dfrac{kr-nc-kc}{kr-nc}$ 时,根据动态复制方程可得 $F(x)>0,G(y)>0$,这种情况意味着在博物馆和学校的初始合作意愿均较低的状态下,由于双方各自的收益都高于其所投入的成本,因而博物馆与学校的合作意愿会随着时间的推演而逐渐增加,位于 $\left(\dfrac{nr-nc-kc}{nr-kc},\dfrac{kr-nc-kc}{kr-nc}\right)$ 位置。

第四,当博物馆与学校的初始合作状态位于区域Ⅳ时,亦即 $\dfrac{nr-nc-kc}{nr-kc}<x<1$,同时 $0<y<\dfrac{kr-nc-kc}{kr-nc}$ 时,根据动态复制方程可得 $F(x)>0,G(y)<0$,这种情况意味着在博物馆和学校的初始合作意愿处于中间水平时,馆方由于预期收益高于成本,因而合作意愿随着时间推移逐渐增强;而学校由于预期收益低于成本,其合作意愿随着时间推移逐渐降低。系统最终的演化稳定策略是博物馆承担合作成本,而学校倾向于搭便车。

整体而言,由于第一和第三种情况有可能受到微小收益和投入之比变动的干扰,进入新的演化阶段,并朝向第二和第四种演化稳定策略发展,因而在该种情况下,最终可能出现两种演化稳定策略。一种是学校承担合作成本,博物馆倾向于搭便车;另一种是博物馆承担合作成本,学校倾向于搭便车。

四、影响因素分析

由上文可知，$\dfrac{nr-nc-kc}{nr-kc}$ 和 $\dfrac{kr-nc-kc}{kr-nc}$ 是影响博物馆与学校合作意愿的最重要的两个关键节点，因而我们可以通过下述函数的增减引理，继续分析两个函数项中四个因素 k,n,r,c 对函数大小贡献的变化。

(a) 对于函数 $f(x)=\dfrac{dx-a}{dx-b}$，因为 $f'(x)=\dfrac{(a-b)d}{(dx-b)^2}$，故而当 $a<b$ 时，$f(x)=\dfrac{dx-a}{dx-b}$ 为减函数，当 $a>b$ 时，$f(x)=\dfrac{dx-a}{dx-b}$ 为增函数。

(b) 对于函数 $f(x)=\dfrac{ax-d}{bx-d}$，因为 $f'(x)=\dfrac{(b-a)d}{(bx-d)^2}$，故而当 $a<b$ 时，$f(x)=\dfrac{ax-d}{bx-d}$ 为增函数，当 $a>b$ 时，$f(x)=\dfrac{ax-d}{bx-d}$ 为减函数。

博物馆在馆校合作中的投入规模(k)。根据 $a<b$ 时，$f(x)=\dfrac{ax-d}{bx-d}$ 为增函数，我们可以得知，随着博物馆投入规模(k)的增加，$\dfrac{kr-nc-kc}{kr-nc}$ 也会增大。根据 $a>b$ 时，$f(x)=\dfrac{ax-d}{bx-d}$ 为减函数，我们可以得知，随着博物馆投入规模(k)的增加，$\dfrac{nr-nc-kc}{nr-kc}$ 也会变小。表示随着博物馆在馆校合作中整体投入规模的增大，相位图24中第四部分的面积和相位图22中第一部分的面积也会相应增大；而相位图24中第二部分的面积和相位图23中第一部分的面积会相应减小，复制动态系统会逐渐倾向于(1, 0)，远离(0, 1)。这说明在馆校合作中，博物馆投入规模的增大，会使得博物馆单独负担馆校合作成本的可能性增加，而学校投入的可能性降低，搭便车的可能性增大。

学校在馆校合作中的投入规模(n)。根据 $a>b$ 时，$f(x)=\dfrac{ax-d}{bx-d}$ 为减函数，我们可以得知，随着学校投入规模(n)的增加，$\dfrac{kr-nc-kc}{kr-nc}$ 会变小。根据 $a<b$ 时，$f(x)=\dfrac{ax-d}{bx-d}$ 为增函数，我们可以得知，随着博物馆投入规模（n）的增加，$\dfrac{nr-nc-kc}{nr-kc}$ 也会增大。表示随着学校在馆校合作中整体投入规模的增大，相位图24中第一部分的面积和相位图22中第二部分的面积会相应增大；而相位图24中第四部分的面积和相位图23中第二部分的面积会相应减小，复制动态系统会逐渐倾向于（0，1），远离（1，0）。这说明在馆校合作中，学校投入规模的增大，会使得学校单独负担馆校合作成本的可能性增加，而博物馆投入的可能性降低，搭便车的可能性增大。

单位收益（r）。由于 $a>b$ 时，$f(x)=\dfrac{dx-a}{dx-b}$ 为增函数，这意味着无论 $\dfrac{kr-nc-kc}{kr-nc}$ 还是 $\dfrac{nr-nc-kc}{nr-kc}$ 都倾向于在 r 增加的条件下增加。这说明，在馆校合作收益增加的情况下，馆校合作虽然会演化为（0，1）或者（1，0）状态，亦即一方承担成本，一方搭便车，但是由于存在超额的利益，馆校合作可以在一方承担主要成本的状态下，保持稳定的合作。

单位成本（c）。在 $a>b$ 的状况下，$f(x)=\dfrac{ax-d}{bx-d}$ 为减函数，因而随着单位成本的增加，无论 $\dfrac{kr-nc-kc}{kr-nc}$ 还是 $\dfrac{nr-nc-kc}{nr-kc}$ 都倾向于在 c 增加的条件下减小，博物馆与学校进行馆校合作的意愿降低，最终可能出现相位图21所描述的状况，馆校合作趋于形式化或者走向解体。

五、主要结论

通过上述对博物馆与学校之间演化博弈的分析，我们可以得出如下基本结论。

第一，在馆校合作组织中，如果假定馆校合作双方不存在主动退出的约束条件，没有其他外部干扰条件，同时使用单位投入的收益率进行相关收益核算，那么在馆校合作中，最终的演化稳定策略一定会出现博物馆或者学校一方主导的状况，亦即一方承担主要成本，一方采取搭便车的策略。这也印证了笔者在上文实证分析中提出的博物馆与学校组织间合作的两种基本形态,即博物馆主导的馆校合作与学校主导的馆校合作。假如存在主动退出的约束条件,则除了博物馆或者学校一方主导的状况,还会出现中途合作分崩瓦解的可能;同时中途可能形成的短暂的双方积极合作的态势,必然会倒向一方主导的状况。

这种演化均衡的结果说明,单纯凭借馆校合作双方,都无法建立起稳定、长期、有效的共赢合作。由于馆校合作双方都属于非营利性公共机构,在馆校合作中的收益(广义)空间有限,因而必须引入外部主体,才能真正构建起有效的馆校合作,而在中国当前的现实条件下,这一外部主体只能是政府部门。

第二,馆校合作双方选择积极参与馆校合作的前提条件是其在馆校合作中的期望收益大于其所投入的成本。尽管可能出现一方提供较多成本的现象,但由于存在超额利益,故而这种馆校合作对于投入较多的一方而言,仍然是一种理性行为。同时对于搭便车的一方而言,由于馆校双方均具有公共产品属性,馆校合作可以起到协调教育资源配置的作用,在一定程度上有利于社会整体效益的最大化。

第三,在馆校合作组织中,博物馆与学校的合作行为,是双方在多种因素(投入规模、收益、成本)共同影响制约下的博弈结果。假如不同参数的改变,使得 $\dfrac{kr-nc-kc}{kr-nc}$ 或者 $\dfrac{nr-nc-kc}{nr-kc}$ 改变,就会出现不同的结果。具体而言,$\dfrac{kr-nc-kc}{kr-nc}$ 越大,同时 $\dfrac{nr-nc-kc}{nr-kc}$ 越小,那么最终倾向于博物馆积极进行馆校合作,学校搭便车;反之,学校是合作的主体,博物馆倾向于搭便车。

第四节 馆校合作组织和政府间的行为演化分析

通过上一章节的实证分析可以得知,虽然目前的中国馆校合作主要是组织间的合作,但政府也在少数情况下担当了馆校合作发起者的角色;同时由于博物馆与学校的事业单位性质,其和教育、科技、文化(文博)等政府机构有着不可分割的联系。纵览西方的馆校合作实践也可以得知,国家或者区域层面政府机构的支持、鼓励和引导,对馆校合作实践的长期有序发展具有不可或缺的作用。但是在考察政府和馆校合作组织的关系时,必须将更加复杂的要素纳入其中,例如,我们不能将政府主体视为一个完全理性的个体,其行为的逻辑起点是其自身的利益;同时,在中国的行政体制下,馆校合作组织必须付出一定的交易成本来获取政府的支持,也面临着由于政府干预导致馆校合作预期收益下降的风险。因此,馆校合作组织和政府实际上也是重要的博弈主体。

一、模型假设

博弈双方为馆校合作组织和政府两个相对自主的异质组织,各自仅具有有限理性,同时可以根据具体情境的变化调整自己的策略。

馆校合作组织拥有两种行为选择,积极发展和消极发展。政府机构同样拥有两种策略,支持和不支持。

假设馆校合作组织选择积极发展策略,其获得的基本物质和非物质收益为 R;馆校合作组织从政府机构获得的各类资源支持用 k 表示,同时在获得政府支持的状况下,其必须付出额外的成本 f(例如应对各类检查、评估的成本,争取各类资源的成本,变更原有馆校合作计划所导致的收益下降等)才能获得政府的支持。

假定政府对馆校合作组织的支持策略需要成本 C,在该种状况下,馆校合作组织积极发展、合作,政府可以取得预期收益 V。同时,由于馆校合作组织和政府机构属于科层关系,在争取政府支持时,其所付出的成本 f 是一种间接和隐形的交易成本,故而不参与到政府收益和成本的核算中。根据上述假设,可以形成如表19所示的收益矩阵。

表19 馆校合作组织和政府的博弈收益矩阵

政府		馆校合作组织	
		积极发展	消极发展
	支持	$(V-C, R+k-f)$	$(-C, 0)$
	不支持	$(0, R-f)$	$(0, 0)$

二、复制动态模型

笔者假设政府对馆校合作组织进行支持的概率为 x，选择不支持的概率为 $(1-x)$；馆校合作组织选择积极发展馆校合作实践的概率为 y，选择消极发展的概率为 $(1-y)$。笔者分别使用 E_{11}, E_{12}, E_1 代表政府主体对馆校合作进行支持时的期望收益、对馆校合作没有支持时的期望收益以及组织的平均收益。同时，笔者使用 E_{21}, E_{22}, E_2 分别表示馆校合作组织在积极发展馆校合作时的期望收益、消极参与时的期望收益以及平均收益。在收益矩阵的基础上，则有：

$$E_{11} = (V-C)y - C(1-y) = Vy - C$$

$$E_{12} = 0$$

$$E_1 = E_{11}x + E_{12}(1-x) = x(Vy - C)$$

$$E_{21} = (R + k - f)x + (R - f)(1-x) = R - f + kx$$

$$E_{22} = 0$$

$$E_2 = E_{21}y + E_{22}(1-y) = y(R - f + kx)$$

根据"有限理性"的假设，政府及馆校合作组织可以通过模仿等方式不断修正自己的行为选择。根据上述收益结果，可以分别得到政府和馆校合作组织各自的复制动态方程。

$$F(x) = \frac{dx}{dt} = x(E_{11} - E_1) = x(1-x)(Vy - C)$$

$$G(y) = \frac{dy}{dt} = y(E_{21} - E_2) = y(1-y)(R - f + kx)$$

三、馆校合作组织和政府各自行为策略的演化规律

1. 政府行为策略的演化规律

根据政府的复制动态方程，$F(x) = \frac{dx}{dt} = x(E_{11} - E_1) = x(1-x)(Vy -$

C),可以得出两个平衡点,分别是 $x_1=0$ 以及 $x_2=1$。在其中,令 $F(x)=\dfrac{\mathrm{d}x}{\mathrm{d}t}=x(E_{11}-E_1)=x(1-x)(Vy-C)$,我们可以得到 $F'(x)=(1-2x)(Vy-C)$。根据 V 和 C 的具体取值情况,可以得到如下两种行为策略。

首先,当 $V>C$ 时,亦即政府的预期收益大于其投入的成本时,此时 $0<\dfrac{C}{V}<1$。当馆校合作组织发展馆校合作的积极性较低时,亦即 $0<y<\dfrac{C}{V}$ 时,$F(x)<0$。根据 $F'(x)=(1-2x)(Vy-C)$,我们可以得知,当 $0<x<0.5$ 时,$F'(x)<0$;当 $0.5<x<1$ 时,$F'(x)>0$。此时,政府参与支持馆校合作的动机逐渐下降,倾向于不支持。当馆校合作组织发展馆校合作的积极性较高时,亦即 $\dfrac{C}{V}<y<1$ 时,$F(x)>0$。根据 $F'(x)=(1-2x)(Vy-C)$,我们可以得知,当 $0.5<x<1$ 时,$F'(x)<0$;当 $0<x<0.5$ 时,$F'(x)>0$。此时,政府参与支持馆校合作的动机逐渐增强,倾向于支持。两种政府行为的演化路径,可以分别使用相位图25和图26进行表述。

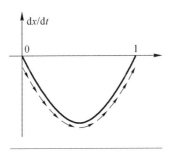 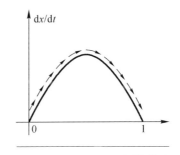

图 25　政府倾向于不支持策略时的相位图　　　图 26　政府倾向于支持策略时的相位图

其次,当 $V<C$ 时,亦即政府收益小于政府投入成本时,此时 $\dfrac{C}{V}>1$,同时 $F(x)<0$。根据 $F'(x)=(1-2x)(Vy-C)$,我们可以得知,当 $0<x<0.5$ 时,$F'(x)<0$;当 $0.5<x<1$ 时,$F'(x)>0$。在该种情况下,无论馆校合作组织是否选择积极发展馆校合作,政府的行为取向都倾向于支持馆校合作的动机逐渐降低。其相位图结果与图25相同。

根据上述分析结果可以得知,政府是否对馆校合作组织进行支持取决于两个因素。首先是政府在馆校合作中的收益和成本之比。假如政府在支持馆校合作时,其收益低于其成本,那么演化稳定策略必然是政府不支持的概率逐渐增加,政府倾向于不支持;假如政府在支持馆校合作时,其收益大于其投入的成本,此时政府具有两种行为选择的可能,选择哪一种则取决于第二要素亦即馆校合作组织的发展状况。当政府认为馆校合作组织具有较大的发展潜力时,亦即 $\frac{C}{V} < y < 1$ 时,政府可以在馆校合作中获得长期稳定的预期收益,因而政府倾向于支持馆校合作;当 $0 < y < \frac{C}{V}$ 时,政府认为馆校合作不具备较为稳定的长期收益,因而倾向于不支持馆校合作。

2. 馆校合作组织的策略演化规律

根据政府的复制动态方程, $G(y) = \frac{\mathrm{d}y}{\mathrm{d}t} = y(E_{21} - E_2) = y(1-y)(R - f + kx)$,可以得出两个平衡点,分别是 $y_1 = 0$ 以及 $y_2 = 1$。在其中,令 $G(y) = \frac{\mathrm{d}y}{\mathrm{d}t} = y(E_{21} - E_2) = y(1-y)(R - f + kx)$,我们可以得到 $G'(y) = (1-2y)(R - f + kx)$。根据 R 和 f 的具体取值情况,可以得到如下两种行为策略。

首先,当 $R > f$ 时,亦即馆校合作组织的原始收益大于其为获取政府支持所付出的成本时,此时 $G(y) > 0$。同时,通过 $G'(y) = (1-2y)(R - f + kx)$ 可以得知,当 $0 < y < 0.5$ 时, $G'(y) > 0$;当 $0.5 < y < 1$, $G'(y) < 0$。在这种情况下,馆校合作组织的演化稳定策略是主动积极发展组织内的合作,如图 27 所示。

其次,当 $R < f$ 时,亦即馆校合作组织的原始收益小于其为获取政府支持所付出的成本时,此时 $0 < \frac{|R-f|}{k} < 1$。其中又可分为两种情况。第一种情况,当 $0 < x < \frac{|R-f|}{k}$ 时, $G(y) < 0$。由于当 $0 < y < 0.5$ 时, $G'(y) < 0$;当 $0.5 < y < 1$ 时, $G'(y) > 0$。在这种情况下,馆校合作组织

的演化稳定策略是不积极合作,如图 28 所示。第二种情况,当 $\frac{|R-f|}{k}<$ $x<1$ 时,$G(y)>0$。同时,通过 $G'(y)=(1-2y)(R-f+kx)$ 可知,当 $0<y<0.5$ 时,$G'(y)>0$;当 $0.5<y<1$ 时,$G'(y)<0$。在这种情况下,馆校合作组织主动发展的概率增加,演化稳定策略最终是积极发展,如图 27 所示。

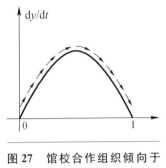

图 27　馆校合作组织倾向于积极发展策略时的相位图

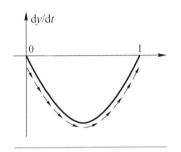

图 28　馆校合作组织倾向于消极发展策略时的相位图

通过上文可知,在模型中,参数 R 表示馆校合作的初始收益,其可以为正收益,同时也可以由于双方初始合作成本较高或收益较低而为负收益;参数 f 表示馆校合作组织和政府博弈中,馆校为获取政府支持而付出的各类成本。$R-f$ 体现了在政府参与的状况下,馆校合作组织排除政府额外收益后的基本收益状况。当 $R-f>0$ 时,说明即便在未获得政府额外补贴的状况下,馆校合作组织的基本收益仍然处于正向状态,说明馆校合作组织在此时仍然具有较强的动力发展各自的合作。当 $R-f<0$ 时,说明馆校合作在未获得政府补贴的状况下,或由于争取政府支持的成本较高,或由于初始馆校合作成本较高导致馆校合作基本收益为负,馆校合作无法通过自身积极发展获得正收益,因而此时馆校合作的发展情况取决于政府的补贴和支持(k)情况。当 $0<x<\frac{|R-f|}{k}$ 时,亦即政府并不倾向于主动支持和鼓励馆校合作时,馆校合作的演化合作策略是不积极发展。当 $\frac{|R-f|}{k}<x<1$ 时,即政府倾向于主动支持和鼓励馆校合作时,由于存在正向外部收益,使得收益总和为正,馆校合作的演化合作策略是积极发展。同时,由于

在 $\frac{|R-f|}{k}$ 中,k 值必然为正,在满足 $\frac{|R-f|}{k} < x < 1$,以及 k 值固定的约束条件下,虽然 f 值越大,$\frac{|R-f|}{k}$ 值也会越大,但此时满足 $\frac{|R-f|}{k} < x < 1$ 约束条件的 x 取值范围也会越小,说明此时馆校合作的内部动机不足,其合作动机直接依赖于政府推动馆校合作的动机,其馆校合作收益主要源于政府的外部补贴。

四、馆校合作组织和政府合作的演化稳定策略

通过以上分析我们可以得知,点 $\left(\frac{C}{V}, \frac{|R-f|}{k}\right)$ 是馆校合作中管理人员和一线执行人员策略选择的分界点,其具体的情况分布取决于各个参数 C,V,R,f,k 的取值状况,笔者已在上文中进行了分析。根据上述行为状况,我们可以得到两种演化稳定状态,亦即(0,0)和(1,1),馆校合作组织的积极发展与否,与政府是否积极支持密不可分。其最优的状况是(1,1),亦即政府和馆校合作组织都具有很强的动机投入馆校合作。

在具体过程中,当馆校合作组织选择积极执行馆校合作的概率位于 $\frac{|R-f|}{k} < y < 1$ 时,政府的演化稳定策略是进行支持;当馆校合作组织积极发展的行为选择位于 $\frac{|R-f|}{k} > y > 0$ 时,政府的策略是不进行支持。与之相对,当政府积极支持馆校合作的概率大于 $\frac{C}{V}$ 时,馆校合作组织的演化稳定策略是积极发展;当政府支持馆校合作的概率小于 $\frac{C}{V}$ 时,执行主体的演化稳定策略是消极执行。可得包含两个主体的复制动态关系图,如图 29 所示。

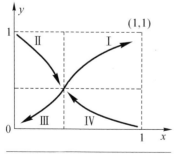

图 29 馆校合作中管理主体和执行主体的复制动态关系图

五、主要结论

根据上述演化博弈分析,我们可以得到以下结论。

第一,政府在馆校合作中发挥着极为重要的外部作用。当馆校合作初始成本十分高昂时,政府的支持行为可以起到负担馆校合作成本的作用,为博物馆与学校开展馆校合作提供强有力的外部刺激。在馆校合作的长期发展过程中,政府的具体行为选择也会影响馆校合作组织的行为选择。

第二,政府应当尽量降低馆校合作组织寻求资源支持时所付出的间接交易成本。通过上述分析可以看到,馆校合作组织往往需要为了获取政府支持而进行各种游说活动,同时也需要对部分馆校合作内容进行更改,开展各类检查、评估工作,从而可能导致馆校合作初始收益的下降。而这些间接成本本身并不参与收益分配的核算,属于交易成本。政府在此时应该主动创设一些条件,完善制度供给,从而降低间接成本,提升馆校合作的整体效益。

第三,馆校合作组织的合作内容和项目要侧重于长远性和规划性。由于政府在审视馆校合作项目时,往往会关注该项目是否会取得长期收益,因而这不仅仅是基于馆校合作组织自身的需要,也是其获得政府支持的关键所在。

本 章 小 结

中国馆校合作不仅是由各类利益相关者对于馆校合作的态度、动机以及取向所决定的,而且也是各类利益相关者在具体进程中不断博弈所形成的演化结果。在馆校合作中,不同主体之间的博弈具有不同的特点、演化路径以及制约因素。

通过馆校合作组织内部管理者与执行者的行为演化分析可以得知,管理人员对于馆校合作是否支持、执行人员对于馆校合作是否积极参与,这两者是相互关联的,其最终的演化结果可能出现两种情况,即(0,0)或者

(1,1),亦即执行者和管理者都消极参与合作,导致馆校合作的低效和瓦解,或是执行者和管理者都积极参与馆校合作,使馆校合作处于长期、稳定、均衡的状态。其中决定这两种结果走向的,是组织内部的初始状况。当组织初始状态位于第一区间时,具体的演化策略将趋向于(1,1),亦即管理主体支持馆校合作,执行主体积极执行馆校合作;当组织初始状态位于第三区间时,稳定策略趋向于(0,0),即管理主体不支持馆校合作,执行主体也消极应对馆校合作,因而最终可能的结果是馆校合作行为的中止;当组织初始状态位于第一和第四区间时,两种结果具有较大的不确定性,取决于两种主体的策略调整速度,亦即要求正向的执行策略或者扶持策略的演化速度超过消极执行或不支持的演化策略;馆校合作的可能成本以及组织在馆校合作中所能获得的收益(广义),是影响组织各个主体(尤其是管理主体)对馆校合作态度的最根本因素。

通过博物馆与学校组织间的行为演化分析,我们可以得知,双方组织在馆校合作中的具体行为取向与双方在馆校合作中的平均收益率密切相关,而具体收益率取决于各自组织的投入规模、整体收益(广义)以及成本投入(广义)。在具体的演化规律中,$(kr-nc-kc)$以及$(nr-nc-kc)$是否大于0,是影响博物馆与学校行为策略的主要解释因素。可能出现四种具体的初始情况,分别是双方都积极合作、双方都消极合作以及各自一方主导的状况。当存在退出机制的约束条件时,双方消极合作可能演化为合作的分崩瓦解;当不存在退出机制的约束条件时,由于第一和第三种情况还可能受到微小收益和投入之比变动的干扰,从而进入新的演化阶段,并朝向第二和第四种演化稳定策略发展,因而在该种状况下,最终可能出现两种演化稳定策略。一种是学校主导合作,博物馆倾向于搭便车;另一种则是博物馆主导合作,学校倾向于搭便车。影响馆校合作双方选择负担合作成本的前提条件是,其在馆校合作中的期望收益(广义)大于其所投入的成本;同时,在馆校合作组织中,博物馆与学校的合作行为,是受多种因素(投入规模、收益、成本)共同影响制约的双方博弈结果。单纯靠馆校合作双方无法维持长期、稳定的合作关系,必须有诸如政府等外部主体的介入。

通过馆校合作组织和政府机构的行为演化分析,我们可以得知,政府和馆校合作组织在馆校合作中的行为演进主要受制于双方各自在馆校合作中所能取得的收益,最终存在两种演化结果,分别是(0,0)和(1,1),即双方都消极对待馆校合作以及双方都积极发展或支持馆校合作。其中,政府在馆校合作中发挥着极为重要的外部作用。当馆校合作初始成本十分高昂时,政府的支持行为可以起到负担馆校合作成本的作用,为博物馆与学校开展馆校合作提供强有力的外部刺激。在馆校合作的长期发展过程中,政府的具体行为选择也会影响馆校合作组织的行为选择。同时,政府应当尽量降低馆校合作组织寻求资源支持时所付出的间接交易成本。馆校合作组织在具体发展合作内容和项目时要侧重于长远性和规划性。

第八章
中国馆校合作机制的构建

通过上一章的分析,我们可以得知,馆校合作是一个涉及博物馆以及学校内外部主体的长期博弈的结果;不同主体在馆校合作中的各类收益状况,决定了不同主体的行为策略,同时也与馆校合作组织的最终发展走向密切相关。然而这种实然状况下的馆校合作,可能基于主体利益视角的偏差以及相关制度供给的错位,未能发挥出馆校合作在国民教育活动中的全部潜能,同时其效率和稳定性也难以保证。因而在本章,笔者对馆校合作的投入、运行、监督和激励机制进行了相关构建。

第一节 馆校合作的投入机制

通过之前的博弈分析,我们可以清楚地看到,在馆校合作中,"收益"和"投入"是影响馆校合作最重要的因素,不同主体在不同利益状况下,所采取的不同行为策略影响着馆校合作的结果。在馆校合作中,博物馆与学校的收益,并非单纯经济意义上的收益,而是包括知识产权、组织发展、绩效提升、教师专业发展、学生学业进步在内的广义收益。事实上,除去知识产权等少数收益,馆校合作中涉及的绝大多数收益,对于各个组织而言,具有唯一和独占的特征,也就是说,博物馆在馆校合作中的收益,与学校在馆校合作中的收益,具有截然不同的模态。例如,博物馆主要隶属于科协、文化部门,其在馆校合作中的主要收益,是其自身组织在科学、文化传播中绩效的增加,自身教育职能的完善等;而学校归属于教育部门,其组织特性使得学生学业成绩、校本课程、教师专业发展成为其在馆校合作中的主要收益。但即便如此,博物馆与学校仍然面临着不可回避的合作成本投入问题,正如在上一章所分析的,如果两者在馆校合作中投入的各类成本大于取得的收益,往往会使得合作者难以拥有足够的积极性参与到馆校合作中,因而,投入问题是馆校合作的核心和基础问题。

一、馆校合作投入问题的实质

在馆校合作中,投入问题与各个主体在馆校合作中所取得利益的多寡密切相关。其中的"利益",必然是从主体本身的视角出发的,是基于个体理性的,并不完全和社会整体利益重合。在当前很多有关教育以及其他公共领域的讨论中,个体收益或者利益被视为极其敏感的话题。博物馆或学校参与馆校合作的原因,起点便是由于双方认为其合作可以对各自目标的达成具有积极的影响,可以实现彼此资源的互补,取得更高的收益。馆校合作的各类参与者在合作中获得的各类收益,直接决定了其对于馆校合作的态度和参与程度,继而影响着合作的效果。如果馆校合作中的利益分配有失客观公允,主体的投入和收益不相称,那么必然会导致合作者参与热情下降,从而使整体馆校合作绩效下降。一个合理的馆校合作利益分配机制,可以对合作者的主体行为产生积极的促进作用,是防止搭便车以及抑制投机行为的有效策略。总而言之,正如有些学者谈及的,"利益(在教育领域)的存在,昭示着主体的存在、自我的存在、主动的存在,正视、尊重利益问题,是学校教育及其研究走向现实、走向人间的必要前提"(李家成,2003)。因而,利益问题是馆校合作中客观存在的问题,正视利益分配在馆校合作中存在的必要性和客观性,是进一步构建馆校合作的基础。

二、馆校合作投入问题的复杂性

馆校合作的投入问题具有一定的复杂性,主要表现在以下几个方面:

第一,公共机构资源的有限性。在馆校合作中,投入面临的最大问题是资源短缺,这和公共机构经费、资源的有限性密切相关。在中国,绝大多数博物馆与学校往往都属于财政支持的事业单位,尤其是公立学校,属于财政全额支持的事业单位。受限于政策预算,博物馆与学校所能获得的财政支持具有有限性。而在实施馆校合作的同时,两者还必须承担其各自组织的常规任务,这些常规任务往往占据着财政预算的主要部分。这些使得无论是学校还是博物馆,其合作投入规模都受到约束。

第二,合作主体之间投入的多样性和差异性。在馆校合作涉及的成本分担中,面临的基本问题是不同合作主体之间的差异。在中国的现实条件下,"学校+博物馆"是最为基本的合作模式,在构成合作共同体时,首先面临的基本问题便是两者在资源投入方面存在较大差异。对于博物馆而言,基本的资源投入主要包括博物馆藏品、场地以及专业人员的投入;而对于学校而言,除去教师的人力资源投入外,学校还可能要承担诸如交通、日常开支等资金投入。无论是博物馆还是学校,参与馆校合作均需要相对较多的前期投入,例如,博物馆设施的教育化改造、合作课程的开发、专家咨询等。这些基本的前期投入是保证后续馆校合作得以有效开展的基础。此外,一方面,由于博物馆相对于学校数量较少,往往需要同多所学校建立合作关系,才能真正发挥其进行科学传播、提高公众文化素养等使命;另一方面,由于博物馆资源的有限性,学校往往不会仅仅同一所博物馆建立联系,因而不同学校、博物馆之间资源状况的差异,同样是必须考虑的因素。在馆校合作中,这种资源投入的多样性和差异性所带来的直接结果,便是必须对这些具体投入的要素进行必要的区分。

第三,投入的发展性。馆校合作并非一个一蹴而就的过程,其合作往往需要经过较长的时间才能形成规模效应,对双方产生积极的影响。然而在中国当前已有的馆校合作中,合作往往是基于临时需求产生的,难以存在稳定和持久的合作关系,合作的稳定性和长期性普遍不足。这一方面可以归因于一些外部因素,但同时也与成本分担机制的短期性密切相关。因而,在馆校合作的成本分担中,需要充分考虑馆校合作的发展特性,从未来和长远的角度对除去直接运行成本之外的其他成本进行合理的分担,包括扩大设施改造及馆校合作的规模,对一线教育人员进行补贴和激励,聘请外部专家进行培训,等等。一方面,这些成本投入对馆校合作的成效具有正面的促进作用;另一方面,由于投入的增加,势必造成相对收益的减少,从而导致合作主体积极性的下降。因而如何在"可能"与"长远"之间确定一个恰当的投入比例，是馆校合作必须直面的问题。

第四，直接收益的滞后性。与馆校合作投入问题直接相关的，是博物馆或者学校主体在馆校合作中所取得的收益。教育领域内的成效和收益最大的特点在于长期性和滞后性，这是由于教育的最终意义指向人的发展，而人的发展必然是一个长期的过程，无法立竿见影地获取收益。此外，从馆校合作涉及的其他种类收益状况来看，教育人员的专业发展、学校及博物馆组织绩效的提升、社会效益的增加，同样是一个长期的过程。在馆校合作的不同阶段，收益和投入之间存在明显的不协调性。例如，在馆校合作初期，投入相对较大，而合作收益相对不明显；在馆校合作后期，由于前期的规模优势和积淀，合作收益相较于初期往往更大。这一特点难免使一些学校或者博物馆在馆校合作初期采取搭便车的策略或者持观望的态度，从而影响馆校合作的成效。总之，馆校合作收益的滞后性直接影响着馆校合作的投入状况，必须在投入机制上进行一定的考虑。

三、馆校合作投入机制的构建

正是由于上述投入问题的复杂性，使得馆校合作机制的构建实际存在较大限制。正如著名经济学家 Buchanan(1986)所指出的，"公共物品的供求决策是通过政治制度而非市场制度实现的，并且不存在可以轻松进行公共物品供求分析的竞争性秩序的对应物"。笔者在此仅仅针对中国馆校合作的状况，提出几条构建投入机制的主要举措。

1. 政府外部投入的专门介入

通过上文分析可以知道，没有外部激励的馆校合作，往往可能存在一方承担主要合作成本，另一方搭便车的状况；即便此时馆校合作所取得的各类整体收益大于合作所需的成本，但由于学习和模仿的作用，也存在导致馆校合作消解的可能。一方面，由于博物馆和学校均属于事业单位，其运行主要依靠各类财政拨款，同时直接受各类政府机关的领导，因此对于政府支持的依赖性极大。另一方面，馆校合作可以被视为当前教育改革以及全面提升公众科学素养的实践举措之一，对于政府而言存在巨大的教育潜力，因而在政府知悉馆校合作的价值之后，会产生推进馆校合作发展的动力。

由于当前中国博物馆与学校对于政府扶持存在天然的依赖性,在馆校合作初期经验不足、资金缺乏的状况下,博物馆与学校难以仅仅从自身内部出发,拥有强烈的动机进行馆校合作,这势必会影响馆校合作的深入发展。同时,博物馆与学校预算开支的有限性,也制约着合作的规模和实施。对于公共利益的代理人——政府而言,馆校合作社会效益的发挥是其直接关切的内容,因而政府给予馆校合作主体一定的资金扶助,在诸如专家聘请、教育人员培训、场馆改造、课程开发等亟须相对大额资金支持的项目上给予扶持,是促进馆校合作有效发展的重要保障。

在具体资金支持的形式上,可以考虑两种策略。首先是用于馆校合作的专项基金,该类基金主要适用于省市等层级的政府机构,主要以由博物馆与学校进行项目申请的形式展开。在设立馆校合作专项基金的同时,政府也应当相应建立起一套完整的项目申请、审批以及评价体制,保证专项基金可以真正对馆校合作产生助益。这种专项基金的优势在于,可以有针对性地对存在合作需求、优势及合作可能性的学校和博物馆,在合作初始阶段提供保证其稳固发展的资金支持;同时针对当前中国馆校合作发展仍处于初级阶段的现实,可以有效发挥示范以及教育实验作用。对于一系列教育质量好、社会效益较高的馆校合作项目,还可以采取奖励的形式,激励馆校合作的参与者继续维持双方的合作。另一种可供参考的形式是采用区域政府购买服务的形式:在区域范围内,由教育主管机关统一整合地区的博物馆与学校,进行博物馆与学校间的合作,在此基础上,对于馆校合作产生的相关教育服务成本进行购买。该种政府投入模式的优势在于,区县一级政府是中国基础教育阶段教育服务的主要提供者和管理主体,具有天然的投入合法性,可以有效降低各类排他性成本(Fernandez et al., 1995);同时,在当前中国基础教育服务不均衡的大背景下,区域范畴下的馆校合作作为教育实验的一部分,在区域状况允许的条件下也更具有可操作性。

2. 核算馆校合作中的各类成本收益

在经济学中,收益成本核算是普遍采用的经典分析方法。在该方法中,某项目或决策的所有成本和收益都将被一一列出,并进行量化(王爱学,2008)。对于馆校合作而言,收益成本的核算同样可以有效地进行移植。馆校合作中的成本主要涉及显性成本和隐性成本两类:显性成本主要包括各类资金、场馆设施、人力、专业知识等；而隐性成本主要是广泛意义上的交易成本(Hennart,1988),主要包括合作前的排他性成本、机会成本、信息沟通成本、监督成本等。在具体的收益中,虽然绝大多数收益或直接指向公共服务,或直接指向组织内部,但合作过程中产生的各类课程、教育内容的知识产权也需要在利益分配中进行具体的核算。在馆校合作中,各类收益、成本的厘清,有助于各类主体有效规范自身在馆校合作中的行为。在这个过程中,应当及时对教师、博物馆馆员的合作实践成果进行专利或专门技术的登记、注册或者管理,并核定价值,明确归属。

3. 明确馆校合作中的责权利的边界

一个有效的馆校合作投入机制,必须对博物馆与学校的权利及义务进行有效的界定。在现实状况中,责任、权利和利益的含混不清,往往会使馆校合作双方无法建立起长期和稳定的合作关系,同时会制约馆校合作的效力。"责权利"问题的核心,是馆校合作中的产权制度。产权(property rights)是指"经济主体对财产的权利,更严格地说是一组权利束,即经济行为主体在划分、占有、支配和使用特定财产时所形成的经济权能及利益关系"(范先佐,2002)。也就是说,产权制度是资源的存在以及关于资源使用所引起的不同主体之间的互相承认的行为关系。在馆校合作中,由于博物馆与学校双方共同承担合作成本,很容易由于某些教育服务具有外部性,或者权利模糊的问题而产生投机或者搭便车的行为,这会使合作主体之间的交易成本上升,从而导致合作的低效。

在馆校合作的具体实践中,馆校合作双方应当明确各自的责权利边界。例如,博物馆对于现有场馆进行教育化改造和更新,对资源长期的占有、支配、使用归属于博物馆一方,因而学校不需要负担该部分成本。再如,学校依靠博物馆资源进行校本课程开发,虽然这涉及博物馆的资源以及专业知识,但该课程的主要产权归属于学校,学校拥有支配的权力,所以该部分成本应该主要由学校承担。除此之外,对于涉及馆校合作运行的一些成本,还需考虑到不同阶段投入之间的收益比差异,在制度设计上进行区分,从而防止搭便车等行为的产生。

4. 引导社会力量介入

公共财政经费存在有限性,单纯依靠政府投入或者从各自组织之间的运行经费中截取,一方面,可能存在投入金额短缺的问题;另一方面,在当前决算审计制度下,如果没有专门的课程研发、教育实验、对外合作经费,同样也无法保证馆校合作的投入。社会捐赠无论对于现代学校还是对于博物馆而言,都并不陌生。在中国当前状况下,社会力量的介入是对馆校合作投入强有力的补充。在馆校合作的投入中,可以充分发挥社会捐赠的积极性,发挥社会力量在教育改革、国民科学文化素养提升中的作用。在具体操作形式上,博物馆与学校都可以采取一些在其职权范围内的措施,为各类社会捐赠力量创造良好、适宜的条件,鼓励企事业单位、社会团体和公民等社会力量的介入。需要注意的是,由于现有馆校合作主要涉及的是公共教育服务,应当坚持这些社会捐赠的公益属性,在产权、办学、管理等方面采取谨慎的态度。

第二节　馆校合作组织的运行机制

决策运行机制是本研究构建的馆校合作机制中的主体部分。本研究并未将"决策"简单理解为一个静止的、从若干备选方案中选取最佳方案的行为,而视其为一个相互联系的动态过程,决策行为贯穿于一个项目运行之前、之中以及之后的全过程(Zeleny, 1982)。因而在本研究中,决策机制和运行机制实际共享着相同的外延。具体而言,本研究所指的馆校合作决策运行机制,是一个涉及主体、需求、关系、内容、反馈的微观决策运行机制。一般而言,在其他公共决策中,上级行政部门往往处于支配地位,但中国馆校合作仍处于起步阶段,其实验属性决定了合作的具体决策内容往往限定在博物馆或学校的组织层面,而上级政府承担的职责主要为投入和评估,因而笔者在本部分将馆校合作的决策运行聚焦于机制层面。

一、合作主体的选择

馆校合作是一个涉及众多利益相关者的合作行为,虽然博物馆和学校内部的相关主体占据核心地位,但上级行政部门、家长以及其他专业主体的参与,对于馆校合作而言也是不可或缺的。例如,假使博物馆与学校没有让上级行政部门了解到博物馆对于教育宏观战略和整个地区教育改革的重要性,那么上级行政部门可能就没有充分的动机对馆校合作进行支持;此外,家长的支持对于馆校合作而言非常重要,家长可能会存在对学生学业、安全等方面的顾虑;在中国馆校合作还处于起步阶段的现实状况下,其他专业主体的水准高低也影响馆校合作能否科学开展。在筛选具体的合作者时,需要明确各个成员在合作中的具体角色和任务,从而确保合作关系的顺利展开。

二、不同合作主体的利益需求及目标分析

正如在之前章节分析的,馆校合作中涉及的相关主体都会基于自身的个体理性展开行动,其行为必须符合自身的利益需求,而馆校合作所要达成的目标,便是在符合个体利益基础上的馆校双方社会效益的"帕累托最优"。因而,在建立馆校合作关系时,博物馆和学校了解彼此之间的真正需求和目的是实现馆校合作的基础(Kang,2005)。

下面以专业层面的双方需求为例,对馆校合作双方的利益需求进行一个简单的说明。从学校对博物馆的需求来看,主要是博物馆如何能够增进和补充学校的课程资源。教师往往需要了解博物馆具有哪些资源,这些资源能够支持开展何种类型的教育活动,能够容纳多少学生;如何将博物馆资源纳入学校日常的教学计划中;博物馆在学校教育领域已经进行了哪些工作,这些工作是否针对学生制定了教育计划;如何体现博物馆教育和学校课堂教育之间的差异;等等。从博物馆对学校的需求来看,中国学校对于博物馆是一个既熟悉而又陌生的对象。熟悉主要是指学生群体往往是参观博物馆的主要群体之一,陌生主要是指现有的合作模式在很大程度上仅仅局限于"参观",博物馆对学校教育的课程计划、教育内容、学生身心发展特点等因素并不具有足够的认识。同时,在教育职能并未专业化的状况下,博物馆藏品的展教功能主要是从专业视角进行设计的,其教育设计往往存在一些欠缺。在利益分析的基础上,必须将这些需求转换为具体的合作目标和计划。对于馆校合作而言,具体的合作目标的重要意义是不言而喻的,可以有

效提升双方合作的针对性，使双方合作的具体内容具有规范性，避免盲目合作。具体而言，首先，博物馆与学校双方必须重新厘清双方合作的需求和目的，并且使用自己的语言对双方合作关系的必要性进行阐述。同时，要避免合作目标的宽泛和空洞，必须将合作目标界定为可操作的目标。

三、合作计划的设计

有了可操作的目标之后，馆校合作双方必须考虑如何将这种目标转换为行动，亦即使用何种具体的途径来满足双方的利益需求，双方需要做什么工作，如何同对方进行合作，使用何种策略、资源、沟通方式等，这些具体的行动需要不同的合作利益相关者（如对方、政府、家长、专家）动用何种资源，以及消耗多少时间和工作量。

在具体的资源类型上，资金、时间、人力资源都需要细致规划。在资金层面，除了组织内部的资金，馆校双方还必须同上级政府机关建立联系，或者通过上文提及的专项资金制度进行项目申请。在时间上，由于馆校合作的具体执行人员往往都具有其他常规性工作，繁重的任务使时间协调极为重要，为了确保合作的顺利开展，博物馆与学校必须给予具体执行人员调整课程或者工作安排，制定切实可行的时间表。

此外，为了避免当前中国馆校合作普遍存在的短期性、投机性问题，馆校合作双方还应当从长远角度和未来的合作计划出发，进行一些规划设想，在馆校合作的过程中正确引导馆校合作的方向。

四、合作评估计划的设计

馆校合作的评估可以分为外部评估和内部评估。笔者在下节的"馆校合作的评估监控机制"部分构建了一个外部评估机制，其主要指向上级行政部门或者其他外部机构对于馆校合作的评价和监控，这种评估主要是一种针对绩效的评估。然而，在馆校合作的运行机制中，同样需要内部评估，主要指向发展评估，是合作者自身在馆校合作项目层面对于馆校合作的监控和发展。

五、馆校合作具体教育内容的设计

在馆校合作中,具体教育内容的设计实际上是一个属于专业范畴内部的问题,或者说是一个课程、学习方面的问题。不同学科、不同材料之间,具体的教育内容存在较大差异,笔者在此仅仅从一个基本的层面,对一些基本设计原则进行初步的构建。

首先,在馆校合作之初,必须明确基本的科目和年级,并对其进行相应的区分和界定,这是馆校合作走向深度合作的关键所在。在传统的博物馆教育中,所有的展品和材料在其预先假定中可能没有充分考虑到对象的年龄以及知识基础的差异,因而对于不同参观群体而言,往往可能存在不适切的现象。现代学校教育的整体设计建构在学生不同年龄阶段的发展特点之上,博物馆与学校的合作也应遵循这一要求。具体而言,就是要明确什么年级需要怎样的教育内容,这些教育内容如何在现有博物馆条件下系统化。

其次,馆校合作的教育内容设计必须同国家课程计划接轨。课程计划是学校开展教学活动的依据。馆校合作在本质上属于整体国民教育体系,是社会整体教育的一环,因而教育内容必须建立在当前国家课程计划的基础之上。此外,由于馆校之间的深度合作往往是基于学校课程和教学的,包含众多知识学习的要素,这些要素假如不能和学生当前在学校主要学习的内容之间产生有机联系,往往不能发挥其有效性。

再次,馆校合作的教育内容设计应当针对不同的学生进行设计,体现差异化的特点。在当前学校教育中,不同学生的兴趣、知识基础往往存在很大的差异,学校教育往往不能及时应对这些差异,而博物馆的教育资源则给学生的学习环境提供了极好的素材。为了满足不同人群的需求,改变普通的课程就成了一种必然要求。普通的课程是针对处于中间水平的学生设计的,而其他学生有的"吃不完",有的"吃不饱"。要满足不同学生的需求,可以通过增加各种涵盖不同社会资源的课程材料来弥补。

最后,在设计好教育内容之后,需要主动进行自我评估以及寻求专家评估。教育内容的设计,不是一个一劳永逸的过程,而是一个需要时时修正和完善的过程,因而便需要形成性评估的介入。这种形成性评估,一方面可以通过自我评估完成,另一方面也可以通过专家评估反馈完成。高校等专家机构在学习领域尤其是非正式场馆学习领域,具有较强的专业知识,而这些知识在馆校合作中是稀缺且必需的。

第三节 馆校合作的评估监控机制

无论是博物馆还是学校,在本质上都属于公共机构,这种公共属性决定了双方的行为无法仅仅对组织本身负责,其行为的解释不能仅仅限定在组织内部。在"第一节 馆校合作的投入机制"中,笔者已指出,现有馆校合作的投入在很大程度上必须依靠政府专项基金的扶持,因而如何确定该种公共合作项目取得何种程度的社会收益,在教育质量上产生何种程度的提升,是馆校合作中必须面对的问题。因而,在本部分,笔者拟从外部角度对馆校合作的评估监控机制进行构建。需要指出的是,本部分所涉及的评估监控机制主要是指外部的政策、制度意义上的评估监控机制,对于馆校合作内部的自我发展性评估,笔者将其定位于微观合作技术层面的内容,将在下节中进行具体阐述。

一、馆校合作评估监控机制的本质和基本要素

在本质上,馆校合作项目和其他公共开支项目并无区别,因而同其他公共开支项目一样,馆校合作项目的评估过程主要着力于以下三个基本方面:"一是政府的支出必须获得公民的同意并按正当程序支出;二是资源必须有效地利用;三是资源必须用于达成预期的结果。"(Vedung,2008)相较于其他公共项目,馆校合作项目的特殊之处在于其自身所试图达成的目的和项目内容本身。项目评估往往由如下几个要素构成:第一,评估的主体,即由谁来发起评估,以及评估行为的主导者和参与者是谁;第二,评估的对象,即由谁接受评估,在馆校合作中,评估的对象限定为博物馆与学校;第三,评估的内容,即说明评估的具体指标及这些指标的外在表现形式;第四,评估的手段,即以何种方式开展评估,是终结性评估,还是发展性评估;第五,评估的结果(Dasgupta et al.,1972)。

二、馆校合作项目评估的框架设计

1. 评估主体

表 20　馆校合作评估主体的选择标准

维　度	简　　述
信息获取状况	准确了解信息是进行有效政策评估的基础,这一标准要求评估主体拥有馆校合作的完整信息。
专业程度	馆校合作往往涉及大量的投入、产出资料信息及过程性信息,这些数据的获得、分析、处理、应用均需要诸如课程、学科、财政、统计、审计、公共管理等方面的专业知识背景。
价值偏向状况	不同类型的评估对评估主体价值偏向的要求各不相同,初始性评估可能更加侧重于项目本身的利益分配状况,而过程性评估则更加强调事实。尽管对评估主体能否达成价值中立存在很大争论,但无论如何,评估主体应该尽可能避免同馆校合作执行主体产生过于密切的关联。
影响力和权威	假定评估主体完成了某项合理的评估,然而却无法对具体合作者产生任何实质性的影响,那么这种评估就难以发挥任何实际的作用。这一方面是一个权力框架问题,另一方面也同现有评估主体自身的状况有关。
政策评估成本	任何一项具体的馆校合作行为所能承担的评估成本都不是无限制的。

馆校合作的评估主体选择,应当依照信息获取状况、专业程度、价值偏向状况、影响力和权威以及政策评估成本五个标准进行选择。根据当前馆校合作的特点,笔者认为,评估主体首先应该包括馆校合作的具体参与者,这是由于馆校合作的具体参与者在信息获取以及评估成本上拥有天然的便利条件。在具体的操作形式上,可以要求馆校合作的执行人员在项目规划设计之初,就设计好评估计划,继而填写项目信息、预期成效,并随着馆校合作的逐步开展进行工作总结,填写年度报告等;随后将这些评估信息提交给上级部门或者专门的馆校合作项目主管部门。馆校合作的第二个评估主体是上级行政部门或主管部门,上级部门在评估的影响力和权威上发挥着不可取代的作用。由于馆校合作的双方隶属于不同的上级主管部门以及教育主管部门,因此应当根据馆校合作的不同类型,对馆校合作的评估主体加以

区分;在实践操作中,上级主管部门还可以成立相关的委员会,对馆校合作项目进行评估。此外,在绝大多数情况下,由于存在利益相关问题,单纯公共机构的内部评估往往难以完全、客观、准确地反映馆校合作的真实成效,加之专业程度的欠缺,此时引入外部专业评估主体尤为重要。在当前中国专业评估机构尚未发育完全的现实条件下,大学等专业机构是充当外部评估主体的理想选择。

2. 评估类型和结果的使用

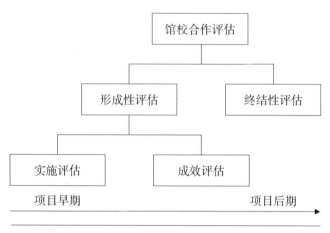

图30 馆校合作项目评估类型

根据现有评估理论,可以将馆校合作项目评估大致分为两种类型:形成性评估(formative evaluation)和终结性评估(summative evaluation)(Tuckman,1985)。其中,形成性评估又可以分为实施评估(implementation evaluation)和成效评估(progress evaluation)。形成性评估贯穿于馆校合作的始终,其主要目的是评价正在进行的馆校合作活动,并为监测和改进馆校合作提供必要的信息。实施评估和成效评估的作用也各不相同:实施评估的目的是为了确定一个馆校合作是否按照计划执行,同时实施评估本身也发挥着描述、记录、保存馆校合作活动,总结现有成果的功能;成效评估的目的是为了确定该馆校合作是否达到了馆校合作的目的。终结性评估用于馆校合作的结束阶段,其同样是为了评估馆校合作是否达成了既定的目标。终结性评估收集产出以及相关进展、策略、活动的信息,是对于馆校合作价值和成就的评估。终结性评估直接涉及馆校合作的前景,例如是否向更多领域推广该类馆校合作,是否继续资助或提高资助额度,是否对馆校合作进行调整或终止馆校合作。

3. 评估的内容框架

馆校合作的评估内容主要应当从两个层面进行界定：首先是学生层面的产出,即学生在馆校合作中获得的个人发展；其次是博物馆与学校组织层面的产出。在当前课程改革的背景下,馆校合作在学生层面的产出不能单纯用学生的学习成绩来衡量,而是应强调学生在馆校合作中的全面发展。这种全面的发展,主要应当从知识、感受和理解,态度和情感,日常行为的改变,技能和技巧等四个层面进行评估和总结。在评估手段上,测试可以应用于知识类及态度类内容的评估中,而观察记录等质性方法可以广泛应用于所有类型的内容。

表 21　学生层面馆校合作评估主要内容框架

范　畴	概　　述
知识、感受和理解	该范畴主要涉及学生在该项目中有意识地理解到的东西。具体而言,包括那些可以被参与者用自己的语言所表述的感受、理解和知识,既包括该项目所涉及的主题,也包括馆校合作中具体科目下属的相关概念、原则、现象、理论等。评估该范畴影响的依据包括参与者在项目中的知识变化,对先前知识的巩固和促进,也包括那些可以促进未来学习的方法和经验。
态度和情感	馆校合作区别于常规学校教育的最大特点是立足于学生的长远发展,其中学习兴趣的提升、情感态度的变化是至关重要的组成部分。评估该范畴的主要依据是学生在馆校合作中产生新的兴趣,并巩固和强化先前的长期兴趣。例如在学校与科技馆的合作中,情感的培养便包括学生对于某种科学主题、科学家、科学事业、科学活动等长期性的观念变化。在文化类博物馆中,情感的培养可能包括爱国主义情感的激发,对于某个历史时代兴趣的提升,对某种人文社会现象的关注等。
日常行为的改变	由于博物馆资源具有直观性和示范性,因而学生日常可观察到的行为变化也应当成为具体评估的重要内容。例如在科学类博物馆中,针对环境和健康等议题,学生在后续日常生活中环保行为的增强,生活习惯的改善,便是重要的评估内容。在具体评估该内容时,主要依据应当是学生自身的短期行为改变,或者是长期范围内因参与该馆校合作项目而产生的行为改变。

(续　表)

范　畴	概　述
技能和技巧	技能和技巧主要涉及一些过程性知识,具体指标包括参与者是否掌握了一些之前所不具备的相关技巧和技能。由于博物馆具有较为丰富的实物资源,同时仪器、器材也较之学校更丰富,因此技能和技巧领域的改变应当成为重要的评估内容。典型的技能和技巧包括科学探究技巧(观察、探索、提问、预测实验、辩论、解释、综合),同时也包括使用科学技术和理论的能力。同时,该范畴还包括在非正式环境中学习的能力,例如操作一个互动性的科学展览设施的能力、在线收集信息的能力、小组合作能力、玩电脑游戏的能力。从更广的意义上说,技能和技巧实际上代表着一种终身学习的能力。
其　他	主要涵盖一些无法用上述领域概括的学生收益。

组织层面的评估主要涉及的因素是人员的专业发展,教育内容、材料和课程的更新,以及社会效益的提升。具体阐述如表22所示:

表22　组织层面馆校合作评估主要内容框架

范　畴	概　述
教师的专业发展	教师的专业发展主要涉及教师通过参与馆校合作在专业思想、专业知识、专业技能上的提升和完善。教师在馆校合作中专业思想的更新,主要是指教师课程理念以及学生发展观念的变化。通过与博物馆的合作,教师可以超脱原有课堂本位的课程理念,同时关注到学生多层次的发展。在专业知识上教师一方面可以同博物馆教育工作人员进行专业知识交换,同时也可以依据博物馆资源更新自己的教育知识。
博物馆馆员的专业发展	博物馆一线教育人员的专业发展,主要侧重于针对专门对象的教育能力提升。对于博物馆馆员而言,由于长期以来学校教育体系和博物馆体系是彼此封闭的,因此很少对学校课程标准、学生的具体发展状况和认知特点有深入了解。通过馆校合作,该领域可以产生较为明显的提升。
教育内容设计和课程材料的开发	教育内容设计和相关课程材料的开发,是馆校合作中产生的最为直观的合作结果,是可以具体呈现在物质载体上的内容。该类产出除了需要有一线执行人员的自我评估以外,外部专家主体的介入是保证评估客观性的基本要求。

(续　表)

范　畴	概　述
社会效益的整体评估	社会效益主要是指通过馆校合作的开展,对双方组织产生的积极社会评价同时也包括通过馆校合作服务,对于周边社区产生的积极影响,如一些合作项目引入家长参与,既提升了家校关系,同时也符合博物馆促进国民科学文化素养提升的社会教育目的。该类评估主要可以通过反馈和调查的形式进行。
其　他	主要涵盖一些无法用上述领域概括的组织内容。

4. 评估流程和方法

在具体针对馆校合作项目的评估设计上,应当遵循相对严格的计划,主要可分为六个步骤:第一,设计一个评估的基本框架,并对评估过程中涉及的重点、难点进行界定;第二,形成具体的评估内容,并界定出可测量或者可供观察的产出;第三,形成完整的评估设计,这是一个具体的评估计划;第四,采集并提交信息、数据;第五,对相关结果进行分析;第六,向馆校合作的相关人员进行信息反馈。

在评估框架的设计上,可以具体采用 CIPP 模式进行设计(Stufflebeam,1972)。CIPP 模式主要涵盖背景、投入、过程、产出四个基本的要素,可以有效帮助评估者筛选和确定评估手段和具体的问题,同时也可以更清晰地向其他人解释该项目使用了何种资源、进行了何种活动、取得了何种成效。具体而言,"背景"部分应当阐述当前馆校合作的条件、基础或者学生现有的发展状况等情况;"投入"部分应主要解释馆校合作项目所使用的资源以及投入的不同来源;"过程"部分应当解释项目实施者为完成项目所采取的行动;"产出"部分既包括项目行动所产出的直接结果,也包括对如何达到项目的深层次目标的解释。

整个评估过程的第二个部分,是形成评估问题和确定可测量的产出。评估问题的形成主要应包含如下步骤:第一,确定馆校合作的关键利益相关者和受众,如学生、社区、政府等;第二,形成关于针对上述人群的可能评估问题;第三,界定可操作的产出指标;第四,对评估问题进行精简和排序。在此基础之上是评估的具体设计。该部分需要回答何种评估设计可以满足第二部分评估问题的要求;确定评估的具体方法和信息收集工具;在涉及学生的评估中还可能涉及抽样,还应确定数据收集的时间、序列以及频次等。评估设计实际是对三个问题的系统回答:发生了什么?是否有预期的影响?导致这种影响的原因是什么?具体而言,评估手段囊括两种类型,分别是量化手段和质性手段。由于很多结果具有不可直接测量性,因而诸如质性研究中的人种志、案例研究、内容分析等方法应当充分应用于馆校合作评估中。

事实上,在中国教育的现实情况中,评估活动远未实现专业化,但馆校合作作为教育改革和示范的创新项目,应当在具体执行过程中充分体现评估的专业化。也唯有如此,才能维持这种合作项目的合法性,同时保证合作真正取得成效。

第四节 馆校合作的激励机制

通过上一章的分析,我们可以清楚地看到,一个稳定合作模态的构建,是需要合作者经历多次重复博弈才能形成的;但另一方面,重复博弈的结果也并非都指向合作,在出现不符合个体利益以及存在投机或者搭便车行为的状况下,馆校合作行为很容易导致资源配置的低效以及具体合作行为的分崩和瓦解。在当前条件下,不同主体往往需要在各个阶段投入各类人力、物力成本;同时在现行制度条件下,这些投入往往属于教师、一线馆员"常规工作"之外的额外投入。在缺乏强制性馆校合作要求、个体收益难以获得保障,尤其是教师及博物馆工作人员常规任务繁重、压力巨大的状况下,这种主动投入很难长久和维系。为了使馆校合作的具体执行者,尤其是教师和博物馆一线人员,真正积极有效地投入馆校合作中,一个有效的激励机制是不可或缺的。激励在本质上是馆校合作各利益相关者在合作微观层面上所取得的收益,包括各类物质和非物质层面的内容。这种激励机制,既包括来自馆校合作各组织内部的激励,同时也应适当补充相应的外部激励,使得具体的合作执行人员在合作博弈过程中可以清楚地了解到自身正面合作行为带给自己的收益,从而保证馆校合作的稳定持续发展。

馆校合作本质上是具有公共属性的组织间合作,其公共属性决定了这种合作的目的不是直接经济收益。馆校合作具有多任务性（Holmstrom et al.，1991），其在社会意义上指向社会整体效益的满足。然而参与馆校合作的各类主体在本质上属于"经济人"，其行为的直接动机是满足个体效益，其行为逻辑必须符合其自身的个体理性。各类合作主体在馆校合作中所取得的种种收益，直接决定了其对于馆校合作的态度以及可能采取的策略，进而影响馆校合作的具体效果。这意味着，虽然馆校合作在整体意义上可以实现社会教育资源的有效配置，但其具体的实施和执行必须建立在符合各类合作主体的个人理性的条件上。因而，从理性角度看，馆校合作的实现不能简单地归结为口号式的倡导，而应当在制度设计上对涉及馆校合作的相关主体进行激励。

一、建立馆校合作激励机制的基本原则

在馆校合作的激励机制中，除了公平、全面、持续、客观、规范等基本原则外，考虑到馆校合作的特殊性，还应注意如下基本原则。

1. 从公共利益出发进行激励

馆校合作的初衷并非谋求博物馆与学校内部主体的个人利益，而是在当前社会背景下，为了应对教育改革、国民素养提升所产生的新要求，为了提高学校的教育效能、增强博物馆的社会效益、实现稀缺资源的合理配置，博物馆与学校共同面对单一组织无法胜任和完成的任务。因而，对馆校合作执行者进行激励，必须坚持增强公共利益的原则，转变学校与博物馆内部的管理者、执行人员的观念，积极增强其相关专业素养，并主动采取积极的合作策略，从而实现基于个人理性之上的"帕累托最优"。在现实情况下，我国的馆校合作受制于历史条件、现实环境等因素的影响，仍然处于较为初级、松散的状态，大多数馆校合作的范围仅仅限定在春（秋）游、课外活动等范畴，虽然在一些地区已经出现了课程资源开发、教育内容共建等相对紧密的合作形式，但也存在合作投机性强、不稳定等现象，博物馆与学校很难从基于自身组织的角度进行合作。因而对于馆校合作执行者的激励，应当着眼于长期的公共利益，将激励作为必要手段，以实现学生的全面发展和国民科学文化素养的提升。

2. 从引导和强化主体行为角度进行激励

建立馆校合作激励机制的另一个主要原则，就是通过激励行为引导和强化主体的积极合作行为。正如笔者一再强调的，本研究的一个基本假定就是参与馆校合作的各类主体是"经济人"，以满足自身利益的最大化作为行为动机；同时，参与馆校合作的各类主体，其行为策略不是一成不变的，彼此之间会相互模仿和学习，外在条件也会对行为产生激励或者削弱作用；此外，对于馆校合作中教师等相关主体还存在"道德人"的假设，因而还必须通过各类隐性激励对其行为进行强化，增强其合作行为的内部动机。通过激励引导主体行为原则的基本要求实际同公共利益原则一致，是指通过满足各类合作主体的需求，引导特定主体的行为选择与馆校合作的整体利益保持一致，增强合作的内部积极性，减少投机行为和搭便车行为。在中国当前的条件下，无论是学校管理人员还是教师，在激励机制不明确、常规任务繁重的状况下，主动积极参与馆校合作、寻求教育改革和创新，都不能给其带来长久稳定的收益，因而建立馆校合作的激励机制必须遵循引导主体行为的原则，及时对馆校合作中的相关合作者的积极行为进行正面强化。

3. 激励机制必须建立在合理的评估之上

馆校合作机制唯有建立在专业、合理、规范、严谨的评估之上，才能保证其有效性。在上一节，笔者构建了馆校合作的项目评估机制。对于合作主体的激励，在某种程度上是与馆校合作的评估密不可分的。从另一个侧面而言，建立馆校合作的激励机制是对评估结果的使用。在具体的激励活动中，需要明确具体项目的执行者、负责人，对各类项目的收益进行合理有效的评估。需要注意的是，公共部门所创造的社会效益往往需要较长的周期才能完全体现，并且有时无法采用直接的数字指标进行定量衡量，同时缺乏对比和参照。馆校合作中所涉及的绩效评估同样具有这一特点：学校或博物馆的组织发展，教师、馆员的专业发展，以及学生学业成绩的变化，其周期都相对较长且难于被量化。很多西方研究者认为，相对于传统的知识学习，学校在博物馆学习中的收益，是包含学生的认知、情感、技能、社交等在内的多元产出，这类产出在诸如中考、高考等中国传统的学业评价体系中难以获得直接的反映，也难以被具体量化；而对于博物馆一方而言，由于其在教育领域中的职能在中国现实条件下远未专业化，因此同样也难以在其现有的绩效评价体系中得到有效反映。因而在建立激励机制(即对评估结果的使用)时,必须将上述因素充分考虑在内。

二、馆校合作激励机制的具体设计

在馆校合作的激励机制中,我们可以将激励的基本类别按照显性激励和隐性激励进行划分(Matten et al., 2008)。显性激励主要是指通过一些外在、直观、可量化的激励手段,对参与馆校合作的主体进行激励;而隐性激励主要关注馆校合作中各类主体的多层次的需求,如社会尊重、自我价值的实现等。我们可以通过如图31所示框架对馆校合作激励机制进行描述。

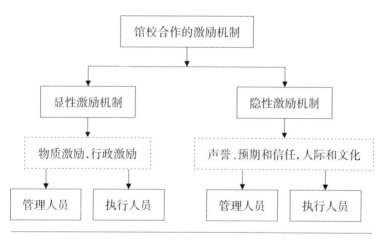

图31 馆校合作激励机制的框架图

1. 物质激励

在所有激励方式中,物质激励是最为常见的一种激励方式。在具体执行人员层面,来自公共部门的激励虽然不同于私人部门的激励,但近年来,教育等领域也逐渐引入了基于绩效的工资制度。物质激励的意义首先在于,在制度上承认合作者在馆校合作中的工作投入是组织范畴内的正式工作。通过这种激励形式,可以有效维持馆校合作的基本稳定性。除了对工作量进行计算之外,还可以对馆校合作中的参与者给予一定数额的奖金报酬,意在肯定和鼓励馆校合作参与者正向行为的选择。在组织层面,物质激励主要由上级主管部门来操作,正如本章第一节"馆校合作的投入机制"中所言,除去在馆校合作的运行层面的投入支持外,上级主管部门还应当设立一定的奖励制度,来鼓励一些优秀的典型合作,使之起到示范作用。

2. 行政激励

公共部门的特征决定了物质激励在学校和博物馆中存在极大的有限性。由于公共部门经费开支存在固定限制,加之其并非如同市场机构一般以营利为主要目的,因而所提供的物质激励必须限定在一定范围内。在这种情况下,可以适当调整参与馆校合作人员的工作任务(如减少对其他常规工作量的考核),为合作参与人员创造时间、任务、设施上的便利条件,增加晋升的可能(例如,在博物馆创设专门的学校教育部门,在学校创设专门的职位),授予个人荣誉(如授予各类荣誉称号、奖章)等。这类行政激励处于显性激励和隐性激励的交汇地带,在操作上相对便利。通过这类激励,可以有效提升合作者对于馆校合作的责任感和积极性。

3. 声誉、预期和信任

在隐性激励中,声誉、他人预期和信任也是一种极为典型的激励形式。根据经典的声誉理论(Fama,1991),在一个理想状况下,虽然馆校合作的参与者可能没有通过馆校合作的正面参与获得物质激励或行政激励等显性激励,但在一个科层化的公共组织架构下,参与者在馆校合作中的工作质量是其能力和努力的重要信号,表现差的参与者难以获得他人对其行为的预期,也会导致个人声誉、他人信任的损失,因而这种隐性的激励机制可以间接使得不同参与者努力改善自身的行为。在价值层面,声誉、预期和信任还是不同主体之间的互动过程,因而这种隐性的激励机制带有强烈的相互作用性。在馆校合作中,无论是博物馆与学校组织层面的预期和信任,还是执行人员和管理人员内部和外部(教师与教师之间,教师与校长之间,馆员与馆长之间等)的预期和信任,都可以彼此强化。声誉、预期和信任的隐性激励机制构建,是一个相对复杂的过程,并且同组织状况以及群体的规范密切相关(张维迎,2006),在中国博物馆与学校的现实状况下,可能与人事管理、考核、组织氛围、专业程度等因素密切相关。但毫无疑问,一旦声誉和信任制度建立,则不仅将促进馆校合作的开展,同时也将有效促进学校、博物馆其他常规工作的开展以及组织变革的实现。

4. 人际和文化

在馆校合作中,人际和文化同样是促成馆校合作的重要激励形式。由于馆校合作隶属于创新性工作,相互支持的人际关系以及学习型的学校文化可以有效促进馆校合作。组织内部支持性的人际关系氛围,可以提升馆校合作成功的可能性,与此同时,成功的馆校合作也可正面增强组织内部的人际关系氛围。除此之外,学校或者博物馆的文化氛围同样是一种对馆校合作参与主体的隐性激励。组织内部开放、自主、终身学习的组织文化氛围,可以促进组织成员的"文化自觉",例如,中国学校存在的"集体教研"的文化传统便蕴含着正面强化馆校合作的可能。

本章所述的投入、运行、评估监控、激励机制构成了馆校合作机制的一个主体框架,但是,在这一框架下还有许多细节需要考虑,在第二章关于西方馆校合作经验的论述中所提到的经验与启示正是一个有益的补充,这包括:在博物馆与学校的合作中,引入大学等专业教育研究机构的介入;强化职能主体的专业发展及内部动机,将中小学教师的博物馆课程设计、合作能力纳入专业发展、培训的范畴;在馆校合作中构建沟通机制(由专门人员负责的沟通渠道可以有效减少双方沟通、信息交互的成本,并在学校或学区内部实现资源的协调);注重完善家长和学生在馆校合作中的反馈机制。

本 章 小 结

本章对馆校合作的投入、运行、评估监控、激励机制进行了一个一般机制的构建。

投入机制的核心是成本分担以及利益分配问题,在构建馆校合作投入机制时,必须充分考虑公共机构资源的有限性,合作主体之间投入的多样性和差异,投入的发展性,以及直接收益的滞后性。馆校合作的投入,必须引入专门的政府外部投入,充分核算馆校合作中的各类成本收益,明确馆校合作中的责权利的边界,同时引导社会力量介入。

在构建馆校合作组织运行机制时,必须明确合作主体,对不同主体的利益需求和目标进行分析,同时从合作者、合作关系、合作利益相关者、合作资源、合作时间、合作评估、合作内容等具体细节的角度进行完善的构建。

在构建评估监控机制时,主体的选择必须考虑到信息、权威、成本、专业性等因素,综合利用多种评估,谨慎处理评估结构,强调评估的可操作性,同时构建完善的馆校合作产出及绩效的内容框架,并注意使用量化、质性等评估技术以及CIPP等评估理论。

在构建激励机制时,必须坚持从公共利益出发、引导及强化主体行为等原则,有效利用物质激励、行政激励、精神激励等多种手段。

此外,在馆校合作中,还需从外部专业主体引入、职能主体的专业发展及内部动机的强化、沟通机制、家长和学生参与反馈机制等方面,对馆校合作机制进行具体完善。

第九章
馆校合作课程的创建与设计

博物馆具有提供资源及服务来促进和支持学校教育的义务,但是在设计服务于学校的博物馆课程时,必须清楚地意识到博物馆教育与学校教育的区别。我们提到过科学精神、科学方法的培养,这些当然是必需的,但是博物馆的教育理念还必须包含的一部分就是要允许大量不同程度的反思性探究。博物馆是一个非理性、凭直觉的地方,同时又是一个有逻辑、可供分析的地方。如果我们知道很多,但是感受太少,其实也谈不上对事物有真正的理解。感觉和想象就像分析、评估和交流一样需要培养,博物馆应该致力于培养学生的这些技能,并且优先于让学生掌握一些知识,这才是博物馆教育的精髓所在。

但是,在很多馆校合作关系中,能促进学校的参与度就很不错了,很难要求更多。并且,很多博物馆与学校通常是点对点合作,或者一开始合作的时候并不知道从何处着手,又如何将这种合作模式化、项目化、成果化?所以本章将在前文讨论博物馆与学校合作机制的基础上,进一步研究两者如何合作创建与设计基于博物馆资源的课程材料,以及这些课程材料如何更好地整合博物馆的资源,从而真正地有别于学校的课程。

第一节 创建合作框架

计划阶段是馆校合作最重要的步骤,因为不同合作主体的差异性比较大,所以在创建有效合作方式的时候很难形成一个放之四海而皆准的标准供所有的博物馆或者学校使用。但是应当有目的明确的顶层设计,其理念和模式对成功合作至关重要。在创建的时候,需要明确几个问题:合作的目的、参与合作的主体、创建有效合作的步骤。

一、合作的目的

在博物馆与学校开始合作之前,建议双方的上级机构共同参与,把合作的意向、形式、目的都以制度化的形式确定下来,保证之后馆校合作的活动可以有序开展。合作双方一定要在顶层设计上把合作的目的想清楚:为什么要合作?合作想要达到什么的预期?这对后续项目的有效推进将起到至关重要的作用?合作目的可能包括,但不局限于:

(1) 扩大受教育的群体。
(2) 增强学校教育与学生生活的关联。
(3) 帮助学生加强基础技能,增加知识,提高理解能力。
(4) 让学校更加了解博物馆的资源,更好地利用资源设计参观计划。
(5) 对接课程标准,学校和博物馆共同开发基于博物馆资源的特色课程。

合作双方要形成共识:学生参与博物馆的课程应当获得连续的体验,而不是一次性的活动,所有的合作要基于常态化的机制。

二、参与合作的主体

厘清了合作的目的,就需要考虑在合作开始之前,需要囊括哪些利益相关者。合作成员在开始合作之前应该获得行政承诺,这样一旦馆校合作实现了目标,博物馆和学校的参与程度都将会增加。博物馆在做任何改变时都必须要考虑到观众,所以在面对学校群体时,博物馆的领导者需要去了解学校教育系统中每个利益相关者的想法,这里所谓的利益相关者尤其包括当地教育部门负责人、学校校长、资深学科教研员及学校老师。

博物馆要建立馆校合作的关系,首先要考虑的群体是教育部门负责人,如果博物馆没有让他们了解到博物馆对于教育宏观战略和整个地区教育改革的重要性,那么他们就不会为馆校合作项目拨款。第二个应该考虑的群体是学校校长。校长才是真正对老师带着班级离开学校说"是"的那个人,对校长来说,需要考虑很多细节问题,处理这些问题意味着要投入大量的时间,所以博物馆要考虑怎样将馆校合作可能给学校带来的好处呈现给校长。第三个关键群体是教研员,因为不论是教育部门的负责人还是校长,他们或者制定政策,或者提供制度保障,但是馆校合作能够有实质性的推进,还是要靠一个个具体的项目,所以资深学科教研员才是能够带领老师推进馆校教育项目或者馆校课程开发的核心。最后,馆校合作中最关键的利益相关者是老师。如果老师不知道怎样引导学生到博物馆学习,不懂得如何将课程目标与博物馆资源结合起来,那么馆校合作将永远是一个不会成功的命题。

虽然涉及很多利益相关者,但是,对于博物馆而言,最重要的是建立起一种学校管理者和老师都认可的博物馆教育文化来丰富学生的生活。建立这种文化非常重要,因为教育部门的负责人和学校管理者会发生变更,一旦形成这种文化,馆校合作就不会因为人员的变更而中断。馆校合作的成员可以包括,但不局限于:

(1)所在地区教育部门的领导或者负责人。
(2)所在地区教研室的学科教研员。
(3)博物馆教育方面的负责人和1—2名核心的骨干教育人员。
(4)学校教研方面的负责人以及参与课程开发的骨干教师。
(5)学科专家以及课程研发方面的专家。

可以先行成立一个工作小组来负责最初合作实质性内容的创建、项目推进、课程设计的模板等。这个阶段最重要的是梳理学校和博物馆的需求,使其相互匹配,尤其要摸清博物馆教育项目如何与课程标准相匹配。

可以使用合作表格(见表23)来明确合作成员的选择,获得合作的信息,明确成员在合作中的角色,进而确保合作关系正常运行。

表23 合作表格

合作者的类型	姓 名	联系方式	职 责
地区教育部门负责人			
地区学科教研员			

(续 表)

合作者的类型	姓 名	联系方式	职 责
博物馆教育方面的负责人			
博物馆教育研发人员			
学校教研负责人			
学校学科教师			
……			

三、创建有效合作的步骤

目前,博物馆和学校都是相互独立存在的,一个有效的合作关系如何形成呢？基本的原则是：

(1) 相互了解彼此的需求。

(2) 双方都能参与到合作的相关决策工作中。

(3) 双方都能从这个关系当中受益。

(4) 明确可用的资源。

(5) 创建一个行动计划(表 24 供参考)。

(6) 设计需求评估

表 24 供参考的行动计划

行 动 步 骤	个人责任	完成时间
从教育行政部门获得前期承诺		
博物馆与学校老师之间建立早期的、直接的联系		
了解学校在教育改革方面的需求		
创建一个共同的愿景,设置双方都希望实现的明确期望		
了解博物馆与学校不同的组织文化和制度		
为合作树立现实的、具体的目标		
分配足够的人力和财力		

(续 表)

行 动 步 骤	个人责任	完成时间
明确角色和责任		
建立常态化的沟通模式		
明确教师可以获得的现实利益		
提供鼓励创新的环境和平台		
寻找愿意参与的家长和社会机构		

创建合作的过程中,可以对需求进行评估,帮助博物馆与学校对现存于自身的问题达成共识,并梳理各自的需求。没有需求评估,合作可能难以形成可复制的模式。评估不一定很复杂,主要是合作小组成员对可能发生的问题进行梳理,为后面的合作铺路。评估的问题可以包括,但不局限于:

(1) 合作的需求是什么?

◆ 定义合作双方要共同考虑的问题。

◆ 这些合作者应该遵守的步骤是什么?

(2) 分析影响合作关系的因素:

◆ 合作的主要方面是什么?

◆ 合作的目标是什么?

◆ 要计划哪些行动?

◆ 分析可以使用的资源。

◆ 评估计划所需要的时间。

(3) 合作关系的开发。

◆ 形成合作关系的原因是什么?

◆ 列举合作的重要原因。

◆ 分别设立博物馆与学校的目标。

◆ 合作双方希望学习/创造什么?

◆ 合作双方是如何帮助对方的?

(4) 实现合作。

◆ 博物馆与学校老师的角色是什么?

◆ 需要完成的任务是什么?

◆ 列举出可以使用的资源,为尚未确定使用的资源制定计划。

(5) 评估。

◆ 合作双方如何知道项目是否有效运行?

◆ 双方一起开发一个评估系统。

◆ 如果没有达到目标,该如何改进?

(6) 为未来计划。

◆ 如何继续推进这个项目?

◆ ……

在计划未来的合作时,面临的第一大问题是缺少资金。此外,人员变动以及博物馆与学校之间不稳定的关系也会导致馆校合作的中断。所以一开始就在合作者当中创建强大的合作关系,考虑未来合作的几个关键支撑要素,这有利于整个合作的可持续推进。

表 25　合作角色

支持类型(举例)	负责人和对应的职责	可能提供支持的计划
能够与哪些课程对接		
合作成员可能受益的方面		
各自可能得到的专业发展		
学校提供的支持		
学校之外提供的支持		
博物馆提供的支持		
博物馆之外提供的支持		

第二节　准备具体的合作计划

馆校合作的目标不仅仅是给学生提供一个走进博物馆的渠道,更重要的是要有一系列的平台,让学校老师和博物馆教育工作者联合起来,共同为学生服务。所以,这不是一次性的活动,而是一个长期的项目,需要一个有效的、可实施的计划。

一、参与计划的主体

1. 老师怎样带学生参观博物馆

每位老师都会用自己的方式带领学生们参观博物馆,这里给出的方案只是建议。

老师可以让学生先从网站或者其他渠道对要参观的博物馆进行调查,看他们对哪些展区、展项或者藏品感兴趣;可以让学生在课堂上讨论自己感兴趣的展品,预先帮助他们把展品与学校课程的内容联系起来;给他们预先布置好相应的任务,进入博物馆后鼓励他们专注于自己感兴趣的内容,并且与学校课程相联系。博物馆要为老师准备教师指南,告诉他们怎么利用博物馆的资源。纽约自然历史博物馆和上海自然博物馆的教师资源手册都做得非常完善,尤其是纽约自然历史博物馆,管理者针对每一个展厅设计了教师资源手册,不仅清楚地描述了展厅的内容,同时,对相关的背景知识、藏品背后的故事、可以开展的活动、与课程衔接的知识点都做了详细的描述,可以大大提高老师利用博物馆资源的效率。

2. 老师的期待

笔者通过访谈发现,很多老师想要学习其他老师是怎样将博物馆的资源整合到教学中的。如果博物馆可以整理不同的老师在利用博物馆进行辅助教学时所使用的优秀课程设计材料,并且经过他们的允许,与更多第一次使用博物馆资源的老师分享,这样,一些老师在开始时就有一个参考,可以看看别人的创意和做法。这样也非常有利于推广高质量的馆校合作。

更多的老师还希望博物馆可以针对学生群体设置特定的项目或者教学计划,如果博物馆能结合学校的实际情况,为学校学生到博物馆实地考察开发一份定制的教材,教师就更愿意带学生去博物馆。有了目的性和计划性,博物馆的实地考察就不会流于形式。

3. 老师面临的问题

访谈中,一些老师表示带领学生去博物馆参观有时会面临很大的压力,因为教师完成既有的课程目标已经很累了,而到博物馆实地考察,对于校方、老师和学生而言都要花费一定的时间和精力,教师会不可避免地担心影响课程计划以及学生的考试升学。

从这个角度说,一方面,博物馆教育的定位必须与学校教育有所区别,让老师能够看到博物馆课程内容与学校课程内容的互补性;另一方面,博物馆的教育活动要深挖内容,实现内涵式发展,而不能形式大于内容。博物馆教育相对于学校教育而言,给学生的自主学习空间较大,博物馆应基于此着重培养学生对研究方法的学习,培养他们的想象力,例如给他们一定的主题,创设自由表达的环境,让他们像历史学家、考古学家、古生物学家一样地工作。来博物馆不能只是为了像学校教育那样听一堂课。

4. 制定管理表格

确定一下谁已经参与到了合作关系当中,他的角色是什么,填写下面的管理表格(见表 26),明确在创建博物馆课程材料过程中的管理结构以及参与时间的分配。

表 26　管理结构

可能的成员	责任	估计工作的时间(每个月或者每个项目中)
	整体领导和协调	
	寻找合适的学校老师参与课程计划的开发,确保合作的持续性	
	促进博物馆课程开发者熟悉学校课程	
	管理和调整学校课程计划	
	选择可以与博物馆课程对接的内容	
	制定博物馆课程计划	
	管理成员的项目预算和效益	
	协调正在进行合作的成员	

二、创建课程计划委员会

馆校合作课程的开发除了之前所提到的要有制度保证之外,关键还是找到合适的老师一起参与课程的开发。这些老师本身对教育很有激情、想法,对馆校合作非常有兴趣,这种情绪将会贯穿合作始终,有利于项目的可持续发展。

维持伙伴关系的第一步是确保合作的结构组成是适合双方的,并且信息是免费共享的。虽然每一个参与者都会遇到问题,甚至会遇到自己特有的难题,但是通过合作来克服困难比维持合作关系更重要。博物馆要积极回应这些挑战并且想办法帮助解决这些困难,可能的话,让教师提前知道他们可以从馆校合作中获得的好处,这些好处不一定是金钱,更多是专业性发展或者能提供给学生额外的资源。提前让教师知道有这些好处,有利于促进他们更好地参与馆校课程材料的开发,并且鼓励其他人成为合作的成员。这些好处包括:

◆ 在博物馆里对老师的培训可以计入教师年度发展培训的积分。

◆ 博物馆为他们的学生提供免费的课程资料,能够让学生参与博物馆的一些特别活动。

◆ 能够自由地进出博物馆开展活动。

◆ 树立典型,并在报纸、广播、电视等媒体上宣传推广。

……

每一次合作都应当深入听取老师的意见来决定什么好处是他们可以得到的,并且能够契合馆校合作的需要。

三、着手开发计划

1. 制定明确的时间节点及目标

每一位教师在利用博物馆资源开发课程内容时,所考虑的因素及合作目标不尽相同。制定时间节点为合作提供了空间,可以明确合作什么时候开始和结束,通过合作将会实现什么目标,以及这些目标由谁来实现(见表27)。

表 27 时间节点提供的内容

开始日期	完成日期	活 动	目标观众	责任人	组 成

2. 评估将要发生的合作关系

笔者在此借鉴了 Hirzy(1996)的一个研究[①]，对馆校合作的内部评估机制进行了建构。馆校合作的团体可以看作不同的人、活动和领域之间的关系，有主要关系，也有次要关系，随着时间的推移，也会与其他的团体产生关系。每个团体都要有共同的行动、交流，有共同的目标、共同的资源来促进他们一起合作的这种实践[②]。可以运用下面的评估表格（见表28）来测试合作中主要和次要关系。表格一共问了六个问题，前三个关系到合作的主要关系，后三个关系到合作的次要关系。通过这样一个评估表，我们可以让参与其中的合作者分享各自对馆校合作教育的理解，并明确为了达成这种合作他们各自所扮演的角色。

表 28 合作者关系评估表

(一) 合作中的主要关系		
合 作 成 员	合 作 机 构	合作中的其他利益相关者
◆ 谁是被服务者或参与者？		
1. 接受服务的对象有哪些？具体情况（年龄、性别、教育背景、地理位置）怎样？ 2. 是否认清主要的目标或对其进行了评估？	在你的机构中，谁应该参与进来？	哪些其他的利益相关者（包括合作单位、基金会、政府等）应该参与进来？在哪个阶段参与？
◆ 合作关系是否实现了目标？		
1. 合作关系的目标实现了吗？这种合作是否符合合作成员的需要？ 2. 博物馆与学校的需求满足了吗？	合作关系是否影响了机构的愿景或者需求？如果影响了，是如何影响的？	合作关系是否影响了其他利益相关者的愿景或者需求？如果影响了，是如何影响的？

---

① Hirzy, E. C. (1996). True Needs, True Partners: Museums and Schools Transforming Education.

② Smith, F., Hardman, F., Wall, K., & Mroz, M. (2004). Interactive whole class teaching in the nationalliteracy and numeracy strategies. British Educational Research Journal, 30, 395-411.

(续 表)

(一) 合作中的主要关系		
合作成员	合作机构	合作中的其他利益相关者
◆ 谁参与了项目的开发和完成？是如何参与的？		
1. 合作成员是否参与了合作关系的开发？如果参与了，你是如何选择和让他们参与进来的？ 2. 形成这样的合作关系是以合作成员的投入为基础的吗？	1. 除合作成员外，你的单位里面其他的同事是否参与了合作关系的开发？如果参与了，你是如何选择和让他们参与进来的？ 2. 你们所形成的合作关系是以单位内其他同事的投入为基础的吗？如果是，他们还在继续投入这种合作吗？	1. 其他利益相关者是否参与了合作关系的开发？如果参与了，你是如何选择和让他们参与进来的？ 2. 你们所形成的合作关系是以其他利益相关者的投入为基础的吗？如果是，他们还在继续投入这种合作吗？
评 估 方 法		
1. 在合作成员中间评估内容和态度的改变（通过问卷，重点进行群体访谈）。 2. 测试项目参与人员的回应（通过评估测试）。	1. 测评参与机构发生的改变（通过访谈和调查）。 2. 测评合作关系中机构的支持程度（通过新闻报道和问卷）。	1. 测评利益相关者的期望（通过问卷和访谈）。 2. 测评利益相关者对项目的影响（通过新闻报道、利益相关者的态度评估）。
(二) 合作中的次要关系		
外部利益相关者的机构	合作成员的机构	外部利益相关者的合作
◆ 合作关系是如何改变视角的？		
1. 机构中利益相关者的视角是否因合作而发生了改变？如果发生了改变，是如何改变的？ 2. 利益相关者机构的视角是否因合作而发生了改变？ 3. 这个项目是否促进了外部利益相关者与机构之间的交流？如果促进了交流，是如何促进的？	1. 机构中合作成员的视角是否因合作而发生了改变？如果发生了改变，是如何改变的？ 2. 合作关系是否促进了合作成员与机构之间的交流？如果促进了交流，是如何促进的？	1. 合作成员中利益相关者的视角是否因合作而发生了改变？如果发生了改变，是如何改变的？ 2. 合作关系是否促进了外部利益相关者与合作成员之间的交流？ 3. 如果促进了交流，是如何促进的？

(续 表)

(二) 合作中的次要关系		
外部利益相关者的机构	合作成员的机构	外部利益相关者的合作
◆ 得到了什么经验教训？产生的影响是什么？		
1. 在合作期间，关于博物馆和利益相关者之间的关系，你学到了什么？ 2. 从这次合作中得到的经验教训将对博物馆、学校和利益相关者之间的关系产生什么样的影响？	1. 在合作期间，关于你的机构与合作成员之间的关系，你学到了什么？ 2. 从这次合作中得到的经验教训将对以后的长久合作产生什么样的影响？	1. 在合作期间，你从利益相关者与合作成员之间的关系中学到了什么？ 2. 从这次合作中得到的经验教训将对利益相关者与合作成员之间的关系产生什么样的影响？
◆ 合作的结果是如何交流的？		
1. 机构合作关系之外的成员是否会向利益相关者发出邀请？如果会发出邀请，将邀请谁？如何邀请？ 2. 外部利益相关者是否会为了合作而向你所在机构之外的成员表达对合作的热情或担忧？如果会表达，将向谁表达？如何表达？	1. 参与合作的机构之外的成员是否会向合作中的参与者发出邀请？如果会发出邀请，将邀请谁，如何邀请？ 2. 合作关系的成员是否有机会向合作关系之外的成员表达他们的热情或担忧？如果有机会表达，将向谁表达？表达什么内容？如何表达？	1. 外部利益相关者是否会利用合作关系来接触合适的合作参与者（如教育者、行政人员博物馆员工、机构成员等）？如果会，将接触谁？如何接触？ 2. 项目的参与者是否会将他们对于同外部利益相关者或其他人员（如报纸、当地其他媒体等）合作的热情或担忧表达出来？如果会表达，将向谁表达？表达什么内容？如何表达？
评 估 方 法		
评估一下机构和利益相关者之间的关系(确定合作成员的数量、贡献度)。	评估合作成员的机构知晓度（新成员的数量、项目、场地）。	1. 测评利益相关者与合作者合作中发生的改变(更多的项目，增加的参与程度)。 2. 测评合作成员对于利益相关者的态度或行为的改变。

第三节 馆校合作课程总体框架的组成

当我们试图让学习变得有用、有意义的时候，应该考虑到学习者需要扮演积极的角色：他们要去主动学习,发现信息的意义所在,而不是信息的被动消费者。对于学校教育和博物馆教育而言,都是如此。博物馆教育者和学校教师必须通过一些方式找到与学生生活的连接点,当博物馆将他们的资源和知识与学校联系起来的时候,学生的经历就会变得更加丰富。从现有的一些优秀实践案例来看,当博物馆和学校教育者基于博物馆资源设计的课程内容与学生的生活更加相关时,就能增加他们的兴趣,并且让学习更有效率。因此,在设计馆校合作课程总体框架时必须考虑到这一点。以下是设计课程总体框架的步骤。

一、选定课程领域和年级

在建立一个框架,选定课程领域和年级的时候,需要明确以下问题：
◆ 选定的年级需要什么样的课程材料？
◆ 为什么需要这些课程材料？
◆ 最需要什么类型的课程材料？
◆ 在这样的年级,什么课程领域最缺少课程材料？
◆ 为什么在这个领域中缺少课程材料？
◆ 时间进度如何安排？

高中生通常是博物馆最难以涉及的对象,多数由博物馆与学校合作开发的课程材料是为低年级学生准备的,尤其是为四年级以下的学生准备的,所以对于高年级的课程材料更需要仔细地思考这些问题。

二、课程总体架构与选择

1. 课程总体架构

建立课程架构可以帮助老师利用博物馆资源开发校本课程或者参观计划,它不是具体的课程内容,是所有课程内容需要遵循的原则,有点类似博物馆特色的课程标准。建立课程架构有以下须注意的事项：
◆ 仔细研究国家和地方的相关课程标准。
◆ 根据国家课程标准来组织馆校合作的课程架构,做好课程内容的衔接。

◆ 就课程内容与教研员和学校老师进行充分的讨论，从而满足合作双方的需求。

◆ 博物馆与学校合作完成课程主题的选择，并把主题按照年级进行分类，形成主题清单。

◆ 课程计划可以根据学科、主题或者年级进行分类，在列表中标明，合作成员可以根据各自的专业、背景知识或者兴趣爱好来分配课程开发的计划。

◆ 创建课程框架，并且专门有一个部分来解释课程的目标和组成形式，以便新的合作伙伴了解课程的重点。

◆ 让所有的合作成员都对课程框架提建议，然后形成最终的框架文本。

2. 学生想要什么

馆校合作标准化课程可以针对不同的年段，对于年级越高的学生，挑战越大。尤其对于高中生而言，他们已经形成自己的价值体系，他们想要学习或者是有兴趣投入时间去学习的往往是他们觉得既有兴趣又有价值的知识，因此课程设计必须符合学生的年龄特点，越是高年级的课程，越要深挖内容，不能流于形式。

学生想要在馆校合作课程中获得什么？

◆ 与他们的生活密切相关的内容。

◆ 能够有多样化的形式及不同的教学策略，不能太过依赖讲课、视频和学习单。

◆ 更希望知道如何解决问题，以及在遇到真实存在问题时如何使用新知识。

◆ 同龄人之间能够相互合作。

◆ 不怕冒险或者犯错误的环境。

◆ 充满活力和有价值的环境。

◆ 在课本或者书籍里看不到的知识。

因此，馆校合作需要确保所创建的课程是有挑战性的，与学生的生活密切相关，形式多样，可以触动学生；同时，这些课程要得到学校教育者的认可，要能够与课程标准相衔接。

三、评估

评估是课程计划的重要组成部分,在开始第四步骤之前,合作成员可用下面的表格(见表29)来评估他们计划的步骤是否已经完成了。

表29 参考框架列表

参考框架组成部分	是	否	采取的行动
课程领域和课程主题的类别都已经确定			
已经建立了明确的时间节点			
时间节点已经被细化成不同的时间段			
合作各方的期望都融入课程计划中			
课程框架和目标已经创建			
课程主题已用组织图表现			
完成课程材料的时间进度是否需要重新修订			

第四节 开发馆校合作课程

在所有成功的教学中,认真准备、详细设计的课程材料是关键因素。教育者必须有效地利用博物馆的资源,这是成功的关键。

一、建立可供教师参考的各种资源

1. 共同研究博物馆的资源

教师利用博物馆资源开发课程,首先要清楚地了解博物馆到底有哪些资源。博物馆可以给老师拟订一份参观计划,其中要涵盖博物馆可以提供给学生的各种资源、活动、体验等。这样的参观能够使教育者在很短的时间内学习到许多关于博物馆展出内容的背景信息,也算是一次教师培训。博物馆还可以提供其他渠道,让教师了解博物馆,例如网上博物馆、微博、微信、相关报道和出版物等。

需要强调的是,如果博物馆能够为老师创建一系列资源,将会是非常有用的。合作伙伴可以利用各自的专业优势,在研究课程材料时相互提供帮助,在策划课程时,通过双方都能理解的表达方式进行设计。

2. 课程计划的组成

应当提前把合作各方之间可能的矛盾提出来,因为这些矛盾将会给使用课程计划的施教者带来困扰,基于这些可能的矛盾,合作成员应该共同商讨课程计划要考虑哪些因素。高质量的课程计划应该包括:

◆ 清楚的标准和目标;
◆ 有机会接触不同的学习方式;
◆ 技术/概念的实践应用;
◆ 提供需要的材料和资源;
◆ 一些测评的表格。

一些老师可能是第一次开发这种类型的课程,在这个阶段可以邀请高校的课程专家和学科专家一起对教师进行一系列的培训。

二、课程开发必须包含的要素

1. 课程开发的要素

一旦课程计划的各个要素被确认,并被合作各方所认可,就应该及时地融合到馆校合作的总体课程框架当中去。要明确定义课程计划中的各种信息,这样可以使合作成员更加容易着手实施课程计划。可以运用下面的检验单(见表30、表31)来确定是不是所有必要的组成部分都包含在馆校课程开发的计划里面了。

表30 课程计划组成检验单

年级	
课程名称	
可衔接的课程标准	
博物馆可提供的资源	

(续　表)

时间分配	
教学的主要特色	
目标	
课程的背景知识	
活动步骤	
可延伸阅读的资料清单	
结论	

表 31　补充材料

活动结束后教师自评	
学生的评价与建议	
供学生使用的学习单	
教师可以使用的课件资源	
其他学习资源	

2. 课程开发的步骤

设计课程不是一件简单的事情，需要反复地试验和修正，尤其是在刚开始的时候，可以通过创建课程计划让合作双方拥有实质性的合作。可以通过分步策划步骤来创建课程开发的过程，这样，那些没有接触过课程开发的成员也可以快速上手（见图32）。

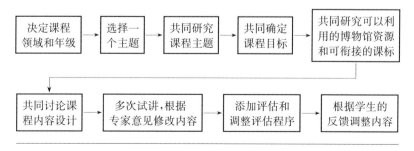

图 32　课程分步策划步骤

三、为不同对象建立不同的资源中心

1. 建立教师资源中心

这里所说的教师资源中心,主要是从馆校合作实践中筛选出一系列优质项目,供之后参与的教师参考。同时,资源中心可以收集和整理教师的各种教学策略及经验总结,这些策略可以作为教师培训时的案例,进一步地进行解释和分析,并辅以各种技术支持来帮助教师有效完成课程设计。另外,各种网站资源、延伸拓展的内容都可以使得教师更好地帮助学生完成馆校合作的课程,因此也是教师资源中心的必备项目。

参与馆校合作的教师在课程开发方面的能力各不相同,资源中心的各种资源可以为他们提供帮助,甚至有些可以是为教师完成合作的课程计划而量身定做的,它为教师提供了一个自主的方式来学习和研究,这样博物馆就不需要耗费太多的时间在各种说明会议上,可以很好地提高效率。

2. 为不同的学习者建立不同的资源

通常情况下,学校老师所面对的学生差别很大,为了满足不同个体的需求,必须因材施教,不使用一成不变的课程已成为必然。标准的课程是针对处于中间水平的学生设计的,而达不到平均水平或者超过平均水平的学生有时候就不容易接受课程内容或觉得课程内容不够深入。要满足不同学生的需求,可以通过增加涵盖不同社会资源的课程材料来弥补。

金字塔式的设计(见图33)是最容易理解并运用到课程设计中的方法,这是一种很灵活的方式,既能帮助老师完成课程计划,又能够使得内容满足所有学生的教育需求。这个设计需要研究不同学生的需求,还要研究不同的课程标准,并与经验丰富的教研人员、学

图33　金字塔式学习计划

校老师以及博物馆的教育者共同商讨。更重要的是需要给不同的学生匹配不同的学习资源,这对老师而言工作量很大,但是如果博物馆能够提供很好的资源清单或者配套活动清单,就能有效地提高教师开发课程的效率。

第五节　馆校合作课程的评估

博物馆必须为合作的各方创造专业实践的氛围,不怕改变和调整,通过合作促进评估,尤其当博物馆要评估所提供的教育项目和展览的教育价值时,博物馆必须对教育体系中的利益相关者的需求很敏感,这些利益相关者包括老师、管理者和学生。馆校合作课程能否可持续进行,很大程度上取决于课程实施的效果。目前很多馆校合作偏向前端设计,对于课程实施的效果并没有进行过多的跟踪研究,如果能够有效评估馆校合作课程的实施效果,并提出合理化建议,对于高质量地持续开展馆校合作项目来说非常重要,并且评估也可以促进博物馆教育和教学方法的创新。

一、评估博物馆教育的注意事项

Talboys(2005)为博物馆针对普通观众和学校观众进行有效的教育延伸拟定了七条基本标准。这七条标准涵盖了几个重要的注意事项,是博物馆工作人员在考虑和评估博物馆教育时应该注意的:

◆ 如果没有对博物馆资源进行教育价值的开发,将影响到整个博物馆的生存。

◆ 没有对博物馆资源进行教育价值的开发,也就不会有发展。

◆ 所有教育活动的开发都应该慢慢地告诉老师和学生要学会利用资源,告诉他们最大化地利用资源所必需的技能。仅仅提供资源是没有用的,除非老师、学生以及其他参观者在第一次参观时就被告知应该如何正确地使用资源。

◆ 教育是人类存在的一种状态,所以它不仅仅发生在正式的和指导性的课程中。参观博物馆的各个环节,从找到博物馆到离开博物馆前去逛纪念品店都有潜在的教育价值。博物馆应该仔细审查参观的每个环节,以确保它存在潜在的教育价值,而且完全实现了真实的需求。

◆ 博物馆资源教育价值的开发不应该以一种竞争的形式存在,在任何时间,大家都应该在一个开放的环境中共享资料。保留自己的知识并且让它成为一个秘密,只会让人们远离博物馆。博物馆教育的目标就是要吸引观众,让他们感觉舒适,感觉到通过这次参观自己得到了提高。

◆ 无论开发什么形式的活动,都必须跟观众、老师、学生有关联,而且要避免让他们做在其他普通环境中就能做的事。也就是说,要将独一无二的资源用独一无二的方式展现出来。博物馆不是三维教科书,它需要做的是更好地结合学校课程,对学校课程进行补充。

◆ 让工作的所有环节都充满乐趣,所有的工作都必须是互动的,而且在物质和精神属性上都具有挑战性。但是这必须要跟活动相结合,来确保参与者能够学到新东西。假如一个参观者有这样一种经历,他们在离开博物馆时觉得有所收获,那么这可能会对他们的生活产生深厚的影响。

二、对馆校合作课程材料的评估

确定课程材料质量的一种方法就是设计一份课程题目来评估课程计划的质量。这份课程题目其实是一个评分体系,专门用来测试学生的表现或者是设计产品的质量情况。为了获得公正的反馈,课程计划需要由馆校合作之外的博物馆和教育部门的专家来测评。专家应该包括:

◆ 博物馆人员;
◆ 地区资深的教研人员以及学校教师;
◆ 一些熟悉教育技术、在教学方面有研究经验的高校老师;
◆ 一些独立的博物馆教育人员。

不能让评估流于形式。首先要让专家相信这些评估确实可以促进馆校合作课程质量的提高,并且这些评估可以提升教师的专业素养,只有这样,专家才不会把评估变成走过场。一旦获得专家反馈,就需要对课程计划进行修改,下面的表格有利于更好地把专家意见整合到课程改进中,同时也是资料的备份。

表 32　专家反馈表格

专家姓名	联系信息	发送的材料	日　　期		修改的材料	最终的材料
			发送日期	回收日期		

总之，博物馆的学习是一个可持续的过程，而不是一次性的活动，老师选择去博物馆进行学习，一定是基于他们对博物馆价值的认知及肯定，博物馆应该对标这种肯定，不断提升自身教育资源的深度与质量。近几年，馆校合作项目越来越多元，已经从"学校参观博物馆为主"逐渐变成"博物馆主动提供教育项目"，这些改变促使博物馆与学校主动创建馆校合作课程。未来对馆校合作的研究，也许不仅仅局限在馆校合作的活动、课程、项目，各种出版物、衍生项目的创新都将会对双方之间建立更稳定的合作关系起到重要作用。

结 语

受限于不同研究者关注领域的差异,本研究所进行的中国馆校合作的机制研究,在国内仍然属于一个空白的领域。行文至此,笔者深切感受到中国馆校合作研究的庞大和复杂。虽然本研究进行了一些原创性研究,但受制于研究基础、时间、精力以及研究者的学识,本研究还存在一些不够完善之处:

首先,虽然本研究就中国馆校合作的外部制度、环境等因素进行了一些探讨,但对于中国馆校合作的外部宏观因素,仍然需要进一步深化认识,尤其是对政府在馆校合作中扮演的角色的认识。事实上,本研究在探究政府角色时,对其进行了简化处理,将其处理为一个单一的主体,但在中国条块分割的现实状况下,仍需对其具体的作用机制进行探讨,并对相关模型加以复杂化。

其次,受制于笔者的研究精力以及专业能力,本研究并未在具体教育内容的设计和构建上进行太多深入的探讨。具体教育内容的构建具有高度的情境性,需要依据不同博物馆、学校、区域的特点,结合相关实验设计进行有针对性的探索。笔者期待后续研究可以对此进行更加细致的探讨。

再次,基于馆校合作的实验属性,在当前条件下,馆校合作仍然属于一些发达地区的区域实践,笔者没有在国家层面对其现状以及后续策略进行相关探讨。在国家层面的探讨,还需考虑到义务教育均衡性等相关的复杂议题。在后续研究中可就此进行一些创新机制的探讨。

最后,虽然本研究针对中国馆校合作构建了一个相对完整的一般机制,并为馆校合作的后续具体实践以及政策运行提供了一些参考,但在具体馆校合作实践中,往往因其高度情境化而需要对不同的馆校合作类型进行分类和区分,并结合不同地区的具体现实条件对合作机制进行具体化,以便为具体实践提供更加具有操作性的指导。

附　　录

附录1：馆校合作现状调查问卷

馆校合作现状调查问卷（教师用）

非常感谢您在繁忙的工作中抽出时间填写这份问卷，您对这些问题的回答将使我们全面地了解上海市博物馆教育工作的现状以及未来改进的可能。

请实事求是地填写本问卷，填写说明如下：

1. 本问卷采用无记名方式。

2. 所有的问题都没有对错和好坏之分，只是表达您个人的看法，请勿有任何顾虑。

3. 请直接勾选一个您同意的答案，或在题后的空白处写下您的回答。

4. 博物馆既包括传统综合类博物馆、艺术类博物馆、历史类博物馆，也包括科技馆、科学中心、天文馆等新型博物馆。

我们郑重承诺，对您的回答和有关数据将严格保密，否则将承担法律责任。

您的支持和配合对我们的研究非常重要，再次感谢！

个人基本信息（仅供研究使用）

年　龄		学　校		性　别	
工作年限		任教学科		任教年级	

1. 您认为博物馆的下列职能应如何排序？（请从大到小依次排列）

　　A. 展示教育　　　　　　　　B. 收藏研究

　　C. 文化娱乐　　　　　　　　D. 社会其他服务

2. 您所在的学校开展博物馆相关教育活动的频率是：

    A. 基本不开展   B. 每年 2—3 次

    C. 每年 3—5 次   D. 每年 5 次以上

3. 您所在的学校开展博物馆教育活动主要针对的群体是：

    A. 低年级   B. 中年级   C. 高年级   D. 所有学生

    E. 其他

4. 您所在的学校现有博物馆相关教育活动的主要开展模式是：

    A. 以博物馆为主导，邀请学校共同完成教育/活动方案

    B. 以学校为主导，邀请博物馆共同完成教育/活动方案

    C. 上级部门统一协调部署

    D. 不清楚

5. 您所在的学校与博物馆有哪些类型的馆校合作项目？（多选）

    A. 学生参观访问博物馆   B. 教师培训项目

    C. 教育活动策划项目   D. "第二课堂"项目

    E. 博物馆进校园   F. 其他_____

6. 关于馆校合作，有哪些形式的教师培训？（多选）

    A. 组织教师参观博物馆   B. 邀请专家作讲座

    C. 举办专题研讨会   D. 实践指导

    E. 其他_____

请您就以下陈述进行判断：

编号	陈述	非常同意	同意	不确定	不同意	非常不同意
7	您所在的学校与博物馆已经开展了足够多的教育活动。					
8	在馆校合作方面，学校已经提供了充足的资金支持。					
9	学校有专门人员负责同博物馆进行联系合作。					
10	学校每学年/学期都会制定相应的博物馆教育的计划和方案。					

(续 表)

编号	陈 述	非常同意	同意	不确定	不同意	非常不同意
11	现有条件下,学校应继续加强和博物馆课程、教学方面的合作。					
12	博物馆主动向学校提供有关展览、展项和展品的信息。					
13	家长对馆校合作持积极的态度。					
14	博物馆为学校教育活动提供了专门场地(如休息室、教室等)。					
15	学生能通过馆校合作活动增进对相关知识的理解。					
16	学生能通过馆校合作活动提高对相关知识的兴趣。					
17	政府或上级部门为馆校合作提供了足够的政策、资金支持。					
18	相关部门组织了有关校外课程资源利用的教师培训。					
19	您的同事对在博物馆开展教育活动具有充足的热情和积极性。					
20	您拥有足够的精力和时间来策划、组织博物馆教育活动。					
21	学校对您的工作评价中,博物馆教育活动是重要的组成部分。					
22	长期、大规模的博物馆教育活动不会影响学校的正常教育活动。					
23	博物馆教育活动在提升学生测验成绩方面具有积极的作用。					
24	现有博物馆教育活动是科学合理的。					

25. 您对馆校合作有什么其他看法或相关建议，可以写在下面，您的意见对我们十分重要。

感谢您的理解、支持和配合！
2013 年 8 月

附录2：访谈保密承诺书

"博物馆与学校的合作机制研究"保密承诺书

您好！

衷心感谢您接受本课题组的访谈，本访谈是为完成"博物馆与学校的合作机制研究"项目而进行的，目的是以上海及国内其他相关地区的馆校合作实践作为研究对象，分析其现状、运行机制，据此进行馆校合作的相关理论研究，并促进中国馆校合作实践的完善。

课题组希望了解您所在单位馆校合作的动因、影响因素及合作过程中各相关利益者的态度、想法、行为、反馈及其他相关问题，请您如实回答我们提出的问题，与我们进行深入的沟通和交流，以便我们顺利完成该课题的研究！

作为一项规范化的质性研究，我们希望能够对访谈过程进行录音以便节省访谈时间并利于资料的整理。如您认为不便，可以在访谈中的任何时候关闭录音设备甚至拒绝录音，我们将充分尊重您的隐私权。如您需要，我们将把访谈录音文件提供给您备份。

我们向您郑重承诺：我们将恪守学术研究的道德规范，不将访谈的任何内容和信息（包括访谈录音及其整理文件）泄露给第三方或用于除本项目研究之外的任何用途。在本项目的最终成果中不会出现任何有关受访者的个人信息或能够使人联想到受访者的任何暗示，请您放心！

我们以研究者的身份，认真而郑重地对您作出以上承诺！如有违反，我们愿承担法律责任！

再次感谢您对我们研究的支持和帮助,祝您健康!愉快!
本承诺书请您妥为保存!

访问者：　　　　（签字）
电　话：
邮　箱：

"博物馆与学校的合作机制研究"课题组
2013 年　　月　　日

附录3：各类利益相关者的访谈提纲

(1) 馆校合作现状馆方管理人员访谈提纲

编号：MA
访谈日期：
访谈地点：
访谈人员：

馆校合作访谈信息登记表（馆方管理人员）

受访者基本信息			
姓名：		性别：□男 □女	年龄：
单位：		职务：	联系方式或地址：
是否接受录音：□是 □否		是否需要录音备份文件：□是 □否	
访谈提纲及问题记录			
问题编号	问　题　表　述		回答情况及备注
一、背景调查			
1	您能简单介绍一下您所负责的博物馆的状况吗？		
2	您日常主要负责的工作是什么？		
3	您对博物馆,特别是中国博物馆的教育职能有什么看法？		
4	来到博物馆的青少年群体所占比例如何？来访形式有哪些？有什么区别？		

(续　表)

访谈提纲及问题记录		
问题编号	问　题　表　述	回答情况及备注
二、馆校合作状况调查		
5	博物馆是否具有针对学生群体的专门教育计划、方案?	
6	所在博物馆是否开展涉及学校的相关活动? 开展历史、形式、频率、时间如何?	
7	这些相关活动的基本流程是什么?	
8	为什么要实施这些合作项目?（主要由谁发起? 考虑了哪些因素? 费用主要由谁承担?)	
9	在这些合作中,学校、教育行政机构分别扮演了什么角色?（态度、行为、对整体合作效果的影响。行政机构的预期有没有达到? 后期是否做了一些调整?)	
10	博物馆扮演了什么角色?（态度、行为、对整体合作效果的影响)	
三、态度和评价		
11	请问您如何评价现有这些合作的效果?（成就、不足、障碍、改进)	
12	您觉得学校和馆方,谁应该是博物馆教育活动的主导者?	
13	在现有条件下,您是否支持所在博物馆同学校进行深入的、常态化的课程合作? 为什么? 主要障碍是什么?	
四、开放问题		
14		
15		

(2) 馆校合作现状馆方工作人员访谈提纲

编号: W0
访谈日期:
访谈地点:
访谈人员:

馆校合作访谈信息登记表(馆方工作人员)

受 访 者 基 本 信 息		
姓名:	性别:□男 □女	年龄:
单位:	职务:	联系方式或地址:
是否接受录音:□是 □否	是否需要录音备份文件:□是 □否	
访谈提纲及问题记录		
问题编号	问 题 表 述	回答情况及备注
一、背景调查		
1	您能简单介绍一下您所在博物馆的状况吗?	
2	您觉得自己是教育者吗?如果是,对于自身的教育职能,您有什么看法、预期?您认为自己的工作与学校教师的工作有什么区别?	
3	来到博物馆的青少年群体所占比例如何?来访形式有哪些?有什么区别?	
4	据您观察,家长在博物馆中一般扮演什么角色?	
二、馆校合作状况调查		
5	博物馆是否具有针对青少年群体的专门教育计划、方案?	
6	在工作中,您有过与学校共同开展活动(或合作)的经历吗?[补充提问:活动(或合作)类型、基本流程、频率、时间、长期固定的合作关系如何?]	
7	为什么要实施这些合作项目?(通常由谁发起?考虑了哪些因素?费用主要由谁承担?)	
8	在这些与学校的合作中,您扮演的角色是什么?(补充提问:进行了什么前期工作?在博物馆中组织了什么活动?是否进行了讲解?)	
9	在这些合作中,学校教师扮演了什么角色?(态度、行为、对整体合作效果的影响)您与这些学校教师的关系如何?(进行了哪些沟通和交流?是否进行了业务上的合作?)	
10	馆方领导和其他上级领导在这些合作中扮演了什么样的角色?(态度、行为、对整体合作效果的影响)	

(续 表)

	访谈提纲及问题记录	
问题编号	问 题 表 述	回答情况及备注
二、馆校合作状况调查		
11	在同学校的接触或者合作中,您能感觉到学生的知识、态度或者能力等方面发生了变化吗?您是通过什么方式了解学生的这些变化的?	
三、态度和评价		
12	您对这些与学校的合作和接触的态度是什么?	
13	教师和学生对这些合作项目有什么反馈?	
14	您觉得同学校开展这些合作项目的目的是什么?(对这些合作项目的预期和定位)	
15	请问您如何评价现有这些合作的效果?(成就、不足、障碍、改进)	
16	您觉得学校和馆方,谁应该是后续相互合作的主导者?	
17	在现有条件下,您是否支持所在博物馆同学校进行深入的、常态化的课程合作?为什么?主要障碍是什么?	
四、开放问题		
18		
19		

(3) 馆校合作现状学校管理人员访谈提纲

编号:HE
访谈日期:
访谈地点:
访谈人员:

馆校合作访谈信息登记表(学校管理人员)

受 访 者 基 本 信 息		
姓名:	性别:□男 □女	年龄:
单位:	职务:	联系方式或地址:
是否接受录音:□是 □否	是否需要录音备份文件:□是 □否	
访谈提纲及问题记录		
问题编号	问 题 表 述	回答情况及备注
一、背景调查		
1	您参观过哪些博物馆?对于博物馆,您印象最深刻的是什么?	
2	您对博物馆,特别是中国博物馆的教育职能有什么看法?	
3	您是否支持学校与博物馆进行合作?为什么?	
二、馆校合作状况调查		
4	您所在的学校(区域)与博物馆进行过哪些项目的合作?(合作形式、时间、频率、计划等)	
5	为什么要实施这些合作项目?(主要由谁发起?考虑了哪些因素?)	
6	在具体合作时,选择博物馆的标准是什么?	
7	在同博物馆进行馆校合作时,学校、上级教育行政部门扮演着什么角色?(态度、行为、对整体合作效果的影响)	
8	博物馆扮演着什么角色?(态度、行为、对合作效果的影响)	
9	您如何评价整体合作效果?(学生发展、学校教学、区域教育发展、博物馆、社会影响等方面)	
10	具体的馆校合作是如何操作的?(资金支持、准备、计划、活动类型与方式、后期巩固、其他合作等)	
三、态度和评价		
11	根据您所了解的情况,教师、学生对这些合作项目有什么反馈?	

(续 表)

访谈提纲及问题记录		
问题编号	问 题 表 述	回答情况及备注
三、态度和评价		
12	现有条件下,馆校合作取得了什么经验?	
13	现有条件下,馆校合作有什么不足?最大的障碍是什么?	
四、开放问题		
14		
15		

(4) 馆校合作现状教师访谈提纲

编号:TE
访谈日期:
访谈地点:
访谈人员:

馆校合作访谈信息登记表(教师)

受 访 者 基 本 信 息			
姓名:	性别:□男 □女	年龄:	学校:
任教科目:	年级:	联系方式或地址:	
是否接受录音:□是 □否	是否需要录音备份文件:□是 □否		
访谈提纲及问题记录			
问题编号	问 题 表 述		回答情况及备注
一、背景调查			
1	请问您如何定义教师的角色?		
2	您对博物馆印象最深刻的是什么?为什么?		
3	您认为参观访问博物馆是一种学习吗?同学校学习的区别是什么?		
4	您是否了解您周边相关博物馆可供您教学使用的资源和设施?		

(续　表)

\<td colspan=3>访谈提纲及问题记录		
问题编号	问　题　表　述	回答情况及备注
二、馆校合作状况调查		
5	您所在的学校是否组织过与博物馆相关的活动？（历史、形式和频率）	
6	这些活动主要是由谁发起的？	
7	学校组织的相关博物馆活动的基本流程是什么？	
8	你们开展与博物馆相关的活动时，扮演的角色是什么？投入的时间和精力如何？	
9	博物馆工作人员扮演的角色是什么？	
10	学校领导和教育局领导在这些合作中扮演了什么样的角色？	
11	学校组织的参观博物馆的活动，是否有具体的学习内容或者学习目标？	
12	参观访问博物馆同学校当前的课程设置和学生学习进度有什么直接关联？	
13	返回学校之后，有没有对活动进行复习和总结？	
14	一般来说，相关活动的交通、门票、午餐等费用由谁来承担？是否合理？	
三、态度和评价		
15	对于目前的博物馆相关活动，您如何定位和评价？为什么？	
16	您觉得学生通过参加这些活动是否有什么变化？是否达到您的预期？	
17	据您了解，学生和家长对这些活动有什么反馈？	
18	您觉得对现有的博物馆相关活动，可以在哪些方面进行改进？为什么？	
19	您觉得组织此类活动时，应该具体考虑哪些因素？	
20	您觉得博物馆相关活动同学校正常的上课、考试以及升学之间是否存在冲突？	

(续 表)

	访谈提纲及问题记录	
问题编号	问题表述	回答情况及备注
三、态度和评价		
21	目前条件下,您是否支持与博物馆进行深入的、常态化的课程合作?为什么?	
22	您觉得学校和馆方,谁应该是博物馆教育活动的主导者?	
四、开放问题		
23		
24		

(5) 馆校合作现状家长访谈提纲

编号:PA
访谈日期:
访谈地点:
访谈人员:

馆校合作访谈信息登记表(家长)

	受访者基本信息						
姓名:		性别:□男 □女		年龄:	职业:		学历:
子女所在学校:			子女所在年级:		联系方式或地址:		
是否接受录音:□是 □否			是否需要录音备份文件:□是 □否				
	访谈提纲及问题记录						
问题编号		问题表述					回答情况及备注
一、背景调查							
1		您能简单介绍一下您孩子的在校和课外学习状况吗?					
2		过去一年内,您和孩子一起参观过博物馆吗?考虑了哪些因素?					

(续 表)

\multicolumn{3}{c}{访谈提纲及问题记录}		
问题编号	问 题 表 述	回答情况及备注
一、背景调查		
3	您和孩子在一起参观的过程中进行了哪些互动?（如讲解、活动等）	
4	对于博物馆,您印象最深刻的是什么?	
二、馆校合作状况调查		
5	您和孩子一起参观的博物馆有没有一些专门性的青少年教育或者讲解方案?	
6	您对孩子所在学校的教育质量是否满意?为什么?	
7	学校是否组织学生对一些博物馆或者校外场馆进行参观访问?您的孩子是否参与了这些活动?（是否参与、形式、时间、频率、费用等）	
8	您是否了解这些活动的具体流程和形式?学校和教师有没有同您就这些活动进行过沟通和交流?	
9	活动之后,您的孩子有什么反馈?	
三、态度和评价		
10	您觉得该怎么定位您孩子的博物馆参观活动?（正规学习、娱乐、视野开拓）	
11	从带孩子一同参观的角度,您觉得博物馆在相关设施、人员以及规划上是否给予了你们足够的支持?（不足、障碍、改进等）	
12	您对学校组织的这些博物馆活动有什么评价?（是否支持、活动组织、活动效果、不足、改进等）	
13	您是否支持学校将博物馆作为孩子常规性的学习场所,或者同博物馆一起在课程方面进行合作?为什么?	
14	您是否担心这些活动会对孩子的考试和升学产生影响?为什么?	
四、开放问题		
15		
16		

(6) 馆校合作现状学生访谈提纲

编号：ST
访谈日期：
访谈地点：
访谈人员：

馆校合作访谈信息登记表(学生)

受 访 者 基 本 信 息			
姓名：	性别：□男 □女		年龄：
学校：	年级：		联系方式或地址：
是否接受录音：□是 □否	是否需要录音备份文件：□是 □否		
访谈提纲及问题记录			
问题编号	问 题 表 述		回答情况及备注
一、背景调查			
1	您有没有去过科技馆、博物馆、天文馆？		
2	在这些参观活动中,给您留下最深刻印象的是什么？		
3	您觉得参观博物馆是一种学习吗？它同学校学习的区别是什么？		
4	家长在不同形式的博物馆参观活动中,分别扮演了什么角色？		
二、馆校合作状况调查			
5	您所在的学校是否组织过同博物馆相关的活动？		
6	学校组织的相关博物馆活动的基本流程是什么？		
7	教师在你们进行博物馆相关活动时扮演的角色是什么？		
8	博物馆工作人员在你们的参观过程中扮演的角色是什么？		
9	学校组织的博物馆参观活动是否有具体的学习内容或学习目标？		
10	参观博物馆同您在学校正在学的课程和学习进度有什么直接关联吗？		

(续 表)

\\	访谈提纲及问题记录	
问题编号	问 题 表 述	回答情况及备注
二、馆校合作状况调查		
11	返回学校之后,有没有对活动进行复习和总结?	
12	一般来说,相关活动的交通、门票、午餐等费用由谁来承担?是否合理?	
三、态度和评价		
13	您觉得博物馆相关活动同学校正常的授课、考试以及升学之间是否存在冲突?	
14	您觉得通过参加学校组织的博物馆活动,自己有什么具体的收获和变化?	
15	这些活动有什么您不喜欢的地方吗?为什么?	
16	您最喜欢博物馆内什么形式的活动?为什么?	
17	您觉得在后续的相关活动中,自己在什么地方有改进的需要?	
18	您是否支持博物馆与学校进行同学校日常教学相结合的常态化课程合作?为什么?	
四、开放问题		
19		
20		

(7) 馆校合作现状上级部门决策者访谈提纲

编号:G0

访谈日期:

访谈地点:

访谈人员:

馆校合作访谈信息登记表（上级部门决策者）

受 访 者 基 本 信 息		
姓名：	性别：□男 □女	年龄：
单位：	职务：	联系方式或地址：
是否接受录音：□是 □否	是否需要录音备份文件：□是 □否	

访谈提纲及问题记录		
问题编号	问 题 表 述	回答情况及备注
一、背景调查		
1	您对学校目前的教育情况有什么看法？	
2	您对博物馆，特别是中国博物馆的教育职能有什么看法？	
3	您是否支持博物馆与学校进行合作？为什么？	
二、馆校合作状况调查		
4	您目前组织/参与过哪些馆校合作项目？	
5	为什么要实施这些馆校合作项目？（考虑了哪些因素？）	
6	在选择馆校合作的对象（博物馆和学校）时，选择的标准是什么？	
7	在进行馆校合作时，博物馆与学校分别扮演什么角色？（态度、行为、对整体合作效果的影响）	
8	上级部门在馆校合作中扮演着什么角色？（态度、行为、对整体合作效果的影响）	
9	您如何评价整体的合作效果？	
10	具体的馆校合作是如何操作的？（资金支持、准备、计划、活动类型与方式、后期巩固、其他合作等）	
三、态度和评价		
11	根据您所了解的情况，博物馆与学校对这些合作项目有什么反馈？	
12	现有条件下，馆校合作取得了什么经验？	
13	现有条件下，馆校合作有什么不足？最大的障碍是什么？	
四、开放问题		
14		
15		

附录4：上海市教委－上海科技馆馆校合作项目方案

一、项目背景

为上海建设有全球影响力的科技创新中心培养未来的创新型人才，丰富中小学相关学科的教学内容，充分挖掘上海科技馆和上海自然博物馆（以下简称"两馆"）展教资源的作用，设立本"馆校合作"项目。

拟根据上海中小学校的需求，建设两馆非正规教育课程体系，开发原创学习资源，同时打造若干项目平台，通过与部分学校的馆校联动进行实际演练，继而总结经验，优化方案，向全市推广。

（一）项目的指导思想和实施战略

为确保项目达到预期目标，实施过程中将坚持以下四点指导思想或原则：

"以我为主、坚持原创"——以提升学校科学教师能力和场馆教育工作者能力为目标，联合开发具有原创意义的两馆探究型课程。

"凸显特色、问题导向"——紧紧围绕两馆资源特点，研究学校的需求及其在利用场馆资源开展教学中的障碍，策划符合上海实际情况的、有针对性的试点项目平台。

"理论引导、评估保障"——在项目的全过程中始终以当前正规教育领域和场馆非正规教育领域公认的教育理论为准绳，并对项目进行前置、执行和总结全流程评估。

从实施角度而言，项目将以"试点先行先试、推广厚积薄发"为实施战略。作为上海学校正规教育系统和场馆非正规教育系统的一次尝试，本项目既具有试点性，又具有代表性，争取通过一年的时间，以两馆为试点，探索出一套可复制、可推广的馆校合作新模式。

（二）项目目标

与课程标准对接，开发基于两馆资源的优质的原创课程体系。

搭建若干馆校合作项目平台，以两馆为龙头，探索可复制、可推广的科普场馆联盟与学校的合作模式。

培育一批有影响力的科技特色学校和野生动物保护特色学校，提升工程技术、自然科学在学校教育中的认可度和影响力。

培养学生具有批判性、创新性思维,树立自然保护意识,建立社会责任感。

二、项目基础

两馆作为上海唯一的两所综合性科普场馆,其展览和教育在国内外具有较大的影响力及美誉度。上海科技馆在《2014 全球主题公园和博物馆报告》中名列全球最受欢迎的博物馆第 13 位,上海自然博物馆开馆 300 天接待观众近 300 万,青少年是这两个场馆观众的主体。

上海科技馆现有 11 个主题展区、4 个特种科学影院,展示教育总面积 6 万多平方米;上海自然博物馆现有 10 个主题展区、1 个四维影院、1 个探索中心,展示教育总面积 3 万多平方米。

依托上海科技馆十多年的场馆教育工作经验,两馆现拥有教育相关的策划、实施和管理等方面的工作人员近 200 人;已经依托场馆资源,开发各类教育活动课件、科学表演项目几十项,在馆内外实施并获博物馆界、教育界、受众的广泛好评;各类教育相关项目及其工作者在全国性大赛中获得多项殊荣。已经初步形成了以"创意策划和实施评估并行、学科和教育专业背景兼容、原创开发和跨界联合协同"为特点的非正规学习研发模式。

三、项目内容

1. 学习资源的开发

研究两馆资源与学校课程的关联;根据课程标准和各阶段学生的特点,开发具有两馆特点的模块化、分层式学习课程资源。根据学校需求,提供定制和个性化服务。

(1) 常设展览学习资源的开发

梳理两馆常设展览资源,分别开发针对幼儿园、小学第一阶段、小学第二阶段、初中、高中的讲解稿、自助学习单和配套的教师辅导手册;利用增强现实技术,开发基于标本/展品的数字科普读物;开发基于常设展览的,在展厅现场组织实施的,以标本/模型为依托、以实物道具演示为主的主题教育演示活动。

成果形式:

- 上海科技馆/上海自然博物馆科普活动指南系列丛书

- 上海自然博物馆常设展区主题教育活动课件资料包
- 上海自然博物馆精品标本的增强现实展示

(2) 探究性学习课件的开发

充分挖掘两馆主题内容和馆藏资源,开发面向学生团体和个人的探究性学习课件资料包,这些课件将以问题为导向,采用观察记录、动手实验、主题演示、角色扮演等多元互动的方式,通过科学的教学设计,使学生掌握科学研究的方法,提高学生科学研究的技能水平和解决问题的能力。

成果形式:

- 上海科技馆探究式科学课程和科学表演项目
- 上海自然博物馆个人自助式探究性学习课件资料包

(3) 在线学习资源的开发

开发一批网上博物馆(网站、App、微信)学习资源,鼓励学生(特别是郊区学校的学生)通过在线学习,了解更多自然科学知识,培养科学精神,增强保护自然环境的意识。

成果形式:

- 面向青少年的上海科技馆重点科技展品语音导览资源
- 面向青少年的上海自然博物馆馆藏精品语音导览资源
- 面向青少年的上海自然博物馆标本故事 App/微信互动软件

2. 馆校合作平台和机制的建设

(1) 教师培训

开发两馆教师培训教材(16课时),纳入市、区两级教师培训课程网。具体内容包括科普场馆非正规教育的理念和特点、两馆展教资源介绍、校本课程策划和设计、馆校合作机制的建设等,旨在提高教师利用社会资源开展教学的能力。

(2) 博老师研习会

面向试点中小学的教师,征集基于两馆展教资源的校本课程并组织评选。该课程将作为学生拓展型课程的重要学习资源,采用"学校—两馆—学校"三部曲的方式确保学习目标的达成。参与学校将成为特色学校评选的重要依据之一,参与教师将被授予"博老师"证书,拥有一年内免费参观两馆的权益。

（3）青少年诠释者

面向全市中小学学生，招募一批青少年诠释者，对他们进行培训，使他们能够自行策划、讲解演示方案，并在两馆进行现场诠释。项目结束后颁发证书并评选优秀诠释者，每年都将动态招募。

（4）实习研究员

面向试点中小学学生、高校学生发布两馆科研项目指南，招募一批实习研究员，参与两馆教育项目开发、展品研发、自然科学研究、标本保存与修复等项目，结束后选择课题，并在导师的指导下开展独立的微课题研究。在此过程中，形成一批创新实践优秀项目，打造一批学生实践和创新基地。

（5）一卡通管理

执行两馆"一卡通"制度，结合两馆及学校的各项课程、活动和资源（如科技类主题活动、自然题材的探究活动、田野考察、夏令营、冬令营、博物馆之夜等，以及学校的自然课、生物课、科学课、拓展课、兴趣课、科技周、主题日等），鼓励在两馆开展有目的的参观学习活动，参与者参与的频次可纳入"一卡通"统计。

（6）科学伙伴计划

依托上海自然博物馆网上博物馆项目，与高校、科研院所合作，招募一批致力于科学传播的科研工作者，定期举办线下的科学研讨交流活动，配合面向青少年的科普资源的开发和创作，分享科学研究的过程和成果，参与在线科学话题的讨论和栏目的维护。

附录5：上海市教委-上海科技馆馆校合作项目之"博老师研习会"项目指南（上海科技馆）

一、项目简介

"博老师研习会"是上海市教委-上海科技馆馆校合作项目的一个子项目，旨在依托上海自然博物馆丰富的展览教育资源，通过观摩场馆资源、参与课件实施、专家对话会以及探讨课程设计等形式，提高教师利用场馆资源开展教学的能力，建立教师与科普场馆之间、教师与教师之间长期友好沟通的平台。

二、招募范围及人数

面向全市小学、初中、高中教师,学科不限,计划招募100人。

三、活动安排

2016年5月完成全部项目内容,具体安排如下:

培训时间:2016年2—5月。

上课时间:6个半天,共计24学时。

培训时间	培训项目	培训内容
2月	场馆观摩	1. 场馆参观 2. 观摩"科学列车"活动 3. 组织教师讨论
3月	教育活动实施与观摩	1. 在"科学小讲台"观摩教育课件 2. 观摩并参与STEM课程 3. 观摩并参与"科迷工作坊" 4. 交流分享参与心得
	专家宣讲会	1. 聆听专家演讲 2. 根据专家演讲进行实地参观学习
4月	专家对话会	1. 参加专家研讨会 2. 会后交流心得体会,群内讨论
	课程设计研讨	1. 设计一节科学课 2. 1—2位教师介绍自己设计的科学课 3. 课程专家参与指导
5月	课程分享和总结	1. 活动PPT交流会 2. 专家点评和颁奖

四、实施内容

为了使教师能够顺利开展基于科技馆资源的教学活动,"博老师研习会"分成"熟悉科技馆资源""明确愿景和难点""实践和分享"三个阶段,共设计六项培训活动,每位教师需要完成以下六项培训:

(一) 场馆观摩

活动时间:半天(4课时)。

活动目标:(1)熟悉科技馆的展品、展项;(2)了解科技馆的展示教育资源;(3)根据受众兴趣点进行讲解。

主要任务:

1. 在讲解员的带领下参观场馆,并了解现有展示资源。(约 2 小时)

2. 观摩"科学列车"活动。(约 0.5 小时)

3. 讨论。(约 1.5 小时)

(二)教育活动实施与观摩

活动时间:半天(4 课时)。

活动目标:(1)了解"科学小讲台"、STEM 课程、"科迷工作坊"等场馆教育活动的内容和形式;(2)比较科技馆教育和学校教育的异同。

主要任务:

1. 在"科学小讲台"观摩教育课件。(结构的力量/幻彩变变变/玩转摩擦/人体与电/餐厅奇遇记等,任选其一,约 0.5 小时)

2. 观摩并参与 STEM 课程。(谍影重重/水火箭/ DNA 项链/纸电路/虫虫机器人等,任选其一,约 1.5 小时)

3. 观摩并参与"科迷工作坊"。[乐高创客空间(以 General Robotics、Nao、fischertechnik 为基础的机械构造、电子编程和人工智能的机器人基础课程,乐高太空探索、工业机器人设计等课程)/车、船模拼装等,任选其一,约 1 小时]

4. 交流分享参与心得。(约 1 小时)

(三)专家宣讲会

活动时间:半天(4 课时)。

活动目标:(1)了解专家关于科普场馆非正规教育的见解;(2)了解自然博物馆展示教育概况。

主要任务:

1. 聆听专家演讲。(45 分钟)

2. 根据专家演讲进行实地参观学习。

(四)专家对话会

活动时间:半天(4 课时)。

活动目标:(1)了解专家对于科技教育的前沿见解;(2)了解 STEM 课程在科普场馆中的探索与实践。

主要任务：

1. 参加专家研讨会。（约 2.5 小时）

2. 会后在微信群内交流心得体会。

（五）课程设计研讨

活动时间：半天（4 课时）。

活动目标：（1）自己设计一节课；（2）提升教师教学设计的技巧。

主要任务：

1. 设计一节基于科技馆展示教育资源的 40 分钟的科学课（含教学设计和展示 PPT）。

2. 选取 1—2 位教师介绍自己设计的科学课。

3. 由课程专家参与指导，并开展讨论。（拟邀请 1—2 位课程设计方面的专家或果壳网作者分享经验并指导）

（六）课程分享和总结

活动时间：半天（4 课时）。

活动目标：（1）了解自身在课程设计方面的优点和不足；（2）借鉴同行优秀的教学设计。

主要任务：

1. 参加课程 PPT 交流会。（约 2.5 小时）

2. 活动后，将修改后的教学设计和展示 PPT 发送至 SSTMGXJH@163.com。

五、资质证书及相关权益

参加三次以上活动的教师，将获得由上海市教委和上海科技馆共同颁发的"博老师"证书，并获得相关权益（最新活动信息推送、参加相关活动的优先权等）。

附录 6：上海市教委-上海科技馆馆校合作项目之"青少年诠释者"项目指南（上海科技馆）

一、项目简介

"青少年诠释者"是上海市教委-上海科技馆馆校合作项目的一个子项

目,旨在充分利用场馆资源,通过理论培训、实地参观、小组合作和展示汇报等形式,帮助青少年正确地认识、理解和传播科学,以提升其科学素养、创新思维、历史使命感与社会责任感。

二、招募范围及人数

对此项目感兴趣的本市初、高中在籍学生 100 人。

三、体验安排

为帮助青少年认识、理解、展示和传播科学,本项目从教育、展览、收藏、研究四个维度开展培训,由馆外专家、校方带队教师和馆内工作人员组成智囊团,提供科学理论与实践指导。主要分为"熟悉""学习""思考""诠释"四个阶段。

参与者分为 5 组(每组 20 人),由校方教师带队,在智囊团的指导下,去两馆体验 5 次活动。

四、实施内容

(一)领略场馆风采

活动时间:半天。

具体内容:

1. 在讲解员带领下参观全馆,对展览形成一定的认识。(1.5 小时)

2. 在专职人员带领下参观藏品区。(1 小时)

3. 观看科普电影。(0.8 小时)

(二)体验科普活动

活动时间:半天。

具体内容:

1. 观摩并参与科普活动,包含:STEM 科技馆奇妙日、"科迷工作坊"、乐高创客空间(以 General Robotics、Nao、fischertechnik 为基础的机械构造、电子编程和人工智能的机器人基础课程,乐高太空探索、工业机器人设计等课程)、"达人带你逛"等。(1.5 小时)

2. 观看科学表演及科学秀,感受不同的科学诠释方式。(1 小时)

(三)寻找诠释课题

活动时间:半天。

具体内容:

1. 自由分组,确定各组感兴趣的诠释课题。(1 小时)
2. 实地考察,根据科技馆的资源,确定诠释方式。(1.5 小时)
3. 小组拟定课题初步方案。(1 小时)

(四) 在上海市高校重点实验室进行实践

活动时间:半天。

具体内容:

1. 根据所要诠释的课题,寻找相关专家的帮助,并各自确认想要了解的上海市高校重点实验室,前往重点实验室开展实践活动。(1.5 小时)
2. 小组讨论,确定研究报告的提纲。(2.5 小时)

(五) 展示交流

活动时间:半天。

具体内容:

1. 汇报研究报告,专家评选。(1 小时)
2. 展示个性化科学诠释,专家点评。(2 小时)
3. 分享心得体会。(1 小时)

附录7:上海市教委-上海科技馆馆校合作项目之"实习研究员"项目指南

一、项目简介

作为上海市教委-上海科技馆馆校合作项目的一个子课题,"实习研究员"项目旨在利用上海科技馆及上海自然博物馆的展示、教育、科研资源,遴选指导教师,发布微课题项目指南,在上海市中学在读学生中招募 30 名实习研究员,在导师的指导下参与微课题研究,评选优秀创新实践项目,打造青少年科技创新后备人才培育基地。

二、招募范围及人数

对自然科学和科普教育有热情、有兴趣的本市在读中学生(6—12 年级),38 人。

三、预期目标

1. 培养能够独立完成微型科学研究项目的"实习研究员"。

2. 建立一支馆校合作、资源共享的培养青少年科技后备力量的师资队伍。

3. 推荐研究成果参加各级青少年科技竞赛与评选,进一步拓展项目成果。

四、研究方向

1. 自然科学基础研究。

2. 标本制作与修复。

3. 展品研发及维护保养。

4. 科普教育项目策划。

五、实施内容

基于两馆的展示、教育、科研等资源,结合学生自身兴趣爱好与知识储备,开展微课题研究。实习研究员在导师指导下,选择拟开展的项目,制定项目计划,细化实施方案,按照方案实施项目,完整参与课题研究的全过程,完成预期成果并提交。

上海自然博物馆在上海市教委的指导下,负责组织专家对成果进行分组评选、奖励。上海自然博物馆负责选取优秀的成果,设计、布置,面向公众进行展示。上海市教委与上海自然博物馆积极寻求多种渠道,推荐优秀成果参加各级青少年科技创新竞赛。

研究方向1:自然科学基础研究(9人)

专业方向	招募要求	参与时间(课题期间)	预期成果
环境科学(固体废弃物分类和城市居民区噪声监测)	初中生,对环境污染问题感兴趣,善于思考,能吃苦	每周六	培养探究能力和科学素养,每人撰写实验报告或调研报告一份,择优发表
矿物晶体的整理	男生,对岩石矿物有极大兴趣	每周六	能够辨别基本的岩石矿物标本
植物生理学	对科学感兴趣,语文和英文功底扎实,阅读能力强。男女不限,初、高中生皆可	周末及假期,时间可灵活安排	学会搜集学术文献,撰写一篇科普文章或者科学论文

(续 表)

专业方向	招募要求	参与时间（课题期间）	预期成果
底栖动物	初中生,有耐心、细心,对虾、蟹、贝壳标本有一定的兴趣,或者对上海自然博物馆"上海故事"展区的崇明东滩景箱感兴趣	每月2—3天	撰写一篇关于博物馆或湿地生物探索的研究报告
植物	高中生,对生物分类、生物进化感兴趣,有耐心,善于思考,动手能力强	每月2—3天	从分子水平认识植物,了解分子手段在植物分类和进化研究中的作用
土壤动物分类学	高中生,对动物分类学感兴趣,做事认真仔细,善于思考,动手能力强	每周六	培养科学研究方法,学会识别常见的土壤动物,撰写实习报告一份
植物科学(开花和结实过程观察,植物种类不限,就地取材)	初中生,对植物发育生物学感兴趣,观察力敏锐,具备摄影、显微观察、图片编辑处理能力者优先	每周六	培养探究能力和科学素养,撰写自然笔记、实验报告或调研报告一份,择优发表
上海城市生态系统季相变化特征	对生态学感兴趣,爱好外出旅游、摄影	每周六	了解植物季节性变化的特点

研究方向2：标本制作与修复(12人)

专业方向	招募要求	参与时间（课题期间）	预期成果
鱼类模型的制作	高中男生,喜爱文物、博物,有绘画基础者优先	寒假每周1天,学期中每月2天(周六)	制作完成鱼类模型1件
植物标本采集、制作和保存	高中女生,对植物有兴趣,耐心细致,有责任心	每周六	采集和制作植物标本20份
昆虫学	高中男生,能够参与野外标本采集,热爱自然观察,喜爱昆虫,对"缤纷生命"或"上海故事"展区的昆虫标本感兴趣	寒假每周1天,学期中每月2天	制作昆虫标本20份

（续　表）

专业方向	招募要求	参与时间（课题期间）	预期成果
植物生态学及标本制作	高中男生，能够参与野外生态试验，热爱自然观察	每周六	采集和制作植物标本20份，完成野外生态试验报告一份
古生物化石修复	高中男生，对古生物有一定的兴趣，有较强的动手能力，不怕脏	每周1天	修复化石1件
古生物模型制作	高中男生，对古生物有一定的兴趣，有较强的动手能力，不怕脏	每周1天	制作古生物模型1件
皮张、骨骼标本的制作、修复	初中生，乐于接近自然、认识自然，了解城市动物园、博物馆标本存在的作用和意义，善于思考，能吃苦	每周1天	在专业人员帮助下完成填充、定型操作，亲手制作标本

研究方向3：展品研发及维护保养（7人）

专业方向	招募要求	参与时间（课题期间）	预期成果
多媒体软件开发与评估	高中生，有一定的多媒体软件开发知识及观众调研知识	每周六	参与展品开发过程，并对展品的使用进行评估
生物科学	初中生，热爱大自然，喜欢小动物，对蝴蝶、蜜蜂、竹节虫等昆虫具有一定的专业知识，语言表达及动手能力较强	每周六	学会制作简易的昆虫标本，每人撰写活动报告或调研报告一份，择优发表
媒体终端硬件改良	高中生，对媒体终端有一定的兴趣和基础	每周六	参与媒体终端更新改造，并对硬件的使用进行评估
科普立体图书创作	高中生，对物理、化学、天文、动物等学科感兴趣，善于观察、思考，动手能力强，擅长绘画、平面设计者优先	寒假每周2天，学期中每月2天	制作一本简易的科普立体图册

(续 表)

专业方向	招募要求	参与时间(课题期间)	预期成果
生物学(蜘蛛的养殖和展示)	高中生,对养殖蜘蛛有很大兴趣,善于沟通,能够参与观众调研	每周六	能够辨别常见的蜘蛛种类(可作展示用),了解其特征习性及人工饲养要点;配合完成观众调研及其报告
科普衍生品调研及开发	高中生,对科普感兴趣,有一定的艺术、设计基础	每周半天	参与科普衍生品调研,了解观众需求,提出开发建议
恐龙主题衍生品研发	高中生,喜爱恐龙,有一定的绘画、设计基础	每周1天	调研国内外恐龙主题衍生品现状,设计、制作一款(套)恐龙主题衍生品

研究方向4:科普教育项目策划(10人)

专业方向	招募要求	参与时间(课题期间)	预期成果
展览效果评估	高中生,具有一定的数据统计和分析能力	每周六	调研观众在展馆中的行为,用跟踪计时法统计其停留时间,并与国外的数据作对比
昆虫学	高中生,对蝴蝶有一定的了解,具有较强的阅读能力和口头表达能力,擅长绘画或手工制作者优先	每周六	合作策划蝴蝶主题的现场活动并实施,编写相应的活动文案及使用手册
十二节气科普剧本创作	高中生,对话剧创作有兴趣,具有较强的创意能力和写作能力,有舞蹈、声乐等艺术特长者优先	周末及假期,时间可灵活安排	合作策划十二节气科普剧本,或完成剧内配套声乐/舞蹈/道具等的设计
古生物考古	高中生,对古生物学、考古学感兴趣,阅读过相关书籍,擅长绘画者优先	寒假每周2天,学期中每月2天	选择两个典型古生物群,制作一套化石分类卡片

(续 表)

专业方向	招募要求	参与时间（课题期间）	预期成果
生态学	高中生，热爱自然，关注人文，对上海的变迁与本土文化或"上海故事"展区感兴趣，会沪语或上海地方话者优先	每月2—3天	撰写一篇有关"上海故事"展区或基于展区、与自然或节气相关的科普小文，并进行简单的展示
昆虫学	高中生，对生物学感兴趣，对常见昆虫或植物有一定的识别能力，性格开朗，善于与观众交流	寒假每周1天，学期中每月2天	学习昆虫、植物标本制作方法；掌握一定的讲解技巧
生态学	高中生，对自然、节气、民俗感兴趣，善于思考，具备主动学习的能力	每月2—3天	撰写一篇基于展区，与自然、节气相关的科普小文；能在展区进行简单的科普活动
新媒体	高中生，对新媒体有兴趣，文字功底好，会使用Photoshop、Flash软件者优先	寒假每周2天，学期中每周1天	参与上海自然博物馆微信平台科学传播研究的相关调研工作；独立编写微信文章1—2篇；设计出1—2套可用于微信平台的元素，包括gif动画、分割线等

附录8 上海市教委-上海科技馆馆校合作项目学习资源

《地球上最大的恐龙》教师手册

（设计者：刘楠、徐蕾、宋娴）

一、活动概述

　　恐龙中的"巨无霸"大多来自蜥脚类家族，它们会有"体重超标"的危机吗？巨大的体形将如何影响它们的进食、消化、呼吸和运动？活动中你要完成分组实验，通过测量自己的身体数据，并与恐龙的数据作对比，探索蜥脚类恐龙巨大体形背后的科学。

二、主题关键词
蜥脚类恐龙,心脏,消化,运动,呼吸

三、活动目标

1. 找出蜥脚类恐龙巨大体形的关键要素,如神秘的循环系统、强大的消化系统、高效的呼吸系统等。

2. 了解科学家是如何推断蜥脚类恐龙的心脏结构以及消化系统、呼吸系统和运动系统的特点的。

3. 了解古生物学"将今论古"的研究方法,学习运用实验推理、科学数据整理等研究技能。

4. 培养分工合作的团队精神。

四、活动组织

适合人群：初中八—九年级学生、高中生

参与人数：20人

活动时间：60分钟

活动类型：实验

活动地点：上海自然博物馆探索中心

五、工具与材料

序 号	物 品 名 称	数量(单位)
1	笔	20支
2	腕龙模型	2个
3	肺活量测量仪	1台
4	梁龙模型	2个
5	秒表	4只
6	计算器	4个
7	卷尺	2把
8	苹果	8个
9	分组即时贴	1套
10	活动学习单	4张

(续　表)

序　号	物　品　名　称	数量(单位)
11	"地球上最大的恐龙"PPT	1个
12	"阿根廷龙的行走"视频	1个
13	"鸟类的双重呼吸"视频	1个
14	钓竿(顶部有磁铁)	4根
15	小桶	4个
16	仿真树叶(带回形针)	300片

恐龙的分类

六、教育活动策划案

1. 关键概念

■ 蜥脚类恐龙

蜥脚类恐龙是指在分类学中属于蜥臀目(Saurischia)蜥脚亚目(Sauropodomorpha)的所有恐龙。蜥脚亚目包括四足行走或半四足行走的蜥臀目恐龙,原始的蜥脚类如禄丰龙(Lufengosaurus)是半四足行走的,进化的蜥脚类恐龙才是真正四足行走的(如现生的大部分蜥蜴一样)。本活动主要探讨的是后者,其特征是身体巨大(包括世界上最大的恐龙),头很小,脖子和尾巴非常长。

2. 背景知识

■ 蜥脚类恐龙的基本情况

蜥脚类恐龙因体形巨大而著称于世,它们都吃植物,食量惊人。蜥脚类恐龙存在于每个大洲,从两亿年前的晚三叠纪一直生活到6550万年前。在此期间,它们进化出一系列不同的外形和体形,平均体重为12吨。有些个头矮小的种类体重与一头牛差不多,而阿根廷龙重达约80吨,是非洲象的

15倍。和许多现代爬行动物一样,它们通过产蛋繁衍,让小恐龙自己照顾自己。有的恐龙蛋直径甚至超过50厘米。孵化出的幼体成长迅速,体重的增速超过任何其他陆生动物。

■ 几种著名的蜥脚类恐龙

马门溪龙(Mamenchisaurus)、迷惑龙(Apatosaurus)、腕龙(Brachiosaurus)、梁龙(Diplodocus)、超龙(Supersaurus)、地震龙(Seismosaurus)、阿根廷龙(Argentinosaurus)、蜀龙(Shunosaurus)、峨眉龙(Omeisaurus)、黄河巨龙(Huanghetitan)等,都属于蜥脚类恐龙。

• 合川马门溪龙(Mamenchisaurus hochuanensis)

通常说的马门溪龙是指马门溪龙属的恐龙,包括在我国四川、甘肃、新疆等地发现的多种马门溪龙属恐龙(截至2012年共发现9种)。上海自然博物馆展示的合川马门溪龙(翻模)是马门溪龙家族中最负盛名的,多年以来一直被誉为"亚洲第一龙"。合川马门溪龙化石于1957年在四川合川县首次被发现,发现时头骨、肩带和前肢缺失,但脊柱相当完整。时任中国科学院古脊椎动物与古人类研究所所长的杨钟健将其归入马门溪龙属中,并组织带领技术人员开展标本的复原和装架,最终完成一具长达22米的合川马门溪龙骨架标本。正型标本现陈列于成都理工大学博物馆。根据发掘的化石可知合川马门溪龙出现在侏罗纪晚期。1995年,在四川省自贡市又发现了一具保存相当完整的大型蜥脚类化石,有破碎的头骨,还保存了肩带和前肢。经叶勇、欧阳辉等人研究后,于2001年将其归入合川马门溪龙。

• 梁龙属

通常说的梁龙是指梁龙科(Diplodocidae)梁龙属下的恐龙(下文所说的"梁龙"均指梁龙属的恐龙),梁龙属是梁龙科的模式属,且梁龙科的名称来自梁龙属。虽然梁龙科恐龙体形巨大,但身体较其他蜥脚下目修长,例如泰坦巨龙类及腕龙科。所有梁龙科的特征都是颈长尾长,姿态水平,前肢较后肢短小。梁龙的属名Diplodocus意思是"一双横梁",指的是尾椎骨下侧有双叉形的人字骨(使得尾巴结实有力,可保护尾椎里的神经和血管)。这些骨头最初被认为是梁龙独有的特征,但是之后在其他梁龙科及非梁龙科(如马门溪龙)恐龙中也发现了这个特征。

英国伦敦自然历史博物馆的卡内基梁龙（*Diplodocus carnegii*）翻模（第一个复制品），可见尾椎下方有两排人字骨，即属名所提示的"双梁"（原骨骼标本在美国匹兹堡的卡内基自然历史博物馆展览）

梁龙非常著名，可以说是骨架与实体模型最多的蜥脚类恐龙之一，这是由于科学家发现了大量的梁龙骨骼化石。梁龙化石在北美地区不仅分布广泛、种类多，而且保存比较完整，因此古生物学家对它的研究也较深入。其中最著名的是卡内基梁龙，其骨骼化石是目前为止发现的最接近完整的骨骼（除头骨）化石。

目前尚没有发现能够确切地归于梁龙属的头骨化石，但可以通过亲缘关系相近的其他梁龙科头骨化石进行了解。梁龙只在口腔的前部长有牙齿，而且非常细小，不能很好地咀嚼食物，因此推断它们可能是依靠胃石来磨碎植物纤维的（这一点与现代鸟类相似）。

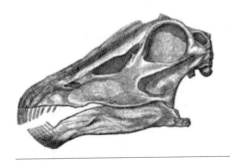 

梁龙头骨（左）和马头骨（右）比较（马有强大的臼齿用于咀嚼食物）

- 腕龙属

通常说的腕龙是指腕龙科（Brachiosauridae）腕龙属下的恐龙，主要生活于侏罗纪晚期的北美洲，在非洲、欧洲也曾发现它的化石。它的属名是由古希腊文的 βραχιων（前臂）及 σαυρος（蜥蜴）结合而来，这是因它的前肢长于后肢。不同于蜥脚下目的其他科，它的身体结构像长颈鹿，有着长前肢，颈部高举，这是识别腕龙最重要的特征之一。此外，相比于侏罗纪的其他蜥脚类恐龙，腕龙的尾长与颈长的比例较小；腕龙的牙齿长且呈匙状，比其他蜥脚类恐龙（例如梁龙）更适于取食较坚硬的植物。

1900年，Riggs等人在美国发现腕龙的第一具化石——高胸腕龙（B. altithorax，模式种）化石，这也是所有已发现的腕龙化石中相对完整的一具（现收藏于美国菲尔德自然历史博物馆）。

Riggs 与高胸腕龙的肱骨合照

Riggs 与同事清理腕龙化石的母岩

- 阿根廷龙属

阿根廷龙属是蜥脚下目泰坦巨龙类（Titanosauria）南极龙科（Antarctosauridae）的一个属，出现于白垩纪中期（距今约 1 亿年前）的南美洲。

上海自然博物馆展示的阿根廷龙模型是该属的模式种——乌因库尔阿根廷龙（Argentinosaurus huinculensis），由阿根廷古生物学家 Bonaparte 等人于 1993 年发现及命名。迄今为止，虽然只发现了几枚阿根廷龙属恐龙的脊椎骨和腿骨化石，但其大小足以让人感到吃惊，其中最大的一枚脊椎骨化石高约 1.5 米。

不过近年来，发现了较为完整的泰坦巨龙类恐龙化石，例如萨尔塔龙、后凹尾龙、掠食龙，使科学家可以估计出泰坦巨龙类恐龙的较准确体型，以及阿根廷龙的身长——它们的身长可能是 30—36 米。

■ 蜥脚类恐龙的进化

蜥脚类恐龙向大型化进化是为了占据更好的生存空间，取得生存竞争的优势，其他进化都是围绕这一进化主线的配套进化。例如：① 小头长颈，是为了不用过多移动庞大的身躯就能在大范围内觅食；② 大鼻孔，是为了增大呼吸吞吐量，供应庞大身躯的生命活动，由此可推想其心肺功能的强大；③ 长形的叶状牙齿，是为了快速连续地进食，力求每次都能撕扯下一大片鲜嫩的植物枝叶，不经咀嚼直接吞咽；④ 股骨比胫骨长，说明其虽不善于奔跑，但后肢支撑力很强，有时可站立起来吃高处的植物，或用前肢扑打敌害进行自卫，也说明其不是靠快速奔跑摆脱敌害，而是依仗庞大身躯及强大力量对抗敌害；⑤ 四足行走，是为了把庞大身体的重量分散到四足上，减小对地面的压强，提高通过松软地面的能力。由此可见，生物进化对其自身的生理和身体结构是牵一发而动全身的，进化的主线会带动一系列配套的进化，以求尽量达到对环境的最佳适应。

■ 科学家是怎样研究蜥脚类恐龙的

科学家通过研究化石来研究古生命。发现这些古生命的踪迹需要时间和经验。古生物学家仔细地搜寻暴露的骨骼小块，然后将带有化石的岩石运回实验室。脚印为蜥脚类恐龙的行为特征提供了一些最好的线索。通过研究与恐龙相关的现存鸟类和其他爬行动物，古生物学家可以洞察恐龙的行为特征和生物学特征。古生物学家也向其他领域的专家求助。例如,地理学家分析化石骨骼和牙,寻求古代气候的线索;古植物学家研究粪化石,进而发现古代植物的物理和化学成分。通过共同努力,这些科学家可以解答各类问题,包括这些恐龙吃什么,它们的生长速度有多快,以及它们可以活多长时间等。

- 进食方式

有些蜥脚类恐龙有着几十吨甚至近百吨的体重,按照每天的食量为体重的 10% 来算,每天要消耗数吨乃至十几吨食物。照这样计算下来,肉食性恐龙大概每天要捕获一条小型恐龙,而植食性恐龙则每天要横扫相当数量的树林,这似乎不太现实。当然,事实也不会是这样。据计算,植食性恐龙每天的食量大概是其体重的 1%,用于维持基本需要就可以了;而对于霸王龙这样的肉食性恐龙来说,情况可能与现在的狮子、老虎或者龟、蛇差不多,只要成功地狩猎一次,几天没有食物也不至于饿得慌。

大部分蜥脚类恐龙因为无法咀嚼吃进去的大量植物纤维,便采取囫囵吞枣的方式,先将食物吞下,再进行消化吸收。在一些蜥脚类恐龙(如萨尔塔龙和鹦鹉嘴龙)和一些小型兽脚类恐龙(如泥潭龙和尾羽龙)的腹部,发现了一些磨圆的光滑小石头,因此有科学家提出,某些植食性或杂食性恐龙会通过吞食小石头来协助消化。由于长期摩擦,这些石头连棱角都被磨没了。这种进食方式直到现在还被鸟类和鳄鱼采用。很多以谷物为食的鸟类会啄食小石头,家养的鸡、鸭、鹅也会啄食一定数量的小石头,这都是为了磨碎食物,帮助消化;而鳄鱼吞食石头,也是出于这个原因。不过,关于这些石头是否就是胃石,也有人持反对意见。

- 运动速度

最初,科学家是根据"脚印的化石"来计算恐龙的奔跑速度的。经过对大量动物奔走速度与跨步关系的研究,科学家发现动物奔走的速度与步长成正比,与腿的长度成反比。恐龙脚印间的距离越大,它的移动速度就越快;如果脚印间的距离很小,那么它的奔跑速度就很缓慢。而腿越长,速度越慢;腿越短,则速度越快。

据英国曼彻斯特大学动物学家 Cyrus 介绍,他们把恐龙的骨骼和肌肉构造等信息输入计算机,进行几千万次模拟分析,最终测算出恐龙的奔跑速度最多也就比一个普通田径运动员略快而已。其中肉食性恐龙的行走速度大约是每小时 6—8.5 千米；植食性恐龙速度慢些，大约是每小时 6 千米。遇紧急情况时，所有的恐龙都会快速奔跑起来，速度可达每小时 20 千米以上，肉食性恐龙在追赶猎物时速度还会更快些。有趣的是，有的恐龙是根本无法奔跑的，比如迷惑龙，它每小时可以行走 10—16 千米，但如果它尝试着跑起来，那么它的腿极可能会折断。

- 呼吸系统

一些化石证据显示，恐龙可能像鸟类一样呼吸。鸟类具有气囊，可以进行双重呼吸。人们在蜥脚类和兽脚类恐龙化石中发现了气囊存在的证据。2008 年，Sereno 发现气腔龙（Aerosteon）的某些骨头（包括叉骨、肠骨、腹肋）具有气腔孔，说明气腔龙可能具有类似现代鸟类的气囊呼吸系统。这表明，恐龙的呼吸方式和人类不一样，除了用肺，还要借助气囊系统进行呼吸。

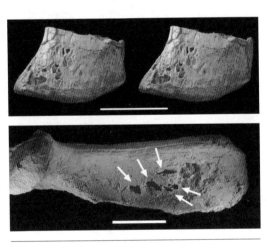

气腔龙的左肠骨气腔孔

3. 拓展知识

■ 鸟类的呼吸系统

鸟类由于飞行需要，具有脊椎动物中最高效的呼吸系统。其呼吸系统包括 2 个小而硬的肺脏和 9 个广布于全身的气囊。这些气囊起着风箱一样的作用，但是却不进行气体交换。氧气通过侧支气管进入血液，而侧支气管的功能与人类的肺泡类似，在此作为进行气体交换的组织器官。在侧支气管内,血液和空气在微小通道内相向流动。由于空气经由肺部呈单方向流动,而肺毛细血管中的血液流向正好与它相反,因此鸟类能够利用所吸入的全部空气,就像鱼类善于利用鳃一样。相比之下,哺乳动物却不能实现这样的呼吸。

鸟的呼吸与一般的动物不同。一般的陆生脊椎动物呼吸时只将空气吸进肺里,在肺内进行一次气体交换,然后呼出。而鸟的体腔内有许多由薄膜构成的气囊,与肺相通。吸气时,一部分空气在肺内进行气体交换后进入前胸气囊,另一部分空气经过支气管直接进入后胸气囊。呼气时,前胸气囊中的空气直接呼出,后胸气囊中的空气经肺呼出,又在肺内进行气体交换。这样,在一次呼吸过程中,肺内进行了两次气体交换,因此叫作双重呼吸。

4. 核心问题

(1)如何通过实验推断蜥脚类恐龙的心脏结构、消化系统、呼吸系统和运动系统的特点?

(2)蜥脚类恐龙巨大的体形会对其身体系统的运作(如进食、消化、呼吸和运动)产生怎样的影响?

(3)蜥脚类恐龙的身体结构与人类及其他动物的身体结构有何异同?

七、活动准备

1. 科学老师准备

(1)提前购买大小相近的苹果8个,清洗并用保鲜袋装好。

(2)参照任务卡上的材料清单,将完成任务卡所需的实验工具与材料按不同组别归类整理好。

(3)准备分组即时贴,将参与者分成4个小组。

2. 学生准备

通过网络、书籍等查询关于蜥脚类恐龙的知识,作一些初步的了解。

八、活动过程

1. 预热活动——看模型猜恐龙

科学老师拿出腕龙和梁龙的模型分给4个小组,让各小组猜测本组拿到的是哪种恐龙,并说明鉴别理由。若很快答对(时间充裕),则继续展示马门溪龙、阿根廷龙的图片,让大家猜是哪种恐龙。

【梁龙前肢略短于后肢,形成大致水平的姿态。至于梁龙尾部末端是否有尖刺,还有待考证。推测这种类型的尾巴在合川马门溪龙、蜀龙、峨眉龙身上会有。腕龙的前肢比后肢长,颈部上抬。】

公布答案,介绍刚刚让大家猜的几种恐龙,说明鉴别特征。然后总结蜥脚类恐龙的特点,介绍蜥脚类恐龙的基本概况。

2. 探秘超大体形背后的科学

■ 脑洞大开

科学老师向参与者提问并组织讨论:"如果你和阿根廷龙一样长到80吨,会怎么样?你的心脏、呼吸、消化、运动会受到影响吗?""巨大的蜥脚类恐龙的身体结构和我们有什么不同?它们会有'体重超标'的危机吗?"

【此处无须提供标准答案,只是引导大家思考,方便后面引入实验任务。也可结合衔接词举例:"拥有巨大体形的蜥脚类恐龙,它们的心脏、呼吸、消化、运动是否和我们一样呢?下面我们就一起来完成几项有趣的实验,看看你们刚刚的猜测是否有道理。"】

■ 分组探秘

科学老师组织4个小组分别抽取任务卡(活动学习单),根据抽取情况,发给每个小组(分别是心脏小组、运动小组、消化小组、呼吸小组)相应的实验材料,请各小组成员根据任务卡上的要求完成实验,并填写完成任务卡。

3. 分享与总结

科学老师请每个小组上台分享实验结果,并通过PPT分别针对每个小组的探究主题作进一步剖析(主要从"我们有何线索""任务卡中体现的研究思路""古生物学家的研究思路和成果""未解之谜"等方面进行介绍)。

【科学老师注意提醒参与者,所探讨的问题都是开放性的,并没有标准答案,实验仅仅是一种研究途径,大家完全可以有不同意见。在分享和总结过程中引导大家多思考、讨论,把发言的主动权给参与者。】

■ 心脏小组分享与总结结束后

科学老师结合心脏任务卡内容,组织参与者探讨心脏的研究思路(从哪里获得线索?如何进行推测?)。然后介绍古生物学家的研究思路和成果。

【心脏是软组织,难以变成化石保存至今,目前对恐龙心脏的研究多采用将今论古的思路进行推测。

心脏任务卡的思路有两个:①(封面)从结构和功能相适应的角度进行推测,蜥脚类恐龙要将血液供应至全身,特别是它的大脑,需要费很大的劲,因此心脏必须很强壮。②(内页)将今论古,先是统计、分析现生生物体形与心率的规律(动物体形越大,心率越高),再进行推测。使用这个方法要注意:现生生物的规律并非一定适用于古生物,要选择合适的类比生物;其次,规律可能是普适的,但并非绝对,也许有例外。比如任务单类比的都是恒温动物,因为小动物散热快,所以需要更快速的心跳来维持体温。对于冷血动物,心率往往受温度控制。恐龙是恒温动物还是变温动物尚无全面定论。

目前古生物学家对恐龙心脏结构和功能的推测还会从谱系分析着手,通过谱系分析可知恐龙位于现生的鳄鱼和鸟之间,鳄鱼和鸟的心脏都是四室心脏,因此猜测恐龙也是四室心脏。】

■ 运动小组分享与总结结束后

科学老师结合运动任务卡内容,组织参与者探讨运动的研究思路(从哪里获得线索?如何进行推测?)。然后介绍古生物学家的研究思路和成果。

【骨骼系统是运动的基础,可以提供最直接的证据。除了骨骼系统,脚印化石也可以从侧面反映一些信息。

运动任务卡的思路主要是将今论古,先找到现生生物骨骼或脚印数据与运动速度的规律(计算公式),再对古生物进行推测。

目前古生物学家们提出了一些不同的计算公式。】

■ 消化小组分享与总结结束后

科学老师结合消化任务卡内容，组织参与者探讨消化系统的研究思路（从哪里获得线索？如何进行推测？）。然后介绍古生物学家的研究思路和成果。

【消化系统中虽然肠道、胃等软组织无法形成化石保存下来，但牙齿、粪便可以形成化石，因此可以从化石和将今论古两个方面进行分析。

消化任务卡的思路有两个：①（封面）从结构和功能相适应的角度进行推测，蜥脚类恐龙体形大，而植物热量少，因此需要长时间大量地进食，并最大限度地减少能量消耗。②（内页）限定假设条件进行推理：如果蜥脚类恐龙和人类的进食速度一致，体形又和进食量成正比，那么蜥脚类恐龙一天就要消耗一片树林，这显然是不可能的，所以进食量并不和体重成正比；部分蜥脚类恐龙的牙齿化石显示它们的咀嚼功能并不强大，因此很可能采用的进食方式是不咀嚼而直接吞咽食物，如此就能快速地吃进大量的食物。

在一些蜥脚类恐龙（如萨尔塔龙）的腹部发现了一些磨圆的光滑小石头，因此有些古生物学家提出，某些植食性或杂食性恐龙会通过吞食小石头来协助消化。】

■ 呼吸小组分享与总结结束后

科学老师结合呼吸任务卡内容，组织参与者探讨呼吸器官的研究思路（从哪里获得线索？如何进行推测？），其间穿插对人类、鸟类等不同生物呼吸方式的介绍。然后介绍古生物学家的研究思路和成果。

【虽然肺等软组织无法形成化石保存下来，但也许可以从鼻腔、胸腔等靠近呼吸器官的骨骼化石的结构发现蛛丝马迹。

呼吸任务卡的主要思路是将今论古，分析现生动物的呼吸方式，推测蜥脚类恐龙可能的呼吸方式。推测的理由可以从亲缘关系的远近、结构和功能相适应等方面着手。

古生物学家在蜥脚类和兽脚类恐龙化石中发现了气囊存在的证据,这表明恐龙可能像鸟类一样进行双重呼吸。】

4. 游戏:贪吃的恐龙

科学老师请每组派两位参与者上台,进行"贪吃的恐龙"游戏,体验蜥脚类恐龙的进食特点。

游戏规则:

(1) 每个小组派两名参与者,一人手持钓竿,一人抱着小桶,面对面站在树叶堆的两边。

(2) 拿钓竿的参与者利用钓竿顶端的磁铁,吸取地上带回形针的树叶,由抱桶者摘下树叶,放入桶内。

(3) 60 秒内,"吃"到树叶最多的小组获胜。

九、场馆资源

上海自然博物馆生命长河展区(恐龙展台)、演化之道展区(恐龙盛世)。

十、学习资源

1. 江泓.2013.恐龙纪元史前霸主的发现与命名.北京:人民邮电出版社

2. [英]史蒂夫·帕克.2004.恐龙王国.王继玲,张宇翔译.安徽少年儿童出版社

3. 《常春藤》编委会.2011.恐龙大百科.合肥:安徽少年儿童出版社

4. 钱迈平,胡柏祥,詹庚申,邹松梅,章其华.2010.大型蜥脚类恐龙研究.地质学刊.34(4)

5. 欧阳辉.1998.蜥脚类恐龙探秘.大自然.2

6. 徐金蓉,李奎,刘健,杨春燕.2014.中国恐龙化石资源及其评价.国土资源科技管理.31(2)

7. 化石网.http://www.uua.cn

8. 中国科学院古脊椎动物与古人类研究所.http://www.ivpp.cas.cn

附录9 美国历史博物馆教育者手册

教育者指南

海 洋 生 物 馆

厄玛和保罗·米尔斯坦家族

内有
- ◆ 展馆地图
- ◆ 馆内教学
- ◆ 与标准的相关性
- ◆ 基本问题
- ◆ 有备而来清单
- ◆ 词汇表

在线
- ◆ 科学与读写活动
- ◆ 其他资源

基本问题

什么是海洋?

海洋是覆盖地球超过三分之二(70%)表面积的广阔咸水水域。四大洋分别为太平洋、大西洋、印度洋和北冰洋,它们相互连接,共同组成了世界大洋。距今40亿年前后,海洋中就诞生了最初的生命,海洋更是包含了地球95%以上适宜复杂生命体生存的空间。起伏的海浪之下,侵蚀、沉积和构造力等地质过程塑造了山脉、海沟和广阔的高原。从沿海水域到深海,由于深度、光照、温度、压力和**盐度**的不同,海洋拥有非常多样的**生态系统**。地球上的所有生命都离不开海洋。**浮游生物**为我们提供了大部分呼吸所需的氧气;洋流循环来自热带的暖流和来自两极的寒流,从而调节气候;海洋还是重要的食品、生计和药品来源。

海洋中住着哪些生物？住在哪里？

小到**浮游生物**，大到蓝鲸，多种多样的生物都**适应**了海洋生活。阳光、水温等生物和非生物因素决定了生物生活的区域。

靠近海岸、阳光和养分充足的浅水区是地球上最具生产力的地区。例如，由数百万小型无脊椎动物构建而成的珊瑚礁就庇护着许许多多互相竞争食物和生存空间的物种。在离海岸更远的地方，浅滩就变成了开阔海洋，那里有大片大片的浮游生物在海面蓬勃生长。在更深的水域，很少甚至没有阳光穿透的地方，生物发光（自体发光的能力）有助于其寻找食物和配偶。即便是在深海，无论从上方落下的有机物质微粒，还是从海底喷口涌出的过热化学物质，总有能量能够维持生命。

独特的生物群落定居在被称为热液喷口的海底裂缝中。这里的食物网基于化学合成（来自化学物质的能量）而不是光合作用（来自太阳光的能量）

海洋生物和生态系统面临哪些威胁？

海洋面临着许多威胁。人类活动引起的全球变暖造成海洋温度上升、两极冰盖融化，导致洋流变化、海平面升高。大气中二氧化碳含量增加，致使海洋**酸化**，这尤其会影响海洋中的贝壳类生物。一些海洋物种更因为**过度捕捞**而濒临灭绝。人类开发侵蚀了海岸线，摧毁了海岸原有的生态系统，使得沿海社区更容易受到风暴潮和洪水的侵袭。从固体废弃物到原油泄漏到农业径流，污染几乎影响着所有的海洋生物和生态系统。海上运输则是另一大威胁，它可能导致运输入侵物种，袭击海洋哺乳动物，抑或是产生干扰许多海洋物种（特别是鲸鱼）交流的噪音污染。

珊瑚受到环境变化的压力时，会排除生活在它们组织内的共生藻类，白化并死亡

科学家们如何研究海洋？

自19世纪以来，科学家们一直在进行海洋考察，以研究海洋和海洋生

这台潜水器将科学家们带到了海下900米（3 000英尺）。机载摄像机记录水下场景，另有一条机械臂和取样器采集样本

物。到了20世纪，随着潜艇和自给式水下呼吸器（SCUBA）技术的出现，科学家们使用考察船、数据收集浮标和回声测深设备在近海环境收集洋流、温度和深度相关数据。探索深海和追踪海洋中的动物迁徙仍然具有极大的挑战性，但新技术正在取得进展。例如，有人和无人潜水器绘制了深海图表，卫星绘制了生物生产力图谱，全球定位系统（GPS）设备能够追踪开阔海洋的海龟、鲨鱼和鲸鱼。海洋研究具有巨大的潜力，从运用医用微生物到揭示生命起源的关键因素，更能了解海洋在飓风等极端天气事件中的作用。

馆内教学

1. 开阔海洋

馆内中央区域代表的便是开阔海洋，蓝鲸模型正在此处遨游，开阔海洋指的是大陆以外的广阔水域。那里没有明显的地标，四处都是水。学生可以沿着夹层栏杆缓步探索下列内容：

1A. 蓝鲸模型和展板：这是个一比一等大的模型，展示的是迄今为止地球上最大的动物。让学生们寻找蓝鲸是哺乳动物的证据（它的喷水孔和肚脐）。和其他哺乳动物一样，蓝鲸用肺呼吸，且是胎生的。

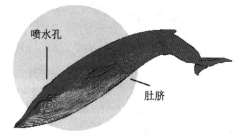

1B. "海洋勘探"展板：科学家使用卫星和勘探机器人等工具来探索海洋。

1C. "迁徙者"展板：一些海洋生物长途跋涉以寻找食物和配偶；新技术帮助科学家们追踪它们迁徙的旅程。

1D. "世界鲸鱼"视频：关于鲸鱼保护、行为、迁徙和鲸歌的短片。

1E. "漂流者"展板：浮游生物既不游泳也不附着在什么东西上，而是随波逐流。

1F."食物网"展板：开放海洋的主要生产者包括甲藻、硅藻以及其他能为海洋内所有生物将太阳能转换为养分的光合微生物。

2. 生命之树 & 水中生命

入口两侧的图表被称为进化支序图，展示的是各个海洋群体之间的关系。阅读展板，与触摸屏进行交互，能够获得关于相关物种的详细信息。每个支序图旁边有图示说明生物是如何在水中呼吸、进食、移动和繁衍的。

2A. 无脊椎动物组部分：该支序图展示了数百万海洋无脊椎动物的一小部分。这些分支代表了地球上存活的主要谱系。

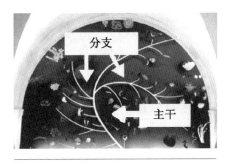

每个分支的末端是每个谱系的大量物种。学生可以使用"生命之树"展板来定位相似的适应特征。比如，双侧对称组里的所有动物都有双侧对称性。

为帮助学生阅读分支图，请让他们注意"主干"和"分支"。指出从同一个点分出来的动物比从上下相隔较远的点上分出来的动物关系更紧密

2B. 脊椎动物组部分：如中心展板所示，该支序图是海洋无脊椎动物一个分支的延续。让学生使用展板来发现四个主要生物组之间的相似性和差异。

（1）无颌鱼；（2）鲨鱼和鳐鱼；（3）肉鳍鱼和四足动物；（4）鳍刺鱼。

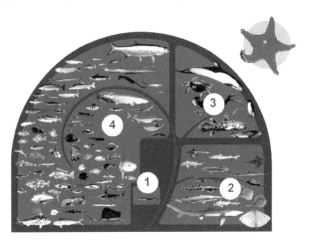

大约 7 000 万年前，北美大部分地区都被水所覆盖。这个实景模型展示了白垩纪海洋中的场景，这片海域覆盖的就是现在的田纳西州。左边具有螺旋壳和触须的动物是菊石，是现代鱿鱼的绝种亲戚。菊石可能已经使用喷射推进器，通过漏斗状开口排出水以将自己推离海底

3. 古代海洋

古生物学家通过研究化石证据，就像这里展示的这些，来推断数百万年前的海洋是什么样的。

3A. 化石板：让学生观察 1.5 亿年前中鲎的化石，这是一种与现代马蹄蟹有密切联系的动物，请学生追寻它在海底的踪迹。

3B."古代海洋生命"实景模型和化石：为了一瞥地质时间，学生可以观察对奥陶纪海洋（约 4.5 亿年前）、二叠纪海洋（约 2.7 亿年前）和白垩纪海洋（约 7 千万年前）中生命的描述，研究每个时期的不同生物，比如叠层石、三叶虫、腕足动物和菊石。

4. 海洋生态系统

海洋比陆地包含更多类型的生态系统。夹层楼内的 8 个展区介绍了十几个海洋生态系统（下文加粗）。每个展区都运用了模型、文字和图片来说明生态系统的非生物和生物组成部分。上方的视频展示了生物之间相互作用的过程。

4A. **红树林**：这种不同寻常的树木沿着热带海岸线在海水中茁壮成长。该展区主要展示了加勒比地区的红树林。在这里，学生们可以了解依赖于这些树木的多种物种，并学习红树林是如何通过稳固它们根部周围的泥土而保护沿海社区免受侵蚀和风暴潮袭击的。另有较小的区域以展示海草为主，**海草**一般就长在红树林外的近海区域；学生可以尝试探索原因。

红树林和海草是海洋中仅有的两种植物

4B. **珊瑚礁**：活珊瑚和其他筑礁动物一层又一层地筑造了被称为珊瑚

礁的大型石灰岩结构。本展区重点展示了一片位于印度-太平洋的珊瑚礁在夜晚（左）和白天（右）的样子。让学生注意不同生物在昼夜周期中的活动。然后让他们观察一些珊瑚居民的有趣行为，比如清洁站和养殖藻类。学生们还可以阅读了解筑礁动物所面临的危险以及失去它们对整个生态系统会带来怎样的影响。

4C. 海底：这一广阔的地貌漆黑且多为平坦区域。让学生观察代表巨大**深海平原**的中心区域，在这里生物依赖从上方落下的有机物质微粒"海洋雪"生存。再让学生将中心区域与两边的区域作比较，描述海底的另外两个生态系统：**鲸鱼遗骸**和**热液喷口**，这里的生物依靠更集中的养分流入而生存成长。

4D. 海草林：在海岸线附近，有着由一种叫作巨藻的褐藻所组成的海底森林，这里是无数物种的家园。本展区主要展示了一棵巨型加利福尼亚海藻在三个不同深度的样子：岩石海底、中点和海面。让学生比较海藻的不同状态，观察不同深度的不同生物。较小的区域展示的是**多岩海岸**，这里的栖息者被反复淹没和暴露。让学生观察不同的区域，看看生物是如何适应潮起潮落的。

4E. 大陆架：大多数海洋生物聚集在靠近海岸的海底狭长区域，该区域被称为大陆架，我们吃的鱼大多来自这里。本展区展示了靠近缅因湾的一块区域。让学生探索令大陆架拥有如此多样的海洋生物的非生物因素。学生也可以阅读了解过度捕捞的内容，并讨论如何减少过度捕捞的威胁。较小的区域介绍了通往深海的**海底峡谷**底部。让学生研究生活在峡谷泥泞和岩石区域的生物，探索它们是如何适应这些环境的。

4F. 两极海域：在这里，种类繁多的物种依赖于较冷的海面水与较温暖的海底水混合时所带来的养分。展区主要展示南极洲的麦克默多海峡。让学生研究两极海域的动物是如何适应这种寒冷的环境的，一些两极海域动物又是如何成长到巨大尺寸的。较小的区域介绍**海冰**。让学生观察生活在冰上或冰下的生物——包括藻类、磷虾和企鹅，并描述连接它们的食物网。

4G. 河口：河口处,海浪带着上游的海水进入淡水河流,这是一个高度动态的系统。盐度随潮汐和季节变化。展区主要展示了附近的哈德逊河河口。让学生探索生物如何适应不断变化的盐度和潮汐。学生还可以阅读了解河口对许多物种生命周期的重要性以及怎样能够保护河口。较小的区域介绍了**潮汐沼泽**,即河口内聚集了沉淀物和养分的湿地。让学生探索沼泽的位置和结构是如何使其成为众多物种的理想食物来源和栖息地。

4H. 深海：有大量生物生活在这片广阔的区域,在接近或者完全黑暗的深海。展区主要展示了深海水体的两个部分：中深海层(200—1 000 米)和深层(1 000 米以下,海底以上)。让学生研究在水柱中上下移动以便找到食物并保护自己免受捕食者袭击的动物。较小的区域介绍了生物发光。让学生观察可以自体发光的生物,说说这种适应性是为了什么目的。

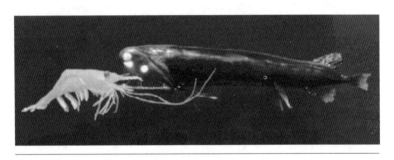

大多数深海动物只能看见蓝光,许多深海动物的身体呈红色,这让大多数捕食者看不到它们的身体。黑柔骨鱼却不同：这种鱼只能看见红光,得名于身上两盏能够照亮深水虾等红色动物的"前照灯"

5. 实景模型

下层共有 14 个实景模型。展示了特定时间、特定地点在海洋中或者附近的动物。大多数场景都是几十年前选定的,用来说明人类如何利用海洋动物资源。鼓励学生观察各种生物是如何互动以及它们的环境,并基于观察来讲一个故事。

5A. 北海狮：一只雄海狮、两只雌海狮和一只小海狮正趴在岩石海岸上休息。雌海狮最多会陪伴小海狮两年时间,其间教小海狮潜水和捕猎。

5B. 潜鸟：这里展示的海雀和潜鸟正在纽芬兰大浅滩捕猎。海雀用它们的鳍状翅膀将自己推向鱼群,而潜鸟则用它们的大蹼足。

5C. 港湾海豹：这些海豹正在多岩海岸上休息。港湾海豹会单独行动，但有时也会沿着海岸线集体活动。

5D. 海豚和金枪鱼：虽然它们没有密切关系（海豚是哺乳动物而黄鳍金枪鱼是鱼），但同样流线型的外型让这两种动物在水中滑动，相似的配色让它们从海上和海下都不易被发现。两者都在追逐扁舵鲣和飞鱼，空中红脚鲣鸟也在捕猎这些鱼。

了解到金枪鱼往往会在海豚附近捕猎，渔船会将鱼网放在海豚群周围以便捕捞金枪鱼。不幸的是，迄今已有超过一百万条海豚因此丧命。1972 年的《海洋哺乳动物保护法》对海豚有保护作用，但监管机构仍在监测渔业对金枪鱼和海豚的影响

5E. 海獭：用一条海藻将自己裹住以保持在原地不动后，这只海獭准备吃它胸口的海胆了。

5F. 虎鲨：两只小虎鲨正在追一只赤蠵龟。虽然海龟没法把它的头和腿收回来，但龟壳提供了一定保护，让它免受鲨鱼强有力的下颌和牙齿伤害。

5G. 抹香鲸和大王乌贼：一只大王乌贼用它的触须来抵御抹香鲸的攻击。没有人见过这样的深

用手电筒找到这个抹香鲸模型上的伤疤

海战斗,但是乌贼吸盘在抹香鲸身上留下的圆形伤痕证明这些战斗确实发生过。

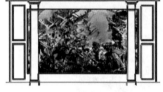

参观夹层,探索描绘了珊瑚礁上方景观的珊瑚礁实体模型上半部分

5H. 珊瑚礁:这处位于巴哈马群岛的珊瑚礁是由大量的小型软体珊瑚虫组成的,它们坚硬的骨骼构成了珊瑚礁的主要结构。珊瑚中的微观藻类赋予珊瑚礁鲜艳的色彩,迷宫般的洞穴和裂缝则庇护着多种鱼类和其他海洋生物。

5I. 潜水采珠:两位波利尼西亚潜水员采集牡蛎以获取宝贵的珍珠和贝壳。黑蝶珍珠蛤等双壳类动物(拥有两片壳的软体动物)运用身体抽水以过滤食物。小的颗粒或是有机体有时会卡在里面,随着时间的推移会被碳酸钙层层包裹,从而形成珍珠。

5J. 北极熊:这种顶级捕食者通过穿越积冰捕获它的主要食物——海豹。全球变暖导致冬季变短,海冰因此形成得晚且融化得早,威胁到北极熊的生存。

5K. 马尾海藻:赤蠵龟和鲯鳅被附着在马尾藻(一种褐藻)上的小动物所吸引。大西洋的洋流在这个几乎没有风的区域收集这种漂浮的海藻,而马尾藻在这里为数百种动物提供了食物和栖息地。

5L. 海象:这种大型哺乳动物堆挤在冰面平台上。通过象牙很容易识别海象,它们巨大的牙齿可以在冰上打出呼吸孔,用来将身体从水中拖出,也用来争夺领土。

5M. 西印度海牛:这种单独活动的食草动物正在温暖的浅水中觅食海草和藻类。它每隔几分钟就会出水吸气一次。

5N. 北象海豹:这一只大雄海豹通过它象鼻一般的鼻子发出叫声,旨在以此抵御其他雄海豹。

海牛可能看起来像海豹,但它们与大象的关系更密切

有备而来清单

计划旅程。欲了解关于预订、交通、餐厅的更多信息，请访问 amnh.org/fieldtrips。

阅读基本问题以了解展馆各个主题与您的课程之间的联系。

查看馆内教学内容，提前了解您的学生会见到什么内容。

从 amnh.org/ocean-life-educators 下载活动和学生练习题。它们专为参观之前、期间和之后使用而设计。

决定您的学生将如何探索展馆：

- 您和陪护人可以使用馆内教学内容让参观更轻松。
- 学生可以使用练习题和/或地图来单独或以小组形式探索展馆。

与标准的相关性

《K-12科学教育的框架》

科学和工程实践·1. 提出问题·2. 开发和使用模型·3. 分析和解读数据·4. 组织解释·5. 参与证据论证·6. 获取、评估和传达信息

跨学科概念·1. 模式·2. 因果关系：机制和解释·3. 规模、比例和数量·4. 能量和物质：流动、循环和保护·5. 结构和功能·6. 稳定和变化

学科核心概念·LS1.A：结构和功能·LS1.D：信息处理·LS2.A：生态系统中的相互依存关系·LS2.B：生态系统中的物质和能量转移周期·LS2.C：生态系统动力学、功能和恢复力·LS2.D：社会互动和群体行为·LS4.A：共同祖先和多样性的证据·LS4.B：自然选择·LS4.C：适应·LS4.D：生物多样性和人类·ESS2.A：地球材料和系统· ESS2.C：水在地球表面过程中的作用·ESS3.A：自然资源·ESS3.C：人类对地球系统的影响·ESS3.D：全球气候变化

鸣谢

Dalio Ocean Initiative 为本《教育者指南》提供了支持。

词汇表

酸化：二氧化碳从大气中溶解到海水中引起的海洋 pH 值降低。

适应：应对环境和生物变化而随着时间的推移演变的特征。

藻类：多样化的水生植物，主要是光合作用生物；可以是单细胞或多细胞，大小范围从微观硅藻到巨藻。

分支图：一个基于物种的独特特征显示哪些物种和群体更密切相关的树状图。

刺胞动物	软体动物	节肢动物	棘皮动物
			原口动物
			（胚胎发育早期
			形成口腔）
		双侧对称动物	
	动物		

从同一个点或节点分支的物种拥有相似的特征，因为它们演变自具有这些特征的祖先

生态系统：相互作用的生物群落及其物理环境。

过度捕捞：捕获了较多的成鱼，剩下的太少，导致不足以繁殖并补充种群数量。

浮游生物：微小的、自由漂浮的海洋生物。主要有两种：浮游植物，即栖息在阳光照射的水层中的光合微观生物；浮游动物，指小型海洋动物和较大动物的未成熟阶段。

植物：多种多细胞光合生物。

盐度：溶解在水体中的盐量。

照片来源

所有页面：所有展馆照片，© AMNH/Denis Finnin/Craig Chesek/Roderick Mickens/Matthew Shanley；所有插图，© AMNH。基本问题：白化珊瑚，Acropora/Wikimedia Commons'；潜水器，Rod Catanach/WHOI。馆内教学：红树林和海草，Bernard Radvaner/AGE Fotostock。

© 2017 美国自然历史博物馆。保留所有权利。

附 录 259

展馆地图米尔斯坦海洋生物馆

夹层

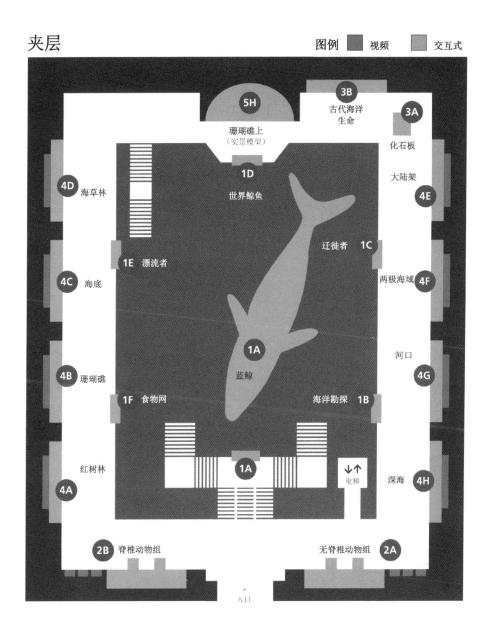

展馆地图米尔斯坦海洋生物馆

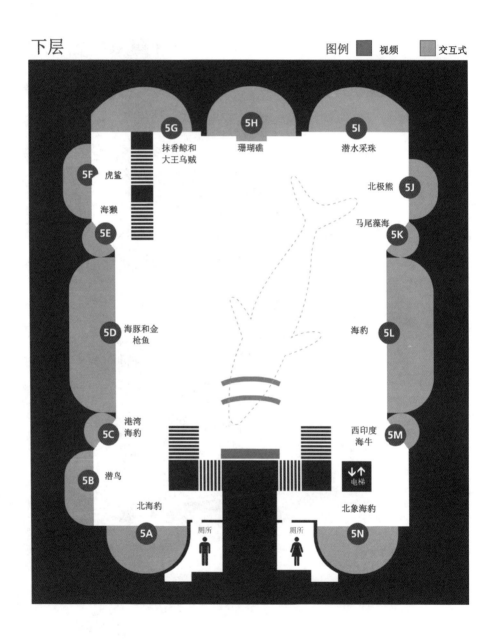

图　　录

图 1　博物馆与学校互动的分析模型　⋯⋯⋯⋯⋯⋯⋯⋯⋯　78
图 2　编码过程示意图　⋯⋯⋯⋯⋯⋯⋯⋯⋯⋯⋯⋯⋯⋯　86
图 3　博物馆职能排序图　⋯⋯⋯⋯⋯⋯⋯⋯⋯⋯⋯⋯⋯　89
图 4　学校开展博物馆相关教育活动频率图　⋯⋯⋯⋯⋯⋯　90
图 5　学校开展博物馆教育活动主要针对群体比例图　⋯⋯　91
图 6　不同学段博物馆教育活动针对群体差异图　⋯⋯⋯⋯　91
图 7　馆校合作主导者的分布情况图　⋯⋯⋯⋯⋯⋯⋯⋯　93
图 8　馆校合作现状编码结构图　⋯⋯⋯⋯⋯⋯⋯⋯⋯⋯　99
图 9　利益相关者认知编码结构图　⋯⋯⋯⋯⋯⋯⋯⋯⋯　114
图 10　馆校合作基本关系概况图　⋯⋯⋯⋯⋯⋯⋯⋯⋯⋯　124
图 11　内部驱动-自下而上-弱合作型　⋯⋯⋯⋯⋯⋯⋯⋯　125
图 12　内部驱动-自下而上-强合作型　⋯⋯⋯⋯⋯⋯⋯⋯　126
图 13　内部驱动-自上而下-弱合作型　⋯⋯⋯⋯⋯⋯⋯⋯　126
图 14　内部驱动-自上而下-强合作型　⋯⋯⋯⋯⋯⋯⋯⋯　127
图 15　外部强驱动-强合作型　⋯⋯⋯⋯⋯⋯⋯⋯⋯⋯⋯　128
图 16　外部弱驱动-弱合作型　⋯⋯⋯⋯⋯⋯⋯⋯⋯⋯⋯　128
图 17　外部弱驱动-强合作型　⋯⋯⋯⋯⋯⋯⋯⋯⋯⋯⋯　129
图 18　馆校合作中管理主体的复制动态相位图　⋯⋯⋯⋯　139
图 19　馆校合作中执行主体的复制动态相位图　⋯⋯⋯⋯　140
图 20　馆校合作中管理主体和执行主体的复制动态关系图　⋯⋯⋯　140
图 21　$kr-nc-kc<0,nr-nc-kc<0$ 状态下博物馆与学校的
　　　行为取向趋向图　⋯⋯⋯⋯⋯⋯⋯⋯⋯⋯⋯⋯⋯　144
图 22　$kr-nc-kc>0,nr-nc-kc<0$ 状态下博物馆与学校的

　　　　　　行为取向趋向图 ·· 145
图 23　$kr-nc-kc<0, nr-nc-kc>0$ 状态下博物馆与学校的
　　　　行为取向趋向图 ·· 146
图 24　$kr-nc-kc>0, nr-nc-kc>0$ 状态下博物馆与学校的
　　　　行为取向趋向图 ·· 146
图 25　政府倾向于不支持策略时的相位图 ································ 153
图 26　政府倾向于支持策略时的相位图 ··································· 153
图 27　馆校合作组织倾向于积极发展策略时的相位图 ·················· 155
图 28　馆校合作组织倾向于消极发展策略时的相位图 ·················· 155
图 29　馆校合作中管理主体和执行主体的复制动态关系图 ············· 156
图 30　馆校合作项目评估类型 ··· 172
图 31　馆校合作激励机制的框架图 ·· 179
图 32　课程分布策划步骤 ·· 199
图 33　金字塔式学习计划 ·· 200

表　录

表 1　实证研究中所采用的数据分析方法 …… 25
表 2　西方不同历史时期馆校合作的主要特征及主要实践形式 …… 39
表 3　美国博物馆提供的合作项目统计 …… 40
表 4　教育资源的主要类别 …… 69
表 5　问卷分类统计表 …… 82
表 6　编码代号 …… 84
表 7　馆校合作项目类型百分比 …… 92
表 8　人员培训形式百分比 …… 94
表 9　KMO 和巴特利特球度检验 …… 94
表 10　主成分分析结果 …… 95
表 11　聚类结果 …… 96
表 12　聚类结果检验 …… 96
表 13　馆校合作现状编码信度 …… 98
表 14　馆校合作现状编码过程 …… 99
表 15　各利益相关者认知的编码信度 …… 114
表 16　两类主体的非对称博弈收益矩阵 …… 134
表 17　管理主体和执行主体的博弈收益矩阵 …… 137
表 18　管理主体和执行主体的博弈收益矩阵 …… 142
表 19　馆校合作组织和政府的博弈收益矩阵 …… 151
表 20　馆校合作评估主体的选择标准 …… 171
表 21　学生层面馆校合作评估主要内容框架 …… 173
表 22　组织层面馆校合作评估主要内容框架 …… 174
表 23　合作表格 …… 185

表 24	供参考的行动计划	186
表 25	合作角色	188
表 26	管理结构	190
表 27	时间节点提供的内容	191
表 28	合作者关系评估表	192
表 29	参考框架列表	197
表 30	课程计划组成检验单	198
表 31	补充材料	199
表 32	专家反馈表格	203

参考文献

中 文 文 献

专著

Anselm Strauss,Juliet Corbin. 2003.质性研究入门——扎根理论研究方法.吴芝仪,廖梅花译.台北:涛石文化事业有限公司.23—25

陈向明.2000.质的研究方法与社会科学研究.北京:教育科学出版社.278

大卫·杰弗里·史密斯.2000.全球化与后现代教育学.郭洋生译.北京:教育科学出版社.25—28

冯建军.2001.当代主体教育论.南京:江苏教育出版社.2—5

郭玉霞.2009.质性研究材料分析——Nvivo8活用宝典.台北:高等教育事业文化有限公司.232

国际21世纪教育委员会.1996.教育——财富蕴藏其中.北京:教育科学出版社.6—9

郝国胜,黄深.2005.博物馆社会服务功能研究.北京:知识出版社.35—40

靳玉乐.2001.活动课程与学生素质发展研究.重庆:重庆出版社.43—57

凯洛夫.1950.教育学.陈侠译.北京:人民教育出版社.58,60

夸美纽斯.1984.大教学论.傅任敢译.北京:人民教育出版社.15—26

联合国教科文组织国际教育发展委员会.2005.学会生存——教育世界的今天和明天.北京:教育科学出版社.4—7

马修·迈尔斯,迈克尔·休.2008.质性资料的分析——方法、实践.张芬

芬,卢晖临译.重庆：重庆大学出版社.9—15

沈明德.1989.校外教育学.北京：学苑出版社.26—27

史吉祥,郭富纯.2003.2002博物馆公众研究——以旅顺日俄监狱旧址博物馆为例.长春：吉林人民出版社.12—20

藤田英典.2001.走出教育改革的误区.张琼华,许敏译.北京：人民教育出版社.1—2

杨小微.2004.全球化进程中的学校变革.上海：华东师范大学出版社.62—68

杨小微.2005.教育研究方法.北京：人民教育出版社.22—23

杨小微,李伟胜,徐冬青.2009."新基础教育"学校领导与管理改革指导纲要.桂林：广西师范大学出版社.67—70

约翰·杜威.1960.民主主义与教育.王承绪译.北京：人民教育出版社.3—5

约翰·杜威.2000.学校与社会·明日之学校.赵祥麟,任钟印,吴志宏译.北京：人民教育出版社.8—12

张焕庭.1989.教育辞典.南京：江苏教育出版社.678

张维迎.2006.信息、信任、法律.北京：生活·读书·新知三联书店.6

张印成.1997.课外校外教育学.北京：北京师范大学出版社.20

中国大百科全书总编辑委员会.1985.中国大百科全书·教育.北京：中国大百科全书出版社.414

钟启泉.2001.为了中华民族的复兴,为了每位学生的发展：基础教育课程改革纲要(试行)解读.上海：华东师范大学出版社.25—33

学术期刊

鲍贤清,杨艳艳.2013.课堂、家庭与博物馆学习环境的整合——纽约"城市优势项目"分析与启示.全球教育展望,1：62—69

陈慧玲.2003.特展教育活动的评析.博物馆学季刊(台湾),1：15—18

陈卫平.2003.建构主义与博物馆教育.中国博物馆,2：23—28

陈向明.1999.扎根理论的思想和方法.教育研究与实验,4：58—63

范国睿.2008.当代国际基础教育改革——理论与实践的双向建构.教育

发展研究(Z1):23—27

范先佐.2002.教育的低效率与教育产权分析.华中师范大学学报(人文社会科学版),5:5

靳玉乐,张丽.2004.我国基础教育新课程改革的回顾与反思.课程.教材.教法,10:5—8

康丽颖.2002.校外教育的概念和理念.河北师范大学学报(教育科学版),6:24—27

劳凯声.2002.社会转型与教育的重新定位.教育研究,2:15—20

李家成.2003.学校教育是一个利益场——"利益"视角下的学校教育.安徽教育学院学报,21(2):87—90

梁吉生.1986.旧中国博物馆历史述略.中国博物馆,7:71—85

梁吉生.2001.21世纪:博物馆学和博物馆学教育的沉思.中国博物馆,3:37—42

刘晓斌.1990.博物馆教育与学校教育.中国博物馆,10:72—74

鲁洁.1997a.科学教育的人文观照.江苏高教,5:37—40

鲁洁.1997b.通识教育与人格陶冶.教育研究,4:16—19

吕建昌.2011.近代中国博物馆史上需要澄清的一个问题——上海徐家汇博物院创建年代质疑.上海文博论丛,4:66—72

孟庆金.2004.关于学习单作为博物馆学习工具的研究.中国博物馆,3:32—36

彭正文.2008.博物馆:青少年社会教育基地——以海南生物多样性博物馆为例.海南师范大学学报(社会科学版),4:12—16

覃世龙,司红玉,杨飞,等.2006.质的研究在健康相关领域研究中的应用.医学与社会,19(12):7

宋娴.2013.西方博物馆教育实证研究综述.外国中小学教育,9:24—29

宋娴.2013.西方馆校结合的历史、进展与启示.全球教育展望,12:103—111

宋娴,孙阳.2014.我国博物馆与学校合作的历史进程.上海教育科研,4:44—47

宋向光.2003.博物馆定义与当代博物馆的发展.中国博物馆,4:1—6

孙建农.2008.关于上海博物馆手工活动的介绍.博物馆研究,1:14—18

王旭晓.2008.课外、校外艺术教育是美育的一个重要组成部分——英国艺术馆、博物馆见闻与启示.河南教育学院学报(哲学社会科学版),3:15—18

王学敏.1997.河南省博物馆、纪念馆对青少年教育作用的调查报告.中国博物馆,3:83—88

吴刚.2001.人文精神与新人文教育.全球教育展望,9:7—10

徐玲.2011.李济与西方博物馆知识在中国的传播.中原文物,4:35—39

杨汶,戴炜.2013.建国初期苏联博物馆事业对我国的影响.文史博览,2:9—14

杨小微.2009.从"终身"看"基础"——对基础教育之"基础性"价值的再认识.人民教育,9:11—12

张良桥,冯从文.2001.理性与有限理性——论经典博弈理论与进化博弈理论之关系.世界经济,8:74—78

周满生.1999.当前国际教育改革的若干动向和趋势.比较教育研究,6:17—21

周琴.2007.二十世纪八十年代后国际基础科学教育改革.教育学报,(2):67—71

学位论文

鲍贤清.2013.博物馆场景中的学习设计研究.华东师范大学博士学位论文

李君.2012.博物馆课程资源的开发和利用研究.东北师范大学博士学位论文

孟庆金.2010.现代博物馆功能演变研究.大连理工大学博士学位论文

王爱学.2008.公共产品政府供给绩效评估理论与实证分析.中国科学技术大学博士学位论文

郑思明.2007.青少年健康上网行为的结构及其影响因素.首都师范大学博士学位论文

其他

中共中央　国务院.2004-02-26.关于进一步加强和改进未成年人思想道德建设的若干意见. http://www.gov.cn/gongbao/content/2004/content_62719.htm

中共中央　国务院.2010-07-29.国家中长期教育改革和发展规划纲要(2010—2020年). http://www.gov.cn/jrzg/2010-07/29/content_1667143.htm

中华人民共和国国家统计局.2012.中国统计年鉴(2011).北京：中国统计出版社

中华人民共和国国家文物局.2008-02-05.关于印发《全国博物馆评估办法(试行)》、《博物馆评估暂行标准》和《博物馆评估申请书》的通知. http://www.sach.gov.cn/art/2008/2/16/art_111_3282.html

中华人民共和国教育部.2001-06-08.基础教育课程改革纲要(试行). http://www.moe.edu.cn/publicfiles/business/htmlfiles/moe/moe_309/200412/4672.html

中华人民共和国文化部.1951-10-27.对地方博物馆的方针、任务、性质及发展方向的意见

中华人民共和国文化部.2012.中国文化文物统计年鉴2012.北京：国家图书馆出版社

英　文　文　献

专著

Alexander V D. 1996. *Museums and Money: The Impact of Funding on Exhibitions，Scholarship，and Management*. Bloomington，IN：Indiana University Press. 123

Anderson D. 1997. *A Common Wealth: Museums and Learning in the United Kingdom*. London：Department of National Heritage. 22-28

Bloom J N. 1984. *Museums for a New Century*. Washington D.C.: American Association of Museums. 12-18

Buchanan J M. 1986. *Liberty, Market and State: Political Economy in the 1980s*. Brighton, Sussex: Wheatsheaf Books. 33-39

Butcher-Younghans S. 1996. *Historic House Museums: A Practical Handbook for Their Care, Preservation, and Management*. London: Oxford University Press. 23-30

Dana J C. 1920. *A Plan for a New Museum, the Kind of Museum it will Profit a City to Maintain* (No. 4). Bedale: Elmtree Press. 12-18

Dasgupta P, Sen A, Marglin S. 1972. *Guidelines for Project Evaluation*. New York: Renouf Publishing Co. Ltd. 20-25

Dickinson J L, Bonney R. 2012. *Citizen Science: Public Participation in Environmental Research*. Ithaca: Cornell University Press. 23-26

Elias J, Merriam E. 1980. *Philosophical Foundations of Adult Education*. Malabar: Krieger Publishing. 34-40

Falk J H, Dierking L D. 2000. *Learning From Museums: Visitor Experiences and the Making of Meaning*. Lanham: Altamira Press. 24-30

Gilman B I. 1918. *Museum Ideals of Purpose and Method*. Cambridge: The Riverside Press. 32-41

Glaser B G, Strauss A. 1967. *Discovery of Grounded Theory: Strategies for Qualitative Research*. Mill Valley: Sociology Press. 34-40

Hein G E. 1998. *Learning in the Museum*. London and New York: Routledge. 4, 14-40, 359, 361

Hein G E. 1999. *The Constructivist Museum. The Educational Role of the Museum*, London: Routledge. 73-79

Hirzy E C. 1996. *True Needs, True Partners: Museums and Schools Transforming Education*. Washington, D.C.: Institute of Museum Services. 12-15

Hogg M A, Abrams D. 1988. *Social Identifications: A Social*

Psychology of Intergroup Relations and Group Processes. London: Routledge. 16-20

Hooper-Greenhill E. 1994. *The Educational Role of the Museum*. London: Routledge. 258-262

Hooper-Greenhill E. 2007. *Museums and Education: Purpose, Pedagogy and Performance*. London: Routledge. 14-18

Institute of Museum and Library Services. 1996. *True Needs True Partners: Museums and Schools Transforming Education*. Washington D. C.: IMLS. 20-26

Kent H W. 1949. *What I Am Pleased to Call My Education*. New York: Grolier Club. 24-30

Long N. 2001. *Development Sociology: Actor Perspectives*. London: Routledge. 15-26

Lord B. 2007. *The Manual of Museum Learning*. Walnut Creek: Alta Mira Press. 32-36

Moffat H, Woollard V. 2004. *Museum and Gallery Education: A Manual of Good Practice*. Walnut Creek, CA: Altamira Press. 16-22

O'Neill M. 2002. The Good Enough Visitor. *In Museums, Society, Inequality*. London and New York: Routledgte. 24-40

Ostrom E. 1990. *Governing the Commons: The Evolution of Institutions for Collective Action*. New York: Cambridge University Press. 34-40

Ramsey G F. 1938. *Educational Work in Museums of the United States: Development, Methods and Trends*. London: The HW Wilson Company. 27-31

Robbins S P. 2001. *Organizational Behavior*. San Antonio: Pearson Education. 34-42

Rosen H S. 2008. *Public Finance*. NewYork: Springer US. 371-389

Shubik M. 2006. *Game Theory in the Social Sciences: Concepts and Solutions*. Cambridge: MIT Press. 12-15

Staples L. 2006. *From Syllabus to Gallery: Transformative Connections Through Constructivist Museum Studies*. Cincinnati: Union Institute & University. 21-25

Strauss A, Corbin J. 1990. *Basics of Qualitative Research: Grounded Theory Procedures and Techniques*(1st ed.). London: Sage. 31-34

Talboys G. 2005. *Museum Educator's Handbook* (2nd ed.) UK: Ashgate Publishing. 81

Vedung E. 2008. *Public Policy and Program Evaluation*. New Jersey: Transaction Publishers. 121-125

Weibull J W. 1997. *Evolutionary Game Theory*. Cambridge: MIT Press. 51-53

Zeleny M. 1982. *Multiple Criteria Decision Making*. New York: McGraw-Hill. 26-29

学术论文

Abasa S F, Liu W. 2007. An Overview of School Education Programmes in Chinese Museums. *Museum Management and Curatorship*, 22: 391-408

Afonso A S, Gilbert J K. 2007. Educational Value of Different Types of Exhibits in an Interactive Science and Technology Center. *Science Education*, 91(6): 967-987

Allen S. 1997. Using Scientific Inquiry Activities in Exhibit Explanations. *Science Education*, 81(6): 715-734

Allen S. 2004. Designs for Learning: Studying Science Museum Exhibits that Do More Than Entertain. *Science Education*, 88 (S1): S17-S33

Anderson D. 2003. Visitors Long-term Memories of World Expositions. *Curator: The Museum Journal*, 46(4): 401-420

Anderson D, Lucas K B. 1997. The Effectiveness of Orienting Students to the Physical Features of a Science Museum Prior to Visitation.

Research in Science Education, 27(4): 485-495

Anderson D, Lucas K B, Ginns I S. 2003. Theoretical Perspectives on Learning in an Informal Setting. *Journal of Research in Science Teaching*, 40(2): 177-199

Anderson D, Piscitelli B, Weier K, Everett M, Tayler C. 2002. Children's Museum Experiences: Identifying Powerful Mediators of Learning. *Curator: The Museum Journal*, 45(3): 213-231

Anderson D, Shimizu H. 2007. Factors Shaping Vividness of Memory Episodes: Visitors' Long-term Memories of the 1970 Japan World Exposition. *Memory*, 15(2): 177-191

Anderson P, Doyle L W, Victorian Infant Collaborative Study Group. 2003. Neurobehavioral Outcomes of School-age Children Born Extremely Low Birth Weight or Very Preterm in the 1990s. *Jama*, 289(24): 3264-3272

Andreoni J. 1995. Cooperation in Public-goods Experiments: Kindness or Confusion. *American Economic Review*, 85(4): 891-904

Bamberger Y, Tal T. 2007. Learning in a Personal Context: Levels of Choice in a Free Choice Learning Environment in Science and Natural History Museums. *Science Education*, 91(1): 75-95

Bitgood S. 2009. Museum Fatigue: A Critical Review. *Visitor Studies*, 12(2): 93-111

Bitgood S, Serrell B, Thompson D. 1994. The Impact of Informal Education on Visitors to Museums. In Crane V, Nicholson H, Chen M, et al. (eds.). *Informal Science Learning*. Washington, D. C.: Research Communications Ltd. 61-106

Briseño-Garzón A, Anderson D, Anderson A. 2007. Entry and Emergent Agendas of Adults Visiting an Aquarium in Family Groups. *Visitor Studies*, 10(1): 73-89

Charitonos K, Blake C, Scanlon E, Jones A. 2012. Museum Learning via Social and Mobile Technologies: (How) Can Online Interactions

Enhance the Visitor Experience?. *British Journal of Educational Technology*, 43(5): 802-819

Cheng M T, Annetta L, Folta E, Holmes S Y. 2011. Drugs and the Brain: Learning the Impact of Methamphetamine Abuse on the Brain through a Virtual Brain Exhibit in the Museum. *International Journal of Science Education*, 33(2): 299-319

Coase R H. 1960. Problem of Social Cost. *Journal of Law, Economics, & Organization*, 3: 1-44

Conn S. 1998. Imperial Discourses: Power and Perception: An Epistemology for Empire: The Philadelphia Commercial Museum, 1893-1926. *Diplomatic History*, 22(4): 533-563

Crowley K, Callanan M A, Jipson J L, Galco J, Topping K, Shrager J. 2001. Shared Scientific Thinking in Everyday Parent-child Activity. *Science Education*, 85(6): 712-732

Crowley K, Callanan M A, Tenenbaum H R, Allen E. 2001. Parents Explain More Often to Boys Than to Girls During Shared Scientific Thinking. *Psychological Science*, 12(3): 258-261

Csikszentmihalyi M, Hermason K. 1995. Intrinsic Motivation in Museums-What Makes Visitors Want to Learn. *Museum News*, 74(3): 34

Davidson S K, Passmore C, Anderson D. 2010. Learning on Zoo Field Trips: The Interaction of the Agendas and Practices of Students, Teachers, and Zoo Educators. *Science Education*, 94(1): 122-141

Davis P R, Horn M S, Sherin B L. 2013. The Right Kind of Wrong: A "Knowledge in Pieces" Approach to Science Learning in Museums. *Curator: The Museum Journal*, 56(1): 31-46

Derbentseva N, Safayeni F, Cañas A. 2007. Concept Maps: Experiments on Dynamic Thinking. *Journal of Research in Science Teaching*, 44(3): 448-465

Diamond J. 1986. The Behavior of Family Groups in Science Museums. *Curator: The Museum Journal*, 29(2): 139-154

Donahue P F, Bloch M J. 2004. Collection=Museum?. *ICOM News*, 57(2): 123-129

Dufresne-Tasse C, Lefebvre A. 1994. The Museum in Adult Education: A Psychological Study of Visitor Reactions. *International Review of Education*, 40(6): 469-484

Ellenbogen K. 2002. Museums in Family Life: An Ethnographic Case Study. In Leinhardt G, Crowley K, Knutson K (eds.). *Learning Conversations in Museums*. London: Routledge. 81-101

Eshach H. 2007. Bridging In-school and Out-of-school Learning: Formal, Non-formal, and Informal Education. *Journal of Science Education and Technology*, 16(2): 171-190

Falk J H. 1997. Testing a Museum Exhibition Design Assumption: Effect of Explicit Labeling of Exhibit Clusters on Visitor Concept Development. *Science Education*, 81(6): 679-687

Falk J H. 2004. The Director's Cut: Toward an Improved Understanding of Learning from Museums. *Science Education*, 88(S1): S83-S96

Falk J H. 2005. Free-Choice Environmental Learning: Framing the Discussion. *Environmental Education Research*, 11(3): 265-280

Falk J H, Dierking L D. 2004. The Contextual Model of Learning. *In Reinventing the Museum: Historical and Contemporary Perspectives on the Paradigm Shift*. Walnut Creek: AltaMira Press. 139-142

Falk J H, Adelman L M. 2003. Investigating the Impact of Prior Knowledge and Interest on Aquarium Visitor Learning. *Journal of Research in Science Teaching*, 40(2): 163-176

Falk J H, Storksdieck M. 2005. Using the Contextual Model of Learning to Understand Visitor Learning from a Science Center Exhibition. *Science Education*, 89(5): 744-778

Fama E F. 1991. Time, Salary, and Incentive Payoffs in Labor Contracts. *Journal of Labor Economics*, 9: 25-44

Fender J G, Crowley K. 2007. How Parent Explanation Changes What Children Learn from Everyday Scientific Thinking. *Journal of Applied Developmental Psychology*, 28(3): 189-210

Fernandez R, Rogerson R. 1995. On the Political Economy of Education Subsidies. *The Review of Economic Studies*, 62(2): 249-262

Gennaro E D. 1981. The Effectiveness of Using Previsit Instructional Materials on Learning for a Museum Field Trip Experience. *Journal of Research in Science Teaching*, 18(3): 275-279

Gerstner S, Bogner F X. 2010. Cognitive Achievement and Motivation in Hands-on and Teacher-Centred Science Classes: Does an Additional Hands-on Consolidation Phase (Concept Mapping) Optimise Cognitive Learning at Work Stations?. *International Journal of Science Education*, 32(7): 849-870

Greenwood R, Suddaby R. 2006. Institutional Entrepreneurship in Mature Fields: The Big Five Accounting Firms. *Academy of Management Journal*, 49: 27-48

Griffin J, Symington D. 1997. Moving from Task-Oriented to Learning-Oriented Strategies on School Excursions to Museums. *Science Education*, 81(6): 763-779

Harrison M, Naef B. 1985. Toward A Partnership: Developing the Museum-School Relationship. *Journal of Museum Education*, 10(4): 9-12

Hein G E. 1994. The Constructivist Museum. In Hooper-Greenhill E. *The Educational Role of the Museum*. London: Routledge. 73-79

Hein G E. 2005. The Role of Museums in Society: Education and Social Action. Curator: The Museum Journal, 48(4): 357

Hein G E. 2006. Museum Education. In Macdonald S (ed.). *A Companion to Museum Studies*. London: Blackwell. 340-352

Hennart J F. 1988. A Transaction Costs Theory of Equity Joint Ventures. *Strategic Management Journal*, 9(4): 361-374

Holmstrom B, Milgrom P. 1991. Multitask Principal-Agent Analyses: Incentive Contracts, Asset Ownership, and Job Design. *Journal of Law, Economics & Organization*, 7: 24-52

Hooper-Greenhill E. 2000. Changing Values in The Art Museum: Rethinking Communication and Learning. *International Journal of Heritage Studies*, 6(1): 9-31

Hooper-Greenhill E. 2004. Measuring Learning Outcomes in Museums, Archives and Libraries: The Learning Impact Research Project (LIRP). *International Journal of Heritage Studies*, 10(2): 151-174

Hsi S. 2003. A Study of User Experiences Mediated by Nomadic Web Content in a Museum. *Journal of Computer Assisted Learning*, 19(3): 308-319

Jarvis T, Pell A. 2005. Factors Influencing Elementary School Children's Attitudes toward Science before, during, and after A Visit to the UK National Space Centre. *Journal of Research in Science Teaching*, 42(1): 53-83

Jordanova L. 1989. Objects of Knowledge: A Historical Perspective on Museums. In Vergo P(ed.). *The New Museology*. London: Reaktion Books. 22-40

Kang C Y, Anderson D, Wu X C. 2010. Chinese Perceptions of the Interface between School and Museum Education. *Culture Study of Science Education*, 5: 665-684

Kisiel J F. 2003. Teachers, Museums and Worksheets: A Closer Look at a Learning Experience. *Journal of Science Teacher Education*, 14(1): 3-21

Kisiel J F. 2005. Understanding Elementary Teacher Motivations for Science Fieldtrips. *Science Education*, 89(6): 936-955

Kisiel J F. 2006. An Examination of Fieldtrip Strategies and their Implementation within A Natural History Museum. *Science Education*, 90(3): 434-452

Kisiel J F. 2006. More than Lions and Tigers and Bears: Creating Meaningful Field Trip Lessons. *Science Activities: Classroom Projects and Curriculum Ideas*, 43(2): 7-10

Kisiel J F. 2007. Examining Teacher Choices for Science Museum Worksheets. *Journal of Science Teacher Education*, 18(1): 29-43

Knutson K, Crowley K. 2010. Connecting with Art: How Families Talk about Art in a Museum Setting. In *Instructional Explanations in the Disciplines*. NewYork: Springer. 189-206

Koetsy P. 1994. Museum-in-Progress: Student Generated Learning Environments. *Social Studies and the Young Learner*, 7(1): 15-18

Krombaβ A, Harms U. 2008. Acquiring Knowledge about Biodiversity in a Museum: Are Worksheets Effective?. *Journal of Biological Education*, 42(4): 157-163

Lachapelle R, Murray D, Neim S. 2003. Aesthetic Understanding as Informed Experience: The Role of Knowledge In Our Art Viewing Experiences. *The Journal of Aesthetic Education*, 37(3): 78-98

Lee V R, Fields D A. 2013. A Clinical Interview for Assessing Student Learning in a University-level Craft Technology Course. digitalcommons. usu. edu/itls. facpub/479

Leroux J A. 1989. Teacher Training In a Science Museum. *Curator: The Museum Journal*, 32(1): 70-80

Malcolm-Davies J. 2004. Borrowed Robes: The Educational Value of Costumed Interpretation at Historic Sites. *International Journal of Heritage Studies*, 10(3): 277-293

Matten D, Moon J. 2008."Implicit"and"Explicit"CSR: A Conceptual Framework for A Comparative Understanding of Corporate Social Responsibility. *Academy of Management Review*, 33(2): 404-424

Michie M. 1995. Evaluating Teachers' Perceptions of Programs at A Field Study Centre. *Science Teachers Association of the Northern Territory Journal*, 15: 82-92

Michie M. 1998. Factors Influencing Secondary Science Teachers to Organise and Conduct Field Trips. *Australian Science Teachers Journal*, 44(4): 43-50

Milgate M. 2008. Goods and Commodities. In Durlauf S(ed.). *The New Palgrave Dictionary of Economics*(2nd ed.). NewYork: Palgrave Macmillan. 546-548

Miller L M, Chang C I, Wang S, Beier M E, Klisch Y. 2011. Learning and Motivational Impacts of a Multimedia Science Game. *Computers & Education*, 57(1): 1425-1433

Mortensen M F, Smart K. 2007. Freechoice Worksheets Increase Students Exposure to Curriculum during Museum Visits. *Journal of Research in Science Teaching*, 44(9): 1389-1414

Nashon S, Nielsen W, Petrina S. 2008. Whatever Happened to STS? Pre-service Physics Teachers and the History of Quantum Mechanics. *Science & Education*, 17(4): 387-401

Nielsen W S, Nashon S, Anderson D. 2009. Metacognitive Engagement during Field-trip Experiences: A Case Study of Students in an Amusement Park Physics Program. *Journal of Research in Science Teaching*, 46(3): 265-288

Oliver C. 1990. Determinants of Interorganizational Relationships: Integration and Future Directions. *Academy of Management Review*, 15(2): 241-265

Orion N, Hofstein A. 1991. The Measurement of Students'Attitudes towards Scientific Field Trips. *Science Education*, 75(5): 513-523

Palmquist S, Crowley K. 2007. From Teachers to Testers: How Parents Talk to Novice and Expert Children in a Natural History Museum. *Science Education*, 91(5): 783-804

Parsons C, Muhs K. 1994. Field Trips and Parent Chaperones: A Study of Self-guided School Groups at the Monetery Bay Aquarium. *Visitor Studies: Theory Research and Practice: Selected Papers from the*

1994 Visitor Studies Conference (Vol. 7). Jacksonville, AL: Visitor Studies Association.

Piqueras J, Wickman P O, Hamza K M. 2012. Student Teachers'Moment-to-Moment Reasoning and the Development of Discursive Themes: An Analysis of Practical Epistemologies in a Natural History Museum Exhibit. In Davidsson E, Jakobsson A (ed.). *Understanding Interactions at Science Centers and Museums: Approaching Sociocultural Perspectives*. Sense Publishers. 79-96

Phillips P, Finkelstein D, Wever-Frerichs S. 2007. School Site to Museum Floor: How Informal Science Institutions Work with Schools. *International Journal of Science Education*, 29(12): 1489-1507

Pouloudi A, Whitley E A. 1997. Stakeholder Identification in Interorganizational Systems: Gaining Insights for Drug Use Management Systems. *European Journal of Information Systems*, 6(1): 1-14

Rydell R W. 2006. World Fairs and Museums. In Macdonald S(ed.). *A Companion to Museum Studies*, London: Blackwell. 135-151

Samuelson P A. 1954. The Pure Theory of Public Expenditure. *The Review of Economics and Statistics*, 36(4): 387-389

Sandifer C. 2003. Technological Novelty and Open-endedness: Two Characteristics of Interactive Exhibits that Contribute to the Holding of Visitor Attention in a Science Museum. *Journal of Research in Science Teaching*, 40(2): 121-137

Screven C G. 1976. Exhibit Evaluation-A Goal-Referenced Approach. *Curator: The Museum Journal*, 19(4): 271-290

Siccama C J, Penna S. 2008. Enhancing Validity of A Qualitative Dissertation Research Study by Using NVIVO. *Qualitative Research Journal*, 8(2): 91-103

Simon H A. 1955. A Behavioral Model of Rational Choice. *The Quarterly Journal of Economics*, 69(1): 99-118

Smith F, Hardman F, Wall K, Mroz M. 2004. Interactive Whole

Class Teaching in the National Literacy and Numeracy Strategies. *British Educational Research Journal*, 30: 395-411

Smith J M, Price G R. 1973. The Logic of Animal Conflict. *Nature*, 246: 15

Smith J M. 1974. The Theory of Games and the Evolution of Animal Conflicts. *Journal of Theoretical Biology*, 47(1): 209-221

Stocklmayer S, Gilbert J K. 2002. New Experiences and Old Knowledge: Towards a Model for the Personal Awareness of Science and Technology. *International Journal of Science Education*, 24(8): 835-858

Stronck D R. 1983. The Comparative Effects of Different Museum Tours on Children's Attitudes and Learning. *Journal of Research in Science Teaching*, 20(4): 283-290

Stufflebeam D L. 1972. The Relevance of the CIPP Evaluation Model for Educational Accountability. *SRIS Quarterly*, 10(3): 212-219

Tal R, Bamberger Y, Morag O. 2005. Guided School Visits to Natural History Museums in Israel: Teachers' Roles. *Science Education*, 89(6): 920-935

Taylor S M. 2002. Thinking about Practice, Practicing How to Think. *Curator: The Museum Journal*, 45(3): 163-165

Tenenbaum H R, Callanan M A, Alba-Speyer C, Sandoval L. 2002. The Role of Educational Background, Activity, and Past Experiences in Mexican-descent Families' Science Conversations. *Hispanic Journal of Behavioral Sciences*, 24(2): 225-248

Vallance E. 1994. Museum and Gallery Education [Book Review]. *American Journal of Education*, 102(2): 235-243

Vergo P. 1989. The Reticent Object. In Vergo P (ed.). *The New Museology*. London: Reaktion Books. 41-59

Watson S. 2010. Myth, Memory and the Senses in the Churchill Museum. In Dudley S. (ed.) *Museum Materialities: Objects, Engagements, Interpretations*. London: Routledge. 204-223

Wilde M, Urhahne D. 2008. Museum Learning: A Study of Motivation and Learning Achievement. *Journal of Biological Education*, 42(2): 78-83

Wittlin O. 1963. The Museum and Art Education. *Museum News*, 41(10): 20-23

Wright E L. 1980. Analysis of the Effect of a Museum Experience on the Biology Achievement of Sixth-graders. *Journal of Research in Science Teaching*, 17(2): 99-104

Yoon S A, Elinich K, Wang J, Steinmeier C, Tucker S. 2012. Using Augmented Reality and Knowledge-building Scaffolds to Improve Learning in a Science Museum. *International Journal of Computer-Supported Collaborative Learning*, 7(4): 519-541

Zorloni A. 2011. Designing a Strategic Framework to Assess Museum Activities. *International Journal of Arts Management*, 14(2): 13-19

学位论文

Anderson C B. 2010. Visitor Experiences at Eagle Days in Missouri. Doctoral Dissertation, University of Missouri, Columbia

Anderson D. 1999. The Development of Science Concepts Emergent from Science Museum and Postvisit Activity Experiences: Students Construction of Knowledge. Unpublished Doctoral Dissertation, Queensland University of Technology, Brisbane, Australia

Anderson D. 2002. Museum and Schools: Strengthing Relationship between Educationer and Local Teacher. Unpublished Doctoral Dissertation, University of Illinois at Urbana-Champaign, Illinois

Banz R N Jr. 2009. Exploring the Personal Responsibility Orientation Model: Self-directed Learning within Museum Education. Doctoral Dissertation, The Pennsylvania State University

Bartolone S. 2005. How Embedded Cultural Visits Affect Perceptions of Student Learning, Teacher Practice and School Climate in a Public High

School. Doctoral Dissertation, Teachers College, Columbia University

Cari B. 2007. Museum and Public School Partnerships: A step-by-step Guide for Creating Standards-based Curriculum Materials in High School Social Studies. Unpublished Doctoral Dissertation, University of Kansas State University, Manhattan

Deeks M. 1982. Museum-school Collaboration: An Evaluative Study of the Museum with Public School Programs. Unpublished Master's Dissertation, John F. Kennedy University, San Francisco

学术报告

American Association of Museums. 1969. America's Museums: The Belmont Report

American Association of Museums. 1984. Museums for a New Century. A Report of the Commission on Museums for a New Century. Washington, DC: Author

American Association of Museums. 1992. The Sourcebook 1992 Annual Meeting: Vision & Reality. Washington D. C.: American Association of Museums

Baghli S A, Boylan P, Herreman Y. 1998. History of ICOM(1946-1996). ICOM

Collins Z W. 1981. Museums, Adults, and the Humanities: A Guide for Educational Programming. Washington D.C.: American Association of Museums. 34-40

Damala A, Cubaud P, Bationo A, Houlier P, Marchal I. 2008, September. Bridging the Gap between the Digital and the Physical: Design and Evaluation of a Mobile Augmented Reality Guide for the Museum Visit. In: Proceedings of the 3rd international Conference on Digital Interactive Media in Entertainment and Arts. ACM. 120-127

Hannon K, Randolph A. 1999. Collaborations between Museum Educators and Classroom Teachers: Partnerships, Curriculum, and

Student Understanding. ERlC Document Reproduction Service No. ED 448133

Hein G E, Alexander M. 1998. Museums: Places of Learning. American Association of Museums, Education Committee

Hirzy E C. 1992. Excellence and Equity: Education and the Public Dimension of Museums. A Report from the American Association of Museums. Washington D.C.: American Association of Museums

Hsi S. 2004. I-guides in Progress: Two Prototype Applications for Museum Educators and Visitors Using Wireless Technologies to Support Science Learning. In: Proceedings 2nd IEEE International Workshop on Wireless and Mobile Technologies in Education, Taoyuan, Taiwan: 187-192

Kang C. 2005. Strategies for Research and Development Projects to Address China's Educational Reform. A Presentation at an Invitational Conference on University, Schools and Government in Educational Reform: International Perspectives Held in Beijing, China

King K S. 1998. Museum Schools: Institutional Partnership and Museum Learning. Annual Meeting of the American Educational Research Association, San Diego, CA

McManus P M. 1992. Topics in Museums and Science Education. Washington D.C.: American Association of Museums

Miyashita T, Meier P, Tachikawa T, Orlic S, Eble T, Scholz V, ... & Lieberknecht S. 2008, September. An Augmented Reality Museum Guide. In: Proceedings of the 7th IEEE/ACM International Symposium on Mixed and Augmented Reality. IEEE Computer Society. 103-106

NRCA. Museum USA. 1974. Summary of Highlights. Washington D.C.: the National Endowment for the Arts(NEA)

Perry D L. 1993. Beyond Cognition and Affect: The Anatomy of A Museum Visit. In Visitor Studies: Theory, Research and Practice. Collected Papers from the 1993 Visitor Studies Conference. 6: 43-47

Pitman P, Hirzy E C. 1992. Excellence and Equity: Education and the Public Dimension of Museums. A Report from the American Association of Museums. Washington D.C.: American Association of Museums

Tuckman B W. 1985. Evaluating Instructional Programs. Allyn and Bacon, Inc., Rockleigh, NJ 07647

Woods E, Billinghurst M, Looser J, Aldridge G, Brown D, Garrie B, Nelles C. 2004, June. Augmenting the Science Centre and Museum Experience. In Proceedings of the 2nd International Conference on Computer Graphics and Interactive Techniques in Australasia and South East Asia. ACM. 230-236

Wojciechowski R, Walczak K, White M, Cellary W. 2004, April. Building Virtual and Augmented Reality Museum Exhibitions. In: Proceedings of the 9th International Conference on 3D Web Technology. ACM. 135-144

后 记

本书的雏形是我的博士论文。其实,高考填报教育学专业的时候,未曾想过我的学士、硕士、博士学位会是同一个专业,更没有想过将来自己会从事博物馆教育。当年自己认为的理想职业是教师。

人生总会有很多际遇,改变我们最初的想法与选择。

2007年,我还只是一名学生,并不了解博物馆。第一次走进英国自然历史博物馆,感受到一种震撼,至今记忆犹新。不曾料想,此后,博物馆向我打开了一扇又一扇奇妙的大门。

2012年,我被上海科技馆派到德国曼海姆科技馆工作交流三个月,这段时间的工作成了本书的起点。在这三个月里,我拜访了欧洲几乎所有最有名的科学中心、自然历史博物馆和艺术类博物馆,同馆长、管理人员、教育人员深入交谈。所见所闻触动、激发我从教育研究者的角度去思考博物馆教育,以及博物馆与学校之间的合作。

2015年,我开始具体负责上海科技馆展教活动的设计与开展。当我把博物馆教育研究与具体实践结合在一起的时候,发觉之前写博士论文时的一些疑惑在实践中慢慢有了答案。当时,作为基础教育改革研究方向的博士生,我应该从学校的角度思考学校教育的延展性;而作为一名博物馆工作者,则应该立足博物馆,考虑博物馆教育的特殊性。我的角色究竟该如何定位?研究的场域如何转化?研究的立场和角色的定位将决定最终的研究取向。作论文时,我纠结于这个问题。如今,当我从实践中走出来,发现两者并不矛盾。我们需要从博物馆的角度建立对学校教育的理解,也需要在新的理解之下打破壁垒,搭建学校与博物馆之间的桥梁,构建"1+1>2"的教育合作关系,使其既不泛化,又能集中体现教育的旨趣。

从博士论文完稿到本书出版,历时近两年。这个过程中想要表达的感谢太多。

感谢我的导师杨小微教授，谢谢他一路的教诲与包容。认识老师十年，每一次深谈，都让我觉得他有太多可探索的内涵。博学、善良、通透，他就是这样一个人。作为他的学生，总是能够感受到他的芬芳。

感谢上海科技馆的两位主要领导，王莲华书记和王小明馆长。感谢他们以最开放的姿态让年轻人敢于释放所有的智识与勇气，也感谢他们在我的研究工作中所给予的包容、理解和支持。

感谢上海科技馆科学传播与发展研究中心的几位同事，庄智一、刘哲、胡芳，以及我的师弟孙阳。之前在中国科协资助的馆校合作课题中与他们的许多探讨为这本书打下了良好的基础。

感谢褚君浩院士，这位一直活跃在科学传播领域的科学家，任何时候找他商议科学传播活动，都有求必应；感谢宋新潮副局长，虽然身居高位，但是对后辈从来没有一点架子，谢谢他对我的不吝提点与支持；感谢俞立中校长，这是一位亲而誉之的好校长，谢谢他一直对我的关心和支持；感谢香港城市大学的李金铨教授，感谢他在我游走于科学传播领域时给予的指引和帮助，从治学到做人，他都是我的榜样；感谢上海市教育委员会副主任王平，谢谢他在上海科技馆同上海市教委的馆校合作项目中给予的大力支持。

在第二版出版之际，我还要感谢博物馆领域的很多教师与同行，他们给了我很多建议，促使我在第二版中加入"馆校合作课程的创建与设计"这一章，目的是希望这本书能够更好地指导实践工作。

感谢我的家人，谢谢你们的陪伴。

无论是博物馆的教育研究还是博物馆与学校的合作，未来还有很多可探索的方向，等待我的还有许多未知，我深知行路不易。不过，胡适先生说过，怕什么真理无穷，进一寸有一寸的欢喜。借之，以自勉。

宋　娴
2019 年 2 月

图书在版编目(CIP)数据

博物馆与学校的合作机制研究/宋娴著. —上海：复旦大学出版社，2019.6
ISBN 978-7-309-14217-4

Ⅰ.①博… Ⅱ.①宋… Ⅲ.①博物馆-联合办学-高等学校-研究-中国
Ⅳ.①G269.2②G649.2

中国版本图书馆 CIP 数据核字(2019)第 041465 号

博物馆与学校的合作机制研究
宋　娴　著
责任编辑/宋启立

复旦大学出版社有限公司出版发行
上海市国权路 579 号　邮编：200433
网址：fupnet@fudanpress.com　http://www.fudanpress.com
门市零售：86-21-65642857　团体订购：86-21-65118853
外埠邮购：86-21-65109143　出版部电话：86-21-65642845
常熟市华顺印刷有限公司

开本 787×960　1/16　印张 18.75　字数 273 千
2019 年 6 月第 1 版第 1 次印刷

ISBN 978-7-309-14217-4/G·1957
定价：68.00 元

如有印装质量问题，请向复旦大学出版社有限公司出版部调换。
版权所有　侵权必究